Wissenschaft und Hypothese

Sammlung von Einzeldarstellungen aus dem Gesamtgebiete der Wissenschaften mit besonderer Berücksichtigung ihrer Grundlagen und Methoden, ihrer Endziele u. Anwendungen

Wissenschaft und Methode. Von H. Poincaré. Deutsch von F. und L. Lindemann. 1914. XVII. Bd.

Der Wert der Wissenschaft. Von H. Poincaré. Deutsch von E. u. H. Weber. Mit einem Vorwort des Verfassers. 3. Aufl. 1921. II. Bd.

Probleme der Wissenschaft. Von F. Enriques. Deutsch von K. Grelling. 2 Teile. 1910. XI. Bd.
   I. Teil: Wirklichkeit und Logik.
   II. — Die Grundbegriffe der Wissenschaft.

Wissenschaft und Wirklichkeit. Von M. Frischeisen-Köhler. 1912. XV. Bd.

Das Weltproblem vom Standpunkte des relativistischen Positivismus aus. Historisch-kritisch dargestellt von J. Petzoldt. 4. Aufl. unter besonderer Berücksichtigung der Relativitätstheorie. 1924. XIV. Bd.

Wissenschaft und Religion in der Philosophie unserer Zeit. Von É. Boutroux. Deutsch von E. Weber. Mit Einführungswort von H. Holtzmann. 1910. X. Bd.

Mythenbildung und Erkenntnis. Eine Abhandlung über die Grundlagen der Philosophie. Von G. F. Lipps. 1907. III. Bd.

Probleme der Sozialphilosophie. Von R. Michels. 1914. XVIII. Bd.

Verlag von B. G. Teubner in Leipzig und Berlin

Wissenschaft und Hypothese

Ethik als Kritik der Weltgeschichte. Von A. Görland. 1914. XIX. Bd.

Geschichte der Psychologie. Von O. Klemm. 1911. VIII. Bd.

Grundlagen der Psychologie. Von Th. Ziehen. 1915. In 2 Bänden. XX./XXI. Bd.

Wissenschaft und Hypothese. Von H. Poincaré. Deutsch von F. u. L. Lindemann. 3. Aufl. 1914. I. Bd.

Erkenntnistheoretische Grundzüge d. Naturwissenschaften und ihre Beziehungen zum Geistesleben der Gegenwart. Von P. Volkmann. 2. Aufl. 1910. IX. Bd.

Über Individualität in Natur- und Geisteswelt. Begriffliches und Tatsächliches. Von Th. L. Haering. 1927. XXX. Bd.

Zur Geschichte der Logik. Grundlagen und Aufbau der Wissenschaft im Urteil der mathemat. Denker. Von F. Enriques. Deutsch von L. Bieberbach. [U. d. Pr. 1926.] XXVI. Bd.

Die logischen Grundlagen der exakten Wissenschaften. Von P. Natorp. 3. Aufl. 1923. XII. Bd.

Das Wissenschaftsideal der Mathematiker. Von P. Boutroux. Übersetzt von H. Pollaczek. [U. d. Pr. 1926.] XXVIII. Bd.

Über den Bildungswert der Mathematik. Ein Beitrag zur philosophischen Pädagogik. Von W. Birkemeier. 1923. XXV. Bd.

Das Wissen der Gegenwart in Mathematik und Naturwissenschaft. Von É. Picard. Deutsch von F. u. L. Lindemann. 1913. XVI. Bd.

Verlag von B. G. Teubner in Leipzig und Berlin

Wissenschaft und Hypothese

Zehn Vorlesungen zur Grundlegung der Mengenlehre. Von A. Fraenkel. [U. d. Pr. 1926.]

Die philosophischen Grundlagen der Wahrscheinlichkeitsrechnung. Von E. Czuber. 1923. XXIV. Bd.

Die nichteuklidische Geometrie. Histor.-krit. Darstellung ihrer Entwicklung. Von R. Bonola. Deutsch von H. Liebmann. 3. Aufl. Mit 52 Fig. 1921. IV. Bd.

Grundlagen der Geometrie. Von D. Hilbert. 6. Aufl. Mit zahlr. i. d. Text gedruckten Fig. 1923. VII. Bd.

Die Grundbegriffe der reinen Geometrie in ihrem Verhältnis zur Anschauung. Untersuchungen zur psychologischen Vorgeschichte der Definitionen, Axiome und Postulate. Von R. Strohal. Mit 13 Fig. im Text. XXVII. Bd.

Die vierte Dimension. Eine Einführung in das vergleichende Studium der verschiedenen Geometrien. Von Hk. de Vries. Nach der zweiten holländischen Ausgabe ins Deutsche übersetzt von Frau Dr. R. Struik. Mit 35 Fig. im Text. 1927. XXIX. Bd.

Physik und Erkenntnistheorie. Von E. Gehrcke. 1921. XXII. Bd.

Relativitätstheorie und Erkenntnislehre. Eine Untersuchung über die erkenntnistheoretischen Grundlagen der Einsteinschen Theorie und die Bedeutung ihrer Ergebnisse für die allgem. Probleme des Naturerkennens. Von J. Winternitz. 1923. XXIII. Bd.

Das Prinzip der Erhaltung der Energie. Von M. Planck. 5. Aufl. 1925. VI. Bd.

Ebbe und Flut sowie verwandte Erscheinungen im Sonnensystem. Von G. H. Darwin. Deutsch von A. Pockels. 2. Aufl. Mit einem Einführungswort von G. v. Neumayer und 52 Illustrationen. 1911. V. Bd.

Pflanzengeographische Wandlungen der deutschen Landschaft. Von H. Hausrath. 1911. XIII. Bd.

Die Sammlung wird fortgesetzt.

Verlag von B. G. Teubner in Leipzig und Berlin

WISSENSCHAFT UND HYPOTHESE
XXVI

FEDERIGO ENRIQUES

ZUR GESCHICHTE DER LOGIK

GRUNDLAGEN UND AUFBAU DER WISSENSCHAFT
IM URTEIL DER MATHEMATISCHEN DENKER

DEUTSCH

VON

L. BIEBERBACH

1927

Springer Fachmedien Wiesbaden GmbH

ISBN 978-3-663-15168-5   ISBN 978-3-663-15731-1 (eBook)
DOI 10.1007/978-3-663-15731-1
Softcover reprint of the hardcover 1st edition 1927

VORWORT DES ÜBERSETZERS

Das vorliegende Werk zeigt, wie im Laufe der Jahrhunderte vom klassischen Altertum bis zum Anfang des neunzehnten Jahrhunderts das Bedürfnis des mathematischen Denkens die Logik beeinflußt und gewandelt hat. Es ist also ein Beitrag zur Geschichte der mathematischen Ideen, zur Geschichte der Logik, überhaupt zu der viel allgemeineren Frage, wie sich philosophische und mathematische Grundauffassungen vielfach durchdringen, ein Beitrag, wie ihn meines Wissens die deutsche Literatur bisher nicht aufzuweisen hat. So wird sich die deutsche Übersetzung wohl auch in den Augen derer rechtfertigen, die, wie der Übersetzer, gerne auch eine Darstellung des Einflusses gesehen hätten, den die Auffassungen von Gauß auf die Gestaltung des Denkens genommen haben. Das Buch wird auch gerade in einer Zeit willkommen sein, in der der Intuitionismus durch seine Untersuchung der Rolle des tertium non datur den Primat der Logik vor der Mathematik auch für die Wende des neunzehnten Jahrhunderts widerlegt.

Berlin, im Januar 1927.

L. Bieberbach.

INHALTSVERZEICHNIS

I. Die Logik der Alten 1
   1. Die Mathematik und der Ursprung der Logik 1
   2. Urteile Platos über den logischen Aufbau der Wissenschaft . 9
   3. Der Begriff der beweisenden Wissenschaft bei Aristoteles: zweite Analytik 12
   4. Die Grundlagen in den „Elementen" des Euklid 17
   5. Zusammenfassende Betrachtungen über die Logik der Griechen 23
   6. Die Logik Demokrits und ihr Einfluß auf Stoiker und Epikureer 26
   7. Die Logik der Skeptiker 35
   8. Kurze Bemerkungen über die mittelalterliche Logik 40

II. Der Rationalismus und die Entwicklung der modernen Logik 43
   9. Die induktive Methode bei Bacon. 43
   10. Der Begriff der Wissenschaft im Rationalismus Keplers und Galileis 47
   11. Descartes Logik 55
   12. Die Logik von Pascal und von Port Royal 60
   13. Kritik des Descartesschen Intuitionismus durch Gassendi und Hobbes 63
   14. Sach- und Wortdefinitionen 65
   15. Der Leibnizsche Rationalismus und die Kritik des logisch Möglichen 70
   16. Die Theorie der Definition bei Saccheri 78
   17. Die psychologische Kritik von Locke 81
   18. Das System Newtons und der Niedergang des metaphysischen Rationalismus 86
   19. Die Logik Kants. 90

III. Die moderne Reform der Logik. 101
   20. Grundzüge der Reform der Logik im neunzehnten Jahrhundert 101
   21. Das Dualitätsprinzip und das logische Werk von Gergonne. 108
   22. Die abstrakte Geometrie 113
   23. Der Begriff der formalen Wissenschaft und ihrer verschiedenen Interpretationen in der englischen mathematischen Logik. 115

Inhaltsverzeichnis

	Seite
24. Der Positivismus und die Kritik der Axiome der Gleichheit.	117
25. Die Analysis des Unendlichen und die Axiome der Ungleichheit	123
26. Die logische Form der Postulate in der modernen Kritik der Grundlagen der Geometrie	131
27. Beispiele aus dem logischen System von Pasch	137
28. Logische Operationen: symbolische und psychologische Betrachtung	141
29. Das hypothetisch-deduktive System	159
30. Unabhängigkeit und Verträglichkeit der Prinzipien	166

IV. Anhang: Von der induktiven Logik zur Logik der wissenschaftlichen Systeme 175

31. Die positivistische Wissenschaftslehre von A. Comte.	175
32. Die Abhandlung über Naturphilosophie von J. F. W. Herschel	180
33. Die „Grundideen" in der Logik von W. Whewell	183
34. Die induktive Logik von Stuart Mill	187
35. Deduktion und Induktion werden in dem Schlußverfahren von Stanley Jevons vereinigt	190
36. Das Willkürliche in der Erforschung der Ursachen	192
37. Wert der Begriffe: die ökonomische Wissenschaftslehre	197
38. Die Phänomenologie und die Definition der Wirklichkeit	202
39. Bedeutung der wissenschaftlichen Hypothesen	205
40. Der Pragmatismus	211
41. Logik der Systeme	214
42. Vergleich mit der Hegelschen Dialektik	218
43. Urteile a priori und Konventionen: die nichteuklidische Geometrie	221
44. Die relativistische Physik der Elektrizität und des Magnetismus und die rationalen Erfordernisse des Wissens	225
45. Die hierarchische Ordnung der Wissenschaft und die Einheit des Wissens	230
46. Das Prinzip des zureichenden Grundes	233

Namenverzeichnis 238

I. DIE LOGIK DER ALTEN

1. DIE MATHEMATIK UND DER URSPRUNG DER LOGIK

Wer sich in die Dialektik vertieft, sagt Ariston von Chios, ist einem Menschen zu vergleichen, der gern Krebse ißt: für einen Bissen Fleisch verliert er seine Zeit über einem Haufen Schalen. Aber W. Hamilton, der uns den Ausspruch berichtet[1]), fügt eine Bemerkung hinzu, die auch in unseren Tagen ihre Bedeutung nicht verloren zu haben scheint: bei uns, sagt er, verliert ein Mensch, der sich mit dem Studium der Logik befaßt, seine Zeit, ohne auch nur einen Bissen Fleisch zu kosten.

In der Tat würde ein Studierender der Mathematik, der die ersten Semester hinter sich hat, der Logik, die ihm beigebracht wurde, vergeblich eine zutreffende Vorstellung vom Aufbau einer deduktiven Wissenschaft, wie z. B. der Geometrie, entnehmen können, geschweige denn eine Erklärung der Bedeutung und des Wertes der Grundbegriffe, die in einer solchen Wissenschaft vorkommen. Was sind Definitionen, Axiome, Postulate? Welche Stellung nehmen sie im Ganzen der Theorie ein? Nach welchen Gesichtspunkten werden sie gewählt, und wie kann man beurteilen, ob sie zulässig sind oder nicht? Auf alle diese Fragen findet unser Studierender keine Antwort, wenn er etwa, gestützt auf irgendeine unklare Lehre von den begrifflichen Vorstellungen, an sie herantritt. Keinesfalls lassen sie sich mit Hilfe der bis ins feinste ausgearbeiteten syllogistischen Einteilungen klären, die ihn allenfalls fähig machen, das zu bestätigen, was keiner Bestätigung bedarf, nämlich die formale Widerspruchslosigkeit der geometrischen Beweise.

---

1) ,,Review of Edinburgh" 1833.

I. Die Logik der Alten

Nun ist es wichtig, nachdrücklich darauf hinzuweisen, daß der Mathematiker, wenn er sich die Frage nach dem logischen Aufbau seiner eigenen Wissenschaft vorlegt, gegenüber der Logik in derselben Lage ist, wie die Denker, die an der Errichtung ihres Gebäudes mitgearbeitet haben. Denn die Entwicklung der Wissenschaft vom vernunftgemäßen Denken ist gerade aus den kritischen Untersuchungen der Mathematiker oder solcher Philosophen herausgewachsen, die über die Natur und die logische Aneinanderfügung der mathematischen Wahrheiten nachgedacht haben.

Als den Vater der Logik pflegt man Aristoteles zu bezeichnen; aber man kann ihn nur als den Sammler und Ordner dessen ansehen, was auf diesem Gebiet vor ihm ausgearbeitet worden war, so groß auch der selbständige Beitrag sein mag, den er für das System geleistet hat.[2])

Die vorstehende Behauptung wird völlig gerechtfertigt erscheinen, wenn man sich an folgende Tatsachen erinnert:

a) Die Mathematik hatte schon zur Zeit Platos eine ziemlich hohe Entwicklung erreicht, da man — seit Hippokrates von Chios (um 450 v. Chr.) — anfing, Darstellungen ihrer Elemente zu schreiben.

b) Überdies bildeten gerade zur Zeit Platos (d. h. in der ersten Hälfte des 4. Jahrhunderts v. Chr.) und in mehr oder weniger engem Zusammenhang mit der Schule des athenischen Philosophen, aus der auch Aristoteles hervorgegangen ist, einige mathematische Theorien den Gegenstand einer tiefschürfenden kritischen Untersuchung (Eudoxus, Theaetet usw.), die als geschichtliche Vorbedingung der „Elemente" des Euklid anzusehen ist.

---

2) Aristoteles rühmt sich wohl selbst (am Schlusse der σοφιστικοὶ ἔλεγχοι), daß er eine neue Wissenschaft geschaffen habe, wenn man aber den ganzen Abschnitt liest, so scheint es, daß dieses Selbstlob sich auf die Wissenschaft von der Diskussion oder die Dialektik im engeren Sinne bezieht; keinesfalls beweist es aber etwas gegen unsere Behauptung.

1. Die Mathematik und der Ursprung der Logik

c) Andererseits hatte die Dialektik in den Auseinandersetzungen der Sophisten eine außerordentliche Entwicklung erlangt. So war es bei den ersten gegen Entgelt tätigen Lehrern, die diesen Namen annahmen, Philosophen, die, wie Protagoras von Abdera, den Empirismus gegenüber dem metaphysischen Rationalismus der eleatischen Schule verfochten. So war es auch, in ganz besonderer Weise, bei den Megarikern und anderen verwandten Denkern, die, in Verbindung mit den sokratischen Kreisen, die eleatischen Gedankengänge wieder aufnahmen und in formalistischem Sinne entwickelten. Die Feinheit einiger Sophismen, die gewissen Philosophen dieser Schule zugeschrieben werden, würde für sich allein genügen, um die Tiefgründigkeit der von ihnen erreichten Begriffszergliederung zu bezeugen; ihr gegenüber erscheinen die Erklärungen und Einwände des Aristoteles in seinen „Sophistischen Widerlegungen" manchmal als recht dürftig.

Es kommt noch hinzu, daß selbst die aristotelischen Streitschriften gegen nicht genannte Gegner (z. B. über die Notwendigkeit und das Wesen der Grundbegriffe in der „Zweiten Analytik" *I*, 3) uns einen Beweis dafür liefern, daß das logische Problem des Aufbaus einer deduktiven Wissenschaft unter verschiedenen Gesichtspunkten erörtert worden ist, von denen einige, wie eine genauere Prüfung ergibt, den modernen Anschauungen viel näher kommen als diejenigen, die der Philosoph von Stagira sich zu eigen gemacht hat.

Die Abhandlungen des Aristoteles, die unter dem zusammenfassenden Namen „Organon" gesammelt wurden, lassen einen doppelten Ursprung erkennen; sie wurzeln teils in der Kritik der Mathematik, teils in der Praxis des Meinungsaustausches. In der Tat beziehen sich die beiden ersten Abhandlungen (die „Kategorien" und die „Hermeneia" oder „De Interpretatione") auf die Einteilung der einzelnen Wörter und der Sätze; sie bilden gewissermaßen eine Einleitung zu dem ganzen Werk; die beiden folgenden (die „Erste" und die „Zweite Analytik") entwickeln die Logik als Wissenschaft, wie sie sich aus der Zergliederung des

I. Die Logik der Alten

mathematischen Denkens ergibt. Die beiden letzten dagegen (die „Topik" und die „Sophistischen Widerlegungen") beziehen sich auf die Kunst des Schließens, die in ihrer Anwendung in der Praxis des Meinungsaustausches nicht auf das Wahre, sondern nur auf das Wahrscheinliche abzielt. Aristoteles behält für diese Kunst den eleatisch-platonischen Namen „Dialektik" bei, während er mit dem Namen „Analytik" die Untersuchung des Verfahrens der beweisenden Wissenschaft bezeichnet, das aus der Möglichkeit der Wissenschaft die Art und Weise ihres logischen Aufbaus ableitet. (Diese Bedeutung des Wortes hat Kant in demjenigen Teil seiner „Kritik der reinen Vernunft" wieder aufgenommen, der von der transzendentalen Analytik handelt.) Der Ausdruck „logisch" wird von Aristoteles gebraucht, um ein Verfahren zu bezeichnen, wie es beim Reden überhaupt üblich ist, das also, da es nicht von den Grundbegriffen ausgeht, keine beweisende Kraft hat.[3]

Aber dieser Ausdruck findet sich schon früher im Titel eines verlorengegangenen Werkes von Demokrit von Abdera (460—360 v. Chr.): περὶ λογικῶν ἢ κανών[4] („Über Logik oder Denkregeln"), und sofern man annehmen kann, daß Aristoteles seine Bedeutung beibehalten hat, würde er auf eine andere (mehr relative und formale) Auffassung vom logischen Denken hinweisen; eine solche findet sich in der Tat bei gewissen Denkern nach Aristoteles und besonders bei den Stoikern. Nun bezeichnen gerade diese Philosophen von Zeno aus Kittion ab (etwa 340—265 v. Chr.) als τὸ λογικόν[5] denjenigen Teil der Philosophie, der sich auf die öffentliche Rede bezieht, und der Fragen umfaßt, die auf das logische Denken Bezug haben, sowie rhetorische und grammatische Fragen; während die gleichzeitige Schule von Epikur (341—270 v. Chr.) sicherlich aus Demokrit den Namen „Kanonik" entlehnt hat, mit dem sie die Regeln der

---

[3] Diese Bemerkung hat Prantl in seiner „Geschichte der Logik im Abendlande", Bd. I, Leipzig 1855, S. 116, 536 gemacht.
[4] Diels, Die Fragmente der Vorsokratiker: Dem. A. 33, B. 10 b.
[5] Diog. Laert, VII, 55 (bei Arnim, Diogenes, I, 6).

1. Die Mathematik und der Ursprung der Logik

Methode bezeichnet. Derartige Beobachtungen weisen darauf hin, daß der Einfluß des großen aristotelischen Werks auf die Nachfolger nicht so ausschließlich war, wie man gewöhnlich annimmt, und dies wird uns veranlassen, gerade bei diesen Nachfolgern den Spuren der älteren Meinungen und insbesondere derjenigen des Meisters von Abdera[6]) nachzugehen. Aber davon später.

Um sich nun eine Vorstellung vom Ursprung der Logik zu bilden, wäre es von Wichtigkeit, zu prüfen, ob und welche Beziehungen zwischen der Kritik der Mathematiker und den feinen Untersuchungen der Sophisten bestehen. Zur Erklärung der Strenge bei Euklid hat Clairaut bemerkt[7]), daß „dieser Geometer es sich zur Aufgabe machte, die eingefleischtesten Sophisten zu überzeugen, die sich ein Vergnügen daraus machten, sich den augenscheinlichsten Wahrheiten zu verschließen", und Hoüel[8]) hat wiederholt, „daß die dogmatische Form bei Euklid durch seine Absicht bedingt sei, vor allem den Sophisten das Maul zu verstopfen, die Griechenland zu Unrecht ernst nahm". Daher „seine Gepflogenheit, immer zu beweisen, daß etwas nicht sein kann, statt zu beweisen, daß etwas ist ...".

Diese Behauptungen sind häufig bestritten worden, da es schwierig ist, festzustellen, daß die Sophisten einen unmittelbaren Einfluß auf Euklid oder auch nur auf diejenigen Mathematiker unter seinen Vorgängern ausgeübt haben, die die mathematische Wissenschaft kritisch durchgearbeitet haben.[9])

---

6) Wir wollen noch hinzufügen, daß Prantl (a. a. O., S. 515, 561) der Meinung ist, der Name $\dot{\eta}$ $\lambda o\gamma\iota\varkappa\dot{\eta}$ als Gattungsbezeichnung für die Wissenschaft vom Denken oder als zusammenfassender Name für diese und für die Rhetorik sei eher von den späteren Peripatetikern als von den Stoikern eingeführt worden.

7) „Eléments de géometrie", Paris 1741, préface, S. 10—11.

8) „Essai critique sur les principes fondamentaux de la géométrie", 1. Aufl. Paris 1867, S. 7.

9) Immerhin werden die freundschaftlichen Beziehungen von Protagoras zu dem Mathematiker Theodor von Kyrene von Plato bestätigt. („Theaetet" 161 b, 162 a).

6   I. Die Logik der Alten

Immerhin kann man in diesem Zusammenhang gewisse Anspielungen auf eine antimathematische Polemik von Protagoras[10]) und von Antiphon[11]) erwähnen, die darauf abzielte, den geometrischen Begriffen im Gegensatz zur rationalistischen Philosophie den empirischen Charakter wieder zu verleihen. Beweisgründe derselben Art findet man gewöhnlich bei den Empirikern wiederholt; was das Altertum anbetrifft, so finden sie sich bei Sextus Empiricus gesammelt.[12])

Welche Ansicht man aber auch über die von Clairaut und Hoüel dargelegten Gedanken haben mag: hinsichtlich des absprechenden Urteils über die sophistische Bewegung sind sie sicher verfehlt. Es zeigt sich ein anderer wichtigerer Zusammenhang zwischen der logischen Kritik der Mathematiker und der Dialektik der Sophisten, da beide zusammen von der eleatischen Philosophie hervorgebracht worden sind. In der Tat nennt gerade Aristoteles den Zeno von Elea als den Erfinder der Dialektik, jener streitsüchtigen Kunst[13]); andererseits hat die tiefdringende Untersuchung von P. Tannery und H. G. Zeuthen über die berühmten, auf die Bewegung bezüglichen Paradoxien (der fliegende Pfeil des Achilles usw.) ihre Bedeutung und ihren mathematischen Wert ins rechte Licht gesetzt, so daß der feine Dialektiker, in dem die Tradition nur einen in Paradoxien schwelgenden Grübler sehen wollte, sich unseren Augen als Urheber jener Reihe von Überlegungen enthüllt, die die Infinitesimalanalysis ausmachen. Und es ist außerordentlich lehrreich, zu erkennen, daß gerade aus den infinitesimalen Betrachtungen — bei denen das Denken sich unerwarteten Fehlschlüssen ausgesetzt sah — die Kritik des Denkvermögens entsprungen ist, aus der die Entdeckung des Prinzips des Widerspruchs und das

---

10) Aristoteles, Met. II 2 (20).
11) Vgl. Simplicius in Aristoteles Phys. (Diels B. 13).
12) „Adversus Mathematicos", I. III.
13) Vgl. Diogenes Laert., VIII, 57; Sextus, Adv. Math. VII, 6 (bei Diels a. a. O., Zeno, A. 10).

1. Die Mathematik und der Ursprung der Logik

Verfahren der reductio ad absurdum hervorgingen.[14]) Demokrit, der die infinitesimale Analysis noch weiter trieb, als er den Rauminhalt der Pyramide fand, wird von Diogenes Laertius ebenfalls als ein Nachfolger der zenonischen Dialektik genannt.

Aber es ist wichtig, daß wir, wenn auch nur in Kürze, auseinandersetzen, wie die Ursprünge der Infinitesimalanalysis mit einer Kritik der Grundlagen der Geometrie zusammenhängen, an die sich die Entwicklung der Logik anknüpft. Der Beweis der Tatsachen, die wir hier behaupten, findet sich in den Arbeiten der obenerwähnten Historiker[15]), und auch in anderen Schriften des Verfassers, in denen dieser Gegenstand eingehender behandelt ist.[16])

Nach den Nachrichten, die uns Proklus im Kommentar zum ersten Buch des Euklid überliefert hat, wurden die wichtigsten geometrischen Theorien, die in den „Elementen" enthalten sind, von den Pythagoreern bearbeitet, und sie erhielten schon in dieser Schule eine mit Beweisen versehene Darstellung. Zeuthen nimmt an, daß der Ausgangspunkt dieser Darstellung der Versuch gewesen sei, die Beziehung zwischen den Quadraten über der Hypotenuse und den Katheten eines rechtwinkligen Dreiecks, die unter dem Namen des pythagoreischen Lehrsatzes bekannt ist, allgemein zu beweisen. Andererseits gibt es zahlreiche Anzeichen dafür, daß die pythagoreische Geometrie auf der Grundlage einer Theorie der Proportionen (oder des Maßes) errichtet war, die ihrerseits auf einer empirischen Vorstellung des als Einheitselement (Monade) aller Dinge gedachten mit Ausdehnung behafteten Punktes ruhte. Daher ist die pythagoreische Behauptung, daß die Zahl das Wesen aller Dinge sei, in dem Sinne zu denken, daß die Körper oder geometrischen Figuren — die man sich bei dem damaligen Stande des Denkens ganz konkret

---

14) Vgl. F. Enriques, Il procedimento di riduzione all'assurdo. Bolletino della Mathesis, 1919.
15) Vgl. besonders P. Tannery, Pour la science hellène, Kap. X.
16) „La polemica eleatica per il concetto razionale della geometria". Periodico di Mathematiche, März 1923.

vorstellen muß, — Aggregate von Punkten, d. h. Einheiten mit bestimmter Lage sind.

Aber die monadische Hypothese hatte die Kommensurabilität zweier beliebiger Abschnitte zur Folge, die ohne weiteres ein genaues Messen möglich machte, und diese Folgerung mußte — ebenfalls in der pythagoreischen Schule — zu Schwierigkeiten führen, als man entdeckte, daß die Diagonale und die Seite des Quadrats inkommensurabel sind. Während sich nun die Pythagoreer mit dieser Schwierigkeit abquälten, leiteten andere Philosophen, die übrigens aus denselben Kreisen hervorgegangen sind[17]), die Kritik der geometrischen Begriffe ein, indem sie erkannten, daß rationales Denken, das sich von Widersprüchen frei halten will, den Punkt als ein Gebilde ohne Ausdehnung, die Linie als Länge ohne Breite, die Fläche ohne Dicke auffassen muß, und von hier aus gelangten sie natürlich zu den ersten infinitesimalen Betrachtungen. Diese rationalistischen Kritiker sind die Eleaten: Parmenides und sein Schüler Zeno. Ihre Überlegungen, die der ersten Hälfte des 5. Jahrhunderts vor Chr. angehören, bezeichnen einen entscheidenden Punkt in der Geschichte der griechischen Philosophie, weil sie zum ersten Male klar das Recht der Vernunft aussprechen: der in sich widerspruchslose Gedanke wird ohne weiteres als Maßstab der Wahrheit, d. h. der metaphysischen Existenz angenommen, im Unterschied und Gegensatz zu der für wahr gehaltenen Meinung, die sich auf die sinnlich wahrnehmbare Wirklichkeit bezieht.

Aus diesem Rationalismus, für den das Denken sich entschlossen vom äußeren Schein loslöst, um seinen Prinzipien die Treue zu bewahren, entsteht, wie schon gesagt, die dialektische Methode, die den Keim der Logik enthält. Diese mußte sich dann weiter entwickeln, während die Meinungsverschiedenheiten zwischen Empiristen und Rationalisten entbrannten und — mit

---

17) Im Katalog des Jamblichus (Diels, Pyth. 45. A.) wird Parmenides unter die Pythagoreer gerechnet, und Diogenes Laertius berichtet über seine Beziehungen zu anderen Pythagoreern.

Hilfe der letzteren — die Entwicklung der infinitesimalen Analysis (Demokrit) weiterschreitet und ihre Grundlagen kritisch erforscht wurden (Eudoxus).

Aber da diese Kritik — die an die Grundlagen des Inkommensurablen und der Proportionen rührte — das Gesamtproblem des strengen Aufbaus der Geometrie in sich schloß, so konnte die logische Untersuchung sich nicht auf die Analyse der feinen Methoden der Deduktion beschränken, sondern sie mußte auf den logischen Aufbau der Wissenschaft und auf die Beurteilung ihrer Grundlagen ausgedehnt werden.

2. URTEILE PLATOS ÜBER DEN LOGISCHEN AUFBAU DER WISSENSCHAFT

In bezug auf die im vorhergehenden erörterten Fragen sind die Urteile Platos außerordentlich interessant, obgleich der Einfluß, den der athenische Philosoph auf mathematische Denker wie Eudoxus und Theaetet ausgeübt haben kann, von H. G. Zeuthen[1]) vielleicht etwas überschätzt worden ist, wenn er die kritische Bewegung jener Zeit als „platonische Reform der Mathematik" bezeichnet.

Wir wollen zunächst einige Stellen aus der Republik[2]) anführen: „Staat" (510, c, d, e): ... „Diejenigen, die sich mit Geometrie und Arithmetik und den verwandten Wissenschaften beschäftigen, setzen das Gerade und das Ungerade, die Figuren und dreierlei Arten von Winkeln, sowie andere ähnliche Annahmen bei ihren Beweisen voraus, und, wie wenn sie sich darüber vollständig im klaren wären, machen sie ihre Annahme zur

---

1) „Sur la réforme, qu'a subie la mathématique de Platon à Euclide et grâce à laquelle elle est devenue science raisonnée" („Abhandlungen der Akademie von Kopenhagen", 1917) dänisch mit einer französischen Inhaltsangabe.

2) Wir benutzen die deutsche Übersetzung von O. Apelt, Platons Staat. 4. Aufl., Leipzig 1916, wobei wir jedoch einige leichte Änderungen vorgenommen haben.

I. Die Logik der Alten

Grundlage ihrer Beweise, ohne sich irgend verpflichtet zu fühlen, sich selbst noch den anderen Rechenschaft darüber zu geben, da es ja für jeden von selbst einleuchtend sei. Vielmehr schreiten sie von diesem Ausgangspunkt alsbald zur weiteren Ausführung fort und gelangen schließlich folgerichtig zu dem, was sie sich vornahmen zu beweisen. . . . Sie bedienen sich zu diesem Zwecke sichtbarer Gestalten und reden von diesen, wobei sie aber nicht an diese Figuren, sondern an jene Gebilde denken, deren Abbilder die benützten Figuren sind; sie stellen Erörterungen an über das Quadrat an sich, und über die Diagonale an sich, anstatt über das Quadrat und die Diagonale, die sie zeichnen. Und so verwenden sie alle Figuren, die sie bildend oder zeichnend herstellen (gewissermaßen Schatten oder Bilder, die vom Wasser gespiegelt sind) als Vorstellungen und suchen durch sie hindurch ihre Urbilder, die nur mit dem denkenden Verstand ($διάνοια$) gesehen werden können. . . . (511) . . . Dieses bezeichnete ich zwar als eine Art des Denkbaren, aber ich möchte sagen, daß die Seele bei der Untersuchung gezwungen ist, Voraussetzungen zu benutzen, und daß sie nicht auf den Anfang zurückgeht — denn sie ist nicht in der Lage, über ihre Voraussetzungen hinauszugehen — sondern sie benutzt die sinnlichen Gegenstände dieser Welt als Bilder der Voraussetzungen, da die sinnlichen Gegenstände gegenüber jenen Voraussetzungen für deutlicher erkennbar gelten. Demgegenüber benützt der denkende Verstand die Macht der Dialektik und sieht die Voraussetzungen nicht als erstes und oberstes an, sondern nur als bloße Voraussetzungen, gleichsam als Stütz- und Ausgangspunkte, dringt vor zu dem, was keine Voraussetzungen mehr hat, d. h. zum Anfang des Ganzen, und wenn er ihn erreicht hat, und sich fest an alle Folgerungen hält, die sich daraus ergeben, so gelangt er an den Endpunkt, ohne irgendwie das sinnlich Wahrnehmbare dabei zu verwenden, d. h. er schreitet mit Hilfe der Begriffe von Begriff zu Begriff weiter und endet schließlich mit Begriffen". Daher kommt die Unterscheidung zwischen der Vernunfterkenntnis des Dialektikers ($νοῦς$, $νόησις$) und der Verstandeserkenntnis

2. Urteile Platos über den logischen Aufbau der Wissenschaft

des Mathematikers, die „in der Mitte zwischen bloßer Meinung und Vernunft steht".

Dieselbe Unterscheidung findet sich in einer späteren Stelle wieder. „Staat" (533 c, . . .) „. . . die Geometrie und die mit ihr verwandten Fächer . . . träumen über das Seiende, aber es ist ihnen unmöglich, es mit offenen Augen zu schauen; solange sie sich mit Postulaten behelfen und an ihnen festhalten, da sie keine Rechenschaft darüber geben können. Wie könnte man eine Lehre, die ihren Anfang nicht kennt, und bei der Mitte und Ende mit dem verflochten sind, was man nicht weiß, jemals Wissenschaft nennen? . . ."

Es ist nicht ganz leicht, diese Ansichten zu verstehen. Zunächst muß man die gebräuchlichste Deutung, die einen grundlegenden Unterschied zwischen der Vernunft des Dialektikers und dem Verstand des Mathematikers feststellt, zurückweisen, weil es nicht möglich ist, den platonischen Ideen irgendwelche Bedeutung beizulegen, wenn man nicht annimmt, daß sie in demselben Sinne „existieren", in dem man die Existenz von mathematischen Beziehungen in der Natur behauptet.

Der scheinbare Widerspruch zwischen dieser Art, die Meinung und die Worte der obenangeführten Aussprüche zu verstehen, verschwindet, wenn man annimmt, daß der niedrige Rang, der der Mathematik im Vergleich zu der Dialektik zugestanden wird, sich nicht so sehr auf die reine Mathematik bezieht, die als Wissenschaft ($μαθήματα$) nach dem Ideal unseres Philosophen aufgebaut werden kann, als vielmehr auf die Mathematik, die als eine Kunst oder Technik ($τέχναι$)[3] betrachtet wird. Zur Stütze dieser Ansicht kann man andere Stellen desselben Dialoges anführen, z. B.

„Staat" (527) „. . . auch diejenigen, die der Geometrie nur wenig kundig sind, werden nicht bestreiten, daß das Wesen dieser

---

3) Vgl. G. Milhaud, Les philosophes géomètres de la Grèce, Paris 1900, Alcan, 2. Kap. und F. Enriques, Scienza e razionalismo, Bologna, Zanichelli, S. 50.

Wissenschaft in vollständigem Gegensatz zu der Ausdrucksweise steht, deren sich diejenigen bedienen, die sich mit ihr befassen. . . . Es ist eine überaus lächerliche und unglückliche Ausdrucksweise; denn sie sprechen von Quadrieren, Verlängern, Hinzufügen, als ob es sich um einen praktischen Zweck handelte; während doch der eigentliche Zweck der ganzen Wissenschaft nichts anderes ist als die reine Erkenntnis."

Aber welches ist der logische Aufbau der von Plato erstrebten Geometrie? Auf welcher Grundlage will er ihre Prinzipien errichten?

Die angeführten Stellen zeigen ganz klar, daß der Philosoph, um der Wissenschaft einen vernunftgemäßen Wert beizulegen, diejenigen Forderungen ausschalten möchte, die unter dem Namen Postulate ($αἰτήματα$) an den Anfang der Beweise gestellt werden, und auf Grund deren man die Möglichkeit gewisser Konstruktionen annimmt, wobei man praktische Verrichtungen an sinnlich wahrnehmbaren Gegenständen ausführt. Die Grundlage der Geometrie, die nach den Regeln der Dialektik aufgebaut ist, würde also lediglich aus Definitionen bestehen (das dialektische Verfahren hat ja gerade den Zweck, die Begriffe zu definieren) oder aus einleuchtenden Grundsätzen, wie es die Axiome sind, die Plato als angeborene Erkenntnisse ansieht, gemäß der Theorie vom Erinnerungsvermögen, die im „Menon" auseinandergesetzt ist. So erscheinen die elementaren Eigenschaften, zu deren Erkenntnis die sichtbaren Figuren, dank dem Verstand ($διάνοια$) Gelegenheit gegeben haben, auf die reine Vernunft ($νοῦς$) gegründet.

3. DER BEGRIFF DER BEWEISENDEN WISSENSCHAFT BEI ARISTOTELES: ZWEITE ANALYTIK

Wenn wir uns zu den analytischen Büchern des Aristoteles wenden, so werden wir dort genauere Angaben über die Richtlinien finden, die sich die Mathematiker beim logischen Aufbau der Wissenschaft zu eigen gemacht haben, und es wird interessant sein, diese Richtlinien mit denen zu vergleichen, die in

3. Der Begriff der beweisenden Wissenschaft bei Aristoteles

den „Elementen" des Euklid in die Wirklichkeit umgesetzt erscheinen.

Schon am Anfang der „ersten Analytik" definiert der Verfasser den Begriff der Wissenschaft, mit deren Studium er sich beschäftigt, mit folgenden Worten: „Vor allem muß der Gegenstand und der Zweck dieser Untersuchung angegeben werden: Gegenstand ist der Beweis, und Zweck ist die beweisende Wissenschaft (ἐπιστήμη ἀποδεικτική). „Er stellt deshalb eben in dieser „ersten Analytik" die Theorie des Syllogismus auf und geht dann in der „zweiten Analytik" dazu über, den logischen Aufbau der deduktiven Wissenschaften zu untersuchen; dabei bezieht er sich fortwährend auf die Mathematik.

Dieses letztere Werk, mit dem wir uns hier besonders zu beschäftigen haben[1]), beginnt mit dem Ausspruch: „Jedes vernünftige Lehren und Lernen entspringt immer aus früheren Erkenntnissen. Die Beobachtung zeigt, daß dies für alle Wissenschaften richtig ist: dies ist nämlich das Verfahren der Mathematik und aller anderen Wissenschaften." Aus dem Begriff des Wissens selbst „folgt nun aber mit Notwendigkeit, daß die beweisenden Wissenschaften von wahren, unmittelbar einleuchtenden Grundsätzen ausgehen, die genauer bekannt sind als die Schlußfolgerung, deren Ursache sie sind, und der sie vorausgehen".[2]) Aristoteles prüft und verwirft (a. a. O. I, 3) die Einwände zweier Gruppen von Gegnern dieser Lehre, die behaupten:

1. entweder gebe es keine Grundprinzipien und infolgedessen erweise sich ein Beweis als unmöglich, da er zu einem regressus ad infinitum führe,

2. oder, falls es Grundprinzipien gebe, sei das Beweisverfahren gänzlich relativ, so daß man ebensowohl die Grundsätze aus den Schlußfolgerungen wie die Schlußfolgerungen aus den Grund-

---

[1]) Vgl. F. Enriques, Il concetto della Logica dimostrativa secondo Aristotele in der „Rivista di filosofia" vom Januar 1918.
[2]) „Zweite Analytik", I, 2 (6).

sätzen beweisen könnte, was, wie er sagt, zu einem circulus vitiosus führt.

Es wäre von größtem Wert, wenn man wüßte, wer die Gegner sind, von denen unser Schriftsteller hier spricht; vielleicht stammte der erste Einwand aus dem Gedankenkreis der antimathematischen Polemik empiristischer Philosophen, während der zweite bei den Megarikern, die den eleatischen Relativismus in sich aufgenommen hatten, oder bei Demokrit oder anderen, den Prinzipien der Wissenschaft kritisch gegenüberstehenden Mathematikern, entstanden sein könnte. Auf alle Fälle ist es überraschend, daß die hier zum Ausdruck gebrachte Anschauung, die nur scheinbar unlogisch ist, eine weitgehende Ähnlichkeit mit modernen Ansichten aufweist; wir werden später Gelegenheit haben, darauf hinzuweisen.

Aristoteles mußte diesen Relativismus bekämpfen, da seine ganze Metaphysik, die er in die platonische Ideenlehre hineingetragen hat, und die seiner Logik zugrunde liegt, die Reaktion gegenüber den relativistischen Neigungen der philosophischen Systeme darstellt, die aus der vorsokratischen Wissenschaft auf das Gebiet der Sitte und des religiösen Glaubens übergegangen waren, so daß sie die Grundlagen des sozialen Lebens in der hellenischen Welt bedrohten. Der Parallelismus, den die Eleaten zwischen Denken und Sein bemerkt hatten, und den die (gegnerischen und die zustimmenden) Eleaten in dem Sinne gedeutet hatten, daß sie das Willkürliche, das der freien Beurteilung eigentümlich ist, in die Wirklichkeit übertrugen, erhält in der sokratisch-platonischen Lehre gerade die umgekehrte Deutung; die ontologische Ideenlehre setzt nämlich eine absolute Reihe von Wahrheiten voraus, und diese stehen dem Denken als Gegebenheiten gegenüber, auf Grund deren es den Aufbau der Wissenschaft zu vollziehen hat. So sieht also Plato in der Anordnung der geometrischen Formen ein Beispiel der Hierarchie der natürlichen Gattungen, die sich in jenem allgemeinen Verfahren der Einteilung und Definition widerspiegelt, das die Dialektik ausmacht. In ähnlicher Weise spiegelt sich der notwendige und nicht

3. Der Begriff der beweisenden Wissenschaft bei Aristoteles

umkehrbare Zusammenhang zwischen Ursachen und Wirkungen, den die Natur darbietet, in dem Zusammenhang zwischen Voraussetzungen und Folgerungen der Erfahrungswissenschaft wider; diese besitzt demnach einen natürlich geordneten Aufbau, der nicht umgekehrt werden kann; daher erscheinen ihre Grundlagen als absolut **unbeweisbar:**[2a]

„Zweite Analytik" I, 2 (9): „Die Grundlagen, von denen man ausgeht, müssen ohne Beweis einleuchten; sonst könnte man, da man einen Beweis für sie nicht besitzt, sie nicht beibehalten; denn wenn man etwas, das bewiesen werden kann, weiß, ohne daß dies Wissen ein zufälliges ist, so ist dies gleichbedeutend mit dem Besitz eines Beweises."

Setzen wir nun die Betrachtung der „Zweiten Analytik" fort, so werden wir des genaueren belehrt, daß die Grundlagen der Wissenschaft sich in mehrere Arten einteilen lassen:

1. Fachausdrücke oder Definitionen ($ὅροι$), d. h. Festsetzungen der Bedeutung von Wörtern (in moderner Sprache: Annahme von **nicht definierten Grundbegriffen**) und eigentliche Definitionen.[3]

2. Festsetzung über die Existenz der Gattung und ihrer Abarten, d. h. der durch die Fachausdrücke bezeichneten Dinge.

3. Unmittelbar einleuchtende Sätze, die man notwendig wissen muß, um irgendeine Sache zu verstehen; sie werden Axiome ge-

---

[2a] Die Übersetzung des Textes folgt dem Italienisch von Enriques. Rolfes übersetzt in Bd. 11 der phil. Bibl. so: „Aus ersten und ohne Beweis einleuchtenden Sätzen aber muß er erfolgen, weil man dasjenige, wofür man keinen Beweis hat, nicht wissen kann. Denn etwas wissen, wofür es einen Beweis gibt, und zwar nicht in akzidentieller Weise es wissen, heißt einen Beweis dafür haben."

[3] Die logische Theorie der Definition wird von Aristoteles in der „Zweiten Analytik" besonders im 9. und 12. Kapitel behandelt; dort wird die Regel aufgestellt, man habe den Umfang der Gattung der Reihe nach zu verengern, indem man, in natürlicher Reihenfolge, die besonderen Merkmale hinzufügt, die sie einschränken, bis sie in ihrer Gesamtheit die Ausdehnung des zu definierenden Gegenstandes umgrenzen.

nannt (ἀξιώματα), weil „es Sätze dieses Charakters gibt, und es üblich ist, für sie diesen Namen zu verwenden".[4])

4. Endlich auch Hypothesen oder Postulate (αἰτήματα), die im Unterricht der Mathematik (oder auch beim Meinungsaustausch) tatsächlich eingeführt werden, und die an den Hörenden das Ansinnen stellen, er möge die Existenz einer Sache, von der er gar keine oder gar eine entgegengesetzte Vorstellung hat, zugeben.

Hier erscheint der Grundgedanke des Aristoteles etwas dunkel; denn einerseits scheint er (wie Plato) anzunehmen, daß die Postulate auch beseitigt werden können: „Ein Postulat ... ist das, was ohne Beweis gesetzt wird, obwohl es bewiesen werden könnte, und was man benützt, ohne es bewiesen zu haben" (I, 10 (8)); und andererseits bemerkt er (9), daß „die Definitionen keine Hypothesen sind, weil sie nicht angeben, ob die definierten Dinge existieren oder nicht ..." (wobei er anscheinend auf die Anschauungen der Mathematiker Beziehung nimmt). Aber wahrscheinlich ist sein Gedanke der, daß das Wissen nur auf solchen Voraussetzungen der Existenz aufgebaut werden sollte, die den Charakter der Notwendigkeit tragen, weil sie durch sich selbst (καθ' αὐτά) wahr sind, und die „nicht als Hypothesen oder Postulate betrachtet werden können. ..." (I, 10 (7)), weil „der Beweis ... sich nicht an einen äußeren Grund, sondern an die innere Stimme der Seele wendet". Damit appelliert Aristoteles an jenes Gefühl der unmittelbaren Gewißheit des Denkens, das Plato im „Theaetet" als innere Aufrichtigkeit dargestellt hat, wobei er sich fast derselben Worte bediente.[5])

Demnach kritisiert Aristoteles die platonische Lehre vom Erinnerungsvermögen[6]), indem er leugnet, daß es angeborene

---

4) Dieser Name wird nach Jamblichus (bei Diels, a. a. O. D. 6) von den Pythagoreern benutzt.

5) 189 c) Das Denken ist „ein Gespräch, das die Seele mit sich selbst über den Gegenstand ihrer Untersuchung hält". (190) „Auch nicht im Traum hast du dich erkühnt, zu dir selbst zu sagen, daß das Ungerade gerade sei, oder sonst etwas dergleichen."

6) „Erste Analytik" II, 21 (7) und „Zweite Analytik" I, 1 (7).

Erkenntnisse gibt. Die allen gemeinsame Erkenntnis der Grundlagen wird für ihn unzweifelhaft durch die Sinnesempfindungen erworben. Sie entsteht dank der Einheit der Erfahrung, die in der Seele vorhanden ist, ungeachtet der Vielheit der Gegenstände, kraft der Fähigkeit, das Ähnliche und Identische, das die einzelnen Gegenstände aufweisen, festzuhalten und es als ein Gegebenes des Denkens zu erkennen. „Zweite Analytik" II, 15 (5, 6, 7). Das tut der absoluten Wahrheit, die der Verstand (διάνοια), die Grundlage der Wissenschaft, seinen Grundbegriffen beilegt, keinen Abbruch.

4. DIE GRUNDLAGEN IN DEN „ELEMENTEN" DES EUKLID

Es empfiehlt sich, mit den Lehren des Aristoteles diejenigen zu vergleichen, die beim Aufbau der „Elemente" des Euklid[1]) zutage treten.

In diesen findet man drei Arten von Grundbegriffen

1. Fachausdrücke oder Definitionen (ὅροι),
2. Postulate (αἰτήματα),
3. Allgemein gültige Einsichten (κοιναὶ ἔννοιαι).

Es ist hier nicht der Ort zu einer eingehenden Untersuchung der Voraussetzungen, die, wie man offen sagen muß, bei weitem nicht ausreichend sind, so daß P. Tannery sogar ihre Echtheit in Zweifel gezogen hat. Wir werden uns lediglich auf einige Bemerkungen vom Standpunkt der Logik aus beschränken, wobei wir uns auf die kritische Untersuchung beziehen, die H. G. Zeuthen ihnen gewidmet hat.[2])

---

1) Heiberg, Euclidis opera omnia, Leipzig 1883—88, B. G. Teubner. Nach den Angaben des Kommentators Proklus von Byzanz (412—485 n. Chr.) hat Euklid zur Zeit des Königs Ptolomäus in Alexandria gelebt. Man kann also schließen, daß die „Elemente" ums Jahr 300 vor Chr. geschrieben sind. (Die Werke des Aristoteles, die wir kennen, scheinen dem letzten Jahrzehnt seines Lebens anzugehören; er starb im Jahre 322 v. Chr.

2) Vgl. seine „Geschichte der Mathematik im Altertum und Mittelalter". Kopenhagen 1896.

18 I. Die Logik der Alten

Aber zunächst wollen wir uns einen Augenblick mit einer sprachlichen Frage beschäftigen.

Nicht wenige wundern sich, daß Euklid den Ausdruck „allgemein gültige Einsichten" benutzt hat, um das zu bezeichnen, was Aristoteles (mit den pythagoreischen Mathematikern) „Axiome" nannte, um so mehr, als, wie man sagt, das Wort „ἔννοια" erst später in der Sprache der Stoiker auftritt. Nun aber ist es nicht ohne Belang, darauf hinzuweisen, daß dasselbe Wort sich auch bei Demokrit³) findet, und zwar in einem Sinn, der später noch unsere Aufmerksamkeit erregen wird Diese Bemerkung ist aus dem Grunde interessant, weil Demokrit etwa 100 Jahre vor Euklid ebenfalls „Elemente" verfaßte, die zwar in dem geschichtlichen Überblick des Proklus nicht angeführt sind, deren Titel uns aber Trasyllus überliefert hat⁴); und zwar um so mehr, als diese Titelangaben eine ganz ähnliche Stoffanordnung erkennen lassen, wie sie auch von Euklid gewählt wurde. Die Vermutung ist nicht von der Hand zu weisen, daß die Axiome in der demokritischen Terminologie gerade als „Einsichten" oder als „allgemein gültige Einsichten" bezeichnet wurden, und daß der alexandrinische Mathematiker, als er es unternahm, unter Berücksichtigung der kritischen Fortschritte des Jahrhunderts, denselben Stoff systematisch zu behandeln, die Bezeichnung seines berühmten Vorgängers beibehalten habe, eines Vorgängers, auf den er vorzugsweise blicken mußte.⁵)

Wir wollen noch darauf hinweisen, daß nach den Darlegungen von Geminus bei Proklus⁶) zwischen den allgemein gültigen

---

3) Vgl. Sextus (bei Diels A, 111).

4) Γεωμετρικῶν, Ἀριθμοί, περὶ ἀλόγων γραμμῶν καὶ ναστῶν $\overline{A}$, $\overline{B}$ (vgl. Diels S. 408).

5) Als Stütze unserer Ansicht kann vielleicht eine Stelle des bekannten Kommentars „Procli Diadochi in primum Euclidis Elementorum librum commentarii" (ed. Friedheim, S. 194, Zeile 8—9) gelten, in der Proklus, wie es scheint, auf die Gewohnheit der Geometer anspielt, das, was Aristoteles als „Axiom" bezeichnet, „allgemein gültige Einsicht" zu nennen.

6) a. a. O., S. 193 ff. Vgl. Vailati, Scritti, S. 547.

4. Die Grundlagen in den „Elementen" des Euklid

Einsichten oder Axiomen und den Postulaten ein ähnlicher Unterschied besteht, wie zwischen den Lehrsätzen und den Aufgaben, oder zwischen den Identitäten und Gleichungen, insofern als die ersteren Beziehungen zum Ausdruck bringen, durch welche gewisse Eigenschaften als Folge anderer gegebener Eigenschaften erkannt werden, während die letzteren die Vornahme von einfachen Konstruktionen vorschreiben; dies ist aber nach griechischer Anschauung gleichbedeutend mit der Behauptung, daß besondere Gebilde existieren, denen gewisse Bedingungen auferlegt werden. Dieser konstruktive Charakter scheint nur dem 4. Postulat (alle rechten Winkel sind untereinander gleich) zu fehlen; aber Zeuthen zeigt, daß man in dieser Behauptung eine Ergänzung des 2. Postulates sehen muß und zwar in dem Sinne, daß behauptet wird, die Verlängerung einer Geraden sei eindeutig bestimmt.

Proklus bemerkt auch, daß die Axiome und die Postulate an sich voneinander verschieden sind; die letzteren sind besondere Grundsätze der Geometrie, die ersteren aber sind Grundsätze, die den verschiedenen Wissenschaften gemeinsam angehören. In der Tat handelt es sich hier um allgemeine Eigenschaften der Gleichheit und Ungleichheit zwischen Größen.

Endlich stimmt die Unterscheidung zwischen den beiden Arten von Grundsätzen auch mit dem Unterscheidungsmerkmal des Aristoteles überein, der in den Axiomen Wahrheiten erkennt, die an sich ($\kappa\alpha\vartheta$' $\dot{\epsilon}\alpha\upsilon\tau\dot{\alpha}$) einleuchtend und deshalb notwendig und unbeweisbar sind, während er in den Postulaten Wahrheiten erblickt, die aus einer anderen Art von Evidenz (nämlich den sinnlichen) entspringen und sich deshalb nicht ebenso zwingend ($\dot{\epsilon}\xi$ $\dot{\alpha}\nu\dot{\alpha}\gamma\kappa\eta\varsigma$) aus der Bedeutung der in ihnen auftretenden Ausdrücke ergeben. Die Natur der Grundsätze, die von Euklid als allgemein gültige Wahrheiten bezeichnet werden, scheint in der Tat diesem Unterscheidungsmerkmal zu entsprechen.

Wenn aber einige Geometer (nach der Behauptung des Proklus) es ablehnten, zwischen Axiomen und Postulaten einen Unterschied zu machen, so bestehen doch auch keine Anzeichen dafür, daß sie den Sinn, den Aristoteles und (gemäß der Regeln des gesunden Menschenverstandes) wahrscheinlich auch andere dieser Unterscheidung beilegten, abgelehnt hätten, sowie ihn die moderne Kritik ablehnt. Diese betrachtet — gerade aus diesem Grunde — die primitiven Sätze der Wissenschaft ebenfalls als Postulate, die in jeder beliebigen deduktiven Theorie als gegebene, der Entwicklung dieser Theorie vorausgehende Tatsachen angenommen werden müssen.

In diesen Fragen wird etwas Klarheit geschaffen durch den Bericht des Proklus (a. a. O. S. 194) über einen Versuch, das erste Axiom (zwei Größen, die einer dritten gleich sind, sind einander selbst gleich) zu beweisen. Apollonius soll diesen Versuch gemacht haben. Über diesen Beweisversuch wird nämlich folgende kurze Notiz gegeben: „Es sei $a = b$ und $b = c$; dann wird behauptet, daß a gleich c ist. Beweis: es nimmt a denselben Ort (τόπος) ein wie b, und ebenso nimmt b denselben Ort ein wie c; folglich nimmt auch a denselben Ort ein wie c." Diese Schlußweise könnte vielleicht darauf hinweisen, daß Apollonius den euklidischen Begriff der geometrischen Gleichheit auf den Fall der Deckungsfähigkeit der Figuren zurückführen wollte, dadurch, daß er sich auf Gedankenexperimente mit Bewegungen berief. Dadurch konnte er in den Irrtum verfallen, die transitive Eigenschaft jener Beziehung auf einen reinen Identitätssatz zurückzuführen, während doch die Berufung auf derartige Experimente uns (mit Helmholtz u. Stolz) gerade darauf hinweist, daß dem ersten Axiom eine synthetische Bedeutung zukommt, und daß es nicht als ein einfacher analytischer Lehrsatz aufgefaßt werden kann, der auf Grund seiner Definition wahr ist. Sei dem, wie ihm wolle, der angeführte Bericht läßt auf alle Fälle die Annahme zu, daß Apollonius nach Euklids Zeit die Kritik der Prinzipien mit jenem Scharfsinn gefördert hat, den wir bei dem großen Mathematiker von Pergae gewohnt sind.

Wir wenden uns wieder zu Euklid, um die Prinzipien kurz zu untersuchen, die er mit dem Namen ὅροι (Fachausdrücke oder Definitionen) bezeichnet hat. Wenn man sie als Definitionen

4. Die Grundlagen in den „Elementen" des Euklid

betrachtet, so kann man nicht umhin, auf ihre Unzulänglichkeit hinzuweisen; denn sie enthalten oft nur Beschreibungen, die geeignet sind, die psychologische Entstehungsweise der Begriffe anzudeuten. So ist es z. B. bei den Definitionen 3 u. 5, in denen gesagt wird, daß die Grenzen einer Linie Punkte und die Grenzen der Fläche Linien sind. Wahrscheinlich sind aber diese und andere Erklärungen im Zusammenhang mit der vorhergehenden geschichtlichen Überlieferung zu betrachten, als eine Erinnerung an die Zeichen, vermittelst deren die Gebilde der geometrischen Wissenschaft als Idealisierungen der sinnlichen Wahrnehmung erscheinen. So erinnern z. B. die Definitionen 1, 2 und 5 daran, daß nach dem Ergebnis der eleatischen Kritik der Punkt keine Ausdehnung besitzt, die Linie eine Länge ohne Breite ist, und die Fläche keine Dicke hat.[7])

Auch diejenigen, die sich als eigentliche Definition darbieten, genügen nicht immer dem von Aristoteles aufgestellten grundlegenden Kennzeichen, daß die Gesamtheit der Merkmale den Umfang der Gattung derartig verengert, daß der zu definierende Gegenstand keinem umfangreicheren Begriff angehört. Aus diesem Grunde erscheint die 4. Definition „Die Gerade ist diejenige Linie, die zu allen ihren Punkten in gleicher Weise liegt", als unzulänglich; denn wenn man dies in der üblichen Weise auslegt, „Die Gerade ist diejenige Linie, die von jedem ihrer Punkte in zwei gleiche Teile geteilt wird", so spricht die Definition eine Eigenschaft aus, die für die Gerade nicht charakteristisch ist, da sie auch der Schraubenlinie zukommt (vgl. Apollonius bei Proklus: 105, 5).

Nun muß man aber hinzufügen, daß Euklid nicht nur die Existenz dessen voraussetzt, was mit einem Fachausdruck bezeichnet wird, sondern daß er mit Hilfe von Definitionen auch einige Existenz-Hypothesen einschmuggelt, während man nach dem Vorgang, der in anderen Fällen befolgt wurde, erwarten müßte, daß ein besonderes Postulat ausdrücklich aufgestellt

---

[7]) Vgl. Proklus a. a. O., S. 94, Z. 11.

würde. Dies geschieht z. B. an der Stelle, an der es sich um die Schnittpunkte von Geraden und Kreisen handelt; die Annahmen, die bei den Sätzen 1, 12, 22 verwendet werden, scheinen sich (nach einer Bemerkung Zeuthens) zu rechtfertigen mittels der Definition (15) des Kreises als einer ebenen Figur, die von einer einzigen Linie umschlossen wird. Aber man braucht auf solche Mängel kein allzu großes Gewicht legen; denn es handelt sich hier um Mängel der Ausführung, die die logischen Richtlinien des Gesamtplans nicht berühren. Wenn wir innerhalb des euklidischen Gedankenkreises bleiben, so brauchen wir nur die Postulate dadurch zu vervollständigen, daß wir die verschiedenen Möglichkeiten des Schnitts zwischen Geraden und Kreisen oder zwischen zwei Kreisen, die bei den elementaren Konstruktionen auftreten, ausdrücklich anführen. Von Wichtigkeit ist es jedoch, darauf hinzuweisen, daß diese Existenz-Hypothesen, welche die alte Geometrie in einzelnen Fällen durch geeignete Konstruktionen einführte, heute aus einem einzigen allgemeinen Stetigkeitsprinzip abgeleitet werden können.[8])

Dadurch wird die Behauptung der Existenz unabhängig von dem Aufsuchen konstruktiver Hilfsmittel, die mit der Natur des Problems oft recht verwickelt werden. Dies ist ein Fortschritt in der von Plato empfohlenen Richtung; denn dieser hat ja, wie wir gesehen haben, all das abgelehnt, was in der Formulierung der Postulate an das Praktische oder Mechanische erinnert.

Anmerkung: Zur Vervollständigung dessen, was über die euklidische Geometrie gesagt ist, wollen wir noch anfügen, daß Archimedes[9]) die Prinzipien in anderer Weise einzuteilen und zu unterscheiden scheint, da er (in seinem Brief an Dositheus)

---

[8]) Vgl. z. B. den Artikel Nr. 5 von G. Vitali in dem Sammelwerk von F. Enriques, Fragen der Elementargeometrie, 1. Bd., Leipzig, B. G. Teubner.

[9]) De sphaera et cylindro in ,,Archimedis opera omnia cum commentariis Eutocii" ed. Heiberg, Leipzig 1910. Vgl. The Works of Archimedes ed. Heath. Cambridge 1897. Deutsch von F. Kliem. Berlin 1914.

gewisse Definitionen in Verbindung mit Annahmen der Existenz als Axiome (ἀξιώματα) bezeichnet; z. B. es gibt in der Ebene gewisse begrenzte krumme Linien, die ganz auf derselben Seite der geraden Linie liegen, die ihre Endpunkte verbinden, und diese werden konkav genannt. Dagegen verwendet er den Ausdruck „Annahmen" (λαμβανόμενα) für einige Prinzipien (zuvor aufgestellte Sätze oder äußerst elegante Postulate), von denen seine Behandlung ausgeht; z. B. die Gerade ist die kürzeste Linie zwischen zwei Punkten. Eutokius ersetzt in seinen Anmerkungen die archimedischen ἀξιώματα durch die Bezeichnung ὅροι.

5. ZUSAMMENFASSENDE BETRACHTUNGEN ÜBER DIE LOGIK DER GRIECHEN

Wenn wir nun, besonders im Hinblick auf die „Zweite Analytik" des Aristoteles und auf die „Elemente" des Euklid, den Versuch machen, unsere Eindrücke in einem zusammenfassenden Urteil über die Logik der Alten wiederzugeben, indem wir uns fragen, bis zu welchem Punkte ihre Urteile uns annehmbar oder erschöpfend scheinen, so gelangen wir zu der folgenden Betrachtung:

a) Die Logik der Griechen setzt einen naiven Realismus voraus, dem das Denken als eine Nachbildung oder ein Traumgesicht einer äußeren Natur erscheint. So werden z. B. die „Zahl" bei den Pythagoreern und der stetige Raum bei den Eleaten ganz konkret gedacht, als Nachahmung jenes kosmischen Stoffs, der, wie man sich vorstellt, das natürliche Substrat (φύσις) aller Dinge ausmacht. Die realistische Grundannahme findet ihren typischen Ausdruck in der platonischen Ideenlehre, die schließlich die metaphysische Grundlage für die aristotelische Logik bildet. Aus ihr ergibt sich der Charakter der Notwendigkeit für die Prinzipien und daher die Forderung eines natürlichen Aufbaus der Wissenschaft, der von völlig unbeweisbaren Voraussetzungen ausgeht. Diese Forderung wird, wenigstens zum Teil, in den Anschauungen der Mathematiker berichtigt.

b) In demselben Realismus hat die völlige Unzulänglichkeit der Theorie der Definition ihren Ursprung. Denn die Unklarheiten des Werkes von Aristoteles und die Unvollkommenheiten des Euklid, allgemein die Irrtümer der Kritik, die man in diesen Werken findet, können daraus, wie aus einer gemeinsamen Wurzel abgeleitet werden.

Man nimmt nämlich an, daß die Worte gewissen Gebilden einer erfaßbaren Welt entsprechen, die über den Menschen hinausragt, und die in eindeutiger Weise erfaßt werden soll. Von hier stammt die Auffassung, daß die logische Deduktion nicht nur die ausdrücklich als Axiome oder Postulate ausgesprochenen Voraussetzungen gegenwärtig haben muß, sondern auch den Sinn der Ausdrücke, über die man urteilt, wobei man durch sie hindurch jene (geometrische usw.) Wirklichkeit erblickt, die den Gegenstand des Denkens bildet. Dies heißt aber nichts anderes, als im Denken uneingestandene Berufungen auf die Anschauung als glaubwürdig hinstellen, die, wenn sie ausdrücklich ausgesprochen würden, als neue Axiome anzusprechen wären. Wenn nun aber die Anschauung (oder Vision des Sinns) in der Untersuchung immer vorausgesetzt bleibt, wann wird man sich dann je versichern können, daß die Axiome ein vollständiges System bilden? Ganz streng genommen gelingt es nicht einmal, den Sinn einer solchen Frage zu definieren. Und deshalb begreift man nicht, warum man die Notwendigkeit fühlt, einige unter den Axiomen, die ebenfalls für einleuchtend, notwendig usw. erklärt werden, vorzugsweise auszusprechen.

c) Wir wollen noch hinzufügen, daß die aristotelische Analyse des logischen Denkens, die ihren Ausgangspunkt von der Theorie des Syllogismus nimmt („erste Analytik"), auch zu den metaphysischen Grundlagen der Logik in Beziehung steht. Und zwar insbesondere zu dem Umstand, daß die Griechen sich im allgemeinen die von der Wissenschaft dargestellte erfaßbare Wirklichkeit in der typischen Form der Klassifikation der geometrischen Formen vorstellten; dies ist tatsächlich der Charakter der eleatischen Ontologie, die der von Aristoteles eigentlich nicht übertroffenen platonischen Lehre ihr Siegel aufdrückt.[1]) Nur Demokrit erhob sich, wie wir später zeigen werden, zu einer Theorie der Bewegung; aber seine philosophischen Ansichten finden erst 2000 Jahre später, zur Zeit der Renaissance, eine entsprechende Weiterentwicklung.

Hier muß auch darauf hingewiesen werden, daß die kritischen Bemerkungen, die von den englischen Empiristen (Bacon und Stuart Mill) gegen die syllogistische Theorie geltend gemacht worden sind, und die der Deduktion eine aus der Verallgemeinerung der Erfahrung gewonnene Induktion entgegenstellten, die Aufmerksamkeit von dem abgelenkt haben, was der aristotelischen Untersuchung des logischen Denkens fehlt, wenn man dieses Denken immer in den strengen Formen betrachtet, die nach der Meinung der griechischen Philosophen allein der beweisenden Logik im eigentlichen Sinne des Wortes angehören. In der Tat bilden die kurzen Hinweise, die Aristoteles in der „Ersten Analytik" der Induktion widmet, sicherlich keinen Ersatz für die Analyse der konstruktiven logischen Operationen (wie sie durch Partikeln wie „und" „oder" usw. bezeichnet werden), die neben dem Syllogismus in der Entwicklung der mathematischen Beweise vorkommen. Diese Lücke macht sich wieder in der Theorie der Definition bemerkbar, die gerade jene konstruktive Arbeit des Denkens zum Ausdruck bringen.

d) Endlich muß noch darauf hingewiesen werden, daß der besagte Realismus sich auch in einer naiven Auffassung von der Sprache zeigt: Die griechische Philosophie, sei es nun, daß sie einen natürlichen Ursprung der Sprache annahm (wie Plato im „Kratylus"), sei es, daß sie das hervorhob, was an Konventionellem in den Wörtern liegt (wie Demokrit[2]) und Aristo-

---

1) Vgl. Ch. Werner, Aristote et l'idéalisme platonicien. Paris 1910, Alcan.

2) Proklus erwähnt im Kommentar zum „Kratylus" diese Meinung des Demokrit, die sich auf die Gleichnamigkeit und Sinnverwandtschaft der Wörter gründet, auf den Wechsel der Namen und auf den Mangel an Analogie in der Bildung gewisser Ausdrücke (vgl. die Anmerkungen zur französischen Übersetzung des „Kratylus" von Cousin).

teles³) vermochte die wesentliche Verschiedenheit der Sprachen nicht zu erkennen, die sich in den verschiedenen Arten, die Dinge darzustellen, zeigt und das freie Schaffen des Redenden ausdrückt, dadurch aber auch den Anlaß gibt, daß manches unübersetzbar ist. Aristoteles sagt nämlich „Peri hermenias" I (4) „Die Worte der gesprochenen Sprache sind das Bild der in der Seele hervorgerufenen Vorstellungen, und die Schrift ist das Abbild, der durch die Sprache ausgedrückten Worte.

Wie die Schrift nicht für alle Menschen identisch ist, so unterscheiden sich auch die Sprachen voneinander. Aber die Vorstellungen der Seele, deren unmittelbare Zeichen die Worte sind, sind für alle Menschen dieselben, und ebenso sind die Dinge, die jene Vorstellungen abbilden, für alle identisch."

Es ist klar, daß eine derartige Lehre jene Verwirrung zwischen logischer Analyse und Analyse der Sprache erklärt, die ihren Höhepunkt in dem aristotelischen Einfall erreicht, aus den grammatischen Formen eine Klassifikation der „Kategorieen" abzuleiten.

6. DIE LOGIK DEMOKRITS UND IHR EINFLUSS AUF STOIKER UND EPIKUREER

Im vorhergehenden haben wir uns mit dem Studium des Denkens der alten Griechen beschäftigt, wie es sich uns in den wissenschaftlichen Systemen darstellt, die auf uns gekommen sind. Für das Verständnis der weiteren Entwicklung, die die Logik in den philosophischen Schulen nach Aristoteles findet, ist es aber notwendig, sich den Einfluß klar zu machen, den die Vorgänger des Stagiriten auf die Entwicklung ausgeübt zu haben scheinen.

Diese Entwicklung läßt sich nämlich in ihren allgemeinen Zügen dahin definieren, daß sie das Bestreben hat, das Denken

---

3) „Peri hermenias", 2 (1).

6. Die Logik Demokrits und ihr Einfluß auf Stoiker und Epikureer 27

vom ontologischen System zu befreien; dieses System überlebt aber trotzdem in gewisser Weise die platonisch-aristotelische Begriffslehre, in dem Maß als diese Philosophie die Metaphysik des gesunden Menschenverstandes zum Ausdruck bringt. Das erwähnte Streben nach Befreiung zeigt sich in zwei Erscheinungen:

1. In einem Fortschritte in der Richtung nach dem logischen Formalismus, der vom Studium der Redeformen ausgeht, die den Gegenstand der „ersten Analytik" bilden; dieses Fortschreiten verrät sich in seinen Anfängen schon bei den ersten Peripatetikern, wie Eudemus, dem Verfasser einer Geschichte der Mathematik und bei Theophrastus, der die Ansichten der Physiker gesammelt hat; deutlicher tritt es noch bei den Stoikern zutage, auf die auch das Erbe der megarischen Dialektiker übergegangen ist.

2. In einer Revision der Grundlagen der Erkenntnistheorie, die den Ursprung und die Bedeutung der allgemeinen Begriffe zum Gegenstand hat, von denen die deduktive Wissenschaft ausgeht; hier vor allem treten gewisse Anschauungen hervor, die mit den großen Vorgängern von Plato und Aristoteles in Zusammenhang gebracht werden müssen. Die Bedeutung der Frage nötigt uns deshalb, bei diesen etwas zu verweilen.

Wenn wir uns nun der Aufgabe zuwenden, die Gedanken dieser Vorgänger induktiv wieder herzustellen, so muß die Gestalt des Demokrit von Abdera vor jeder anderen unsere Aufmerksamkeit auf sich ziehen. Demokrit, der etwa 100 Jahre alt wurde und ums Jahr 460 v. Chr. geboren wurde (40 Jahre nach Anaxagoras und 25 Jahre nach seinem Mitbürger Protagoras, der der größte Vertreter der Sohpistik ist) muß als ein älterer Zeitgenosse Platos (427—348/7) betrachtet werden; es haben demnach nur die Vorurteile, die im 19. Jahrhundert den Aufbau der Geschichte des griechischen Denkens beherrschten, es verhindert, daß die Beziehungen zwischen den beiden Philosophen näher untersucht wurden; denn diese Urteile verwiesen Demokrit, ohne Rücksicht auf die zeitliche Aufeinanderfolge, unter die Vorsokratiker und sogar unter die Vorsophisten.¹) Demokrit ist der große Schöpfer der Atomlehre, in der er allerdings in Leukippus einen Vorläufer hat; die Lehre wurde von ihm als eine kinetische, kosmologische Theorie entwickelt. Durch diese Lehre gelangte er zu einer strengen Auffassung des mechanischen Determinismus und wahrscheinlich auch zu der Entdeckung von Grundbegriffen (Masse, Trägheit), die Galilei 2000 Jahre später wieder auffand, indem er die grundlegenden Anschauungen des fernen Vorgängers wieder aufgriff. Wegen seines strengen Mechanismus, der jede Teleologie ausschließt, wird Demokrit als der Vater des Materialismus angesehen, und gerade hierin hat das Vorurteil seinen Ursprung, von dem sich besonders auch die Geschichte, wie sie sich im 19. Jahrhundert unter dem Hegelschen Einfluß entwickelt hat, niemals ganz frei zu machen gewußt hat. Eine genaue Untersuchung hätte jedoch in demselben Demokrit (so wie Leibniz es geahnt zu haben scheint) auch den Vater des Spiritualismus aufzeigen und vielleicht auf ihn auch den Beweisgrund für die Unsterblichkeit der Seele zurückführen müssen, der auf ihrer „Einfachheit" oder „Unteilbarkeit" beruht und sich im „Phaedon" 78, b, c findet.²)

Die Fülle der Werke Demokrits, deren Titel uns von Thrasyllus überliefert worden sind, ist erstaunlich; sie beziehen sich auf die verschiedensten Gegenstände von der Mathematik bis zur Physik, auf die Naturwissenschaften, den Ackerbau, auf die Grammatik, die Dichtkunst, die Erkenntnistheorie usw. Zu den schönsten Bruchstücken sind die auf die Sittenlehre bezüglichen zu nennen, die uns Stobaeus aufbewahrt hat.

Die philosophische Stellung Demokrits hinsichtlich der Erkenntnistheorie ergibt sich aus dem Zeugnis des Sextus Empi-

---

1) Eine Ausnahme machen Windelband und Burnet, die den Abderiten zeitlich richtig einreihen, ihm aber trotzdem nicht die Schätzung zuzugestehen scheinen, die der Bedeutung seiner wissenschaftlichen Arbeit entspricht.

2) Ich beabsichtige anderwärts durch Gegenüberstellung der aristotelischen Texte den Beweis dafür zu erbringen.

6. Die Logik Demokrits und ihr Einfluß auf Stoiker und Epikureer

ricus; er spricht von Demokrit und Plato als von den Verfechtern der Wahrheit des Gedachten (τὰ νοητά) im Gegensatz zu Protagoras[3]; es handelt sich demnach um einen Rationalismus, der sich im Gegensatz zu dem Empirismus des Protagoras stellt. Da aber dieser Empirismus der Sophisten einerseits als eine Reaktion positivistischen Charakters gegen den metaphysischen Rationalismus der Schule von Elea entstanden war, so ist es natürlich, daß Demokrit der Grundforderung, die die Sophisten aufgestellt hatten, Rechnung tragen mußte. Er konnte nicht einfach als Gegenstand der Wissenschaft eine Wahrheit (ἀλήθεια), nehmen, die sich gegenüber der Meinung (δόξα), welche sich auf die sinnlichen Dinge bezieht, gleichgültig verhält, sondern er mußte vielmehr eine Rationalisierung des Empirischen suchen, d. h. eine Wahrheit, die die Erscheinungen zu retten vermag (σώζειν τὰ φαινόμενα); eine solche Ansicht konnte in der technischen Sprache der Zeit dadurch ausgedrückt werden, daß man der Wissenschaft als Aufgabe die wahre, oder mittels der Vernunft mit Wahrheit erfüllte Meinung gab. Gerade diese Theorie der Wissenschaft als δόξα ἀληθής μετὰ λόγον wird von Plato im „Theaetet" berichtet und erörtert, und ein analytischer Vergleich des Textes mit anderen Texten von Plato selbst oder von Aristoteles beweist, daß der Bericht dem Demokrit zugeschrieben werden muß.[4]

Da aber die rationale Erklärung der Erscheinungen Begriffe voraussetzt, mit deren Hilfe die Darstellung der Dinge der empirischen Welt in eine einheitliche Form gebracht werden kann, so kann man die Frage aufwerfen, worauf Demokrit den Besitz dieser Begriffe seitens des menschlichen Geistes gründe. Hier kommen einige Fingerzeige zu Hilfe.

a) Zunächst wird Demokrit von Aristoteles als der erste bezeichnet, der sich mit den Definitionen physischer Dinge be-

---

[3] Diels, A. 59; vgl. A. 114.
[4] Vgl. F. Enriques, la teoria democritea della scienza nei dialoghi di Platone (Rivista di Filosofia, 1920, Nr. 1).

schäftigte, während er uns sagt, daß mit Sokrates der Brauch des Definierens wuchs und vor allem auf die Begriffe der Sittenlehre ausgedehnt wurde.⁵) Das muß so verstanden werden, daß Demokrit jene der sokratischen Schule eigentümliche Art zu definieren, bei der man die gemeinsamen Merkmale der Dinge aufsucht, welche dem Definierten entsprechen, erstmals anwandte. Schwieriger ist es, zu sagen, ob Demokrit ebenso wie Sokrates sich auch auf den gemeinsamen Begriff berief, den sich alle Menschen in bezug auf gegebene Gegenstände bilden; immerhin konnte er dieses Kriterium sehr wohl aus Heraklit entnehmen, den Sokrates benützt zu haben scheint.

b) In einem Bruchstück des schon angeführten logischen Werks von Demokrit περὶ λογικῶν ἢ κανῶν, das uns von Sextus⁶) überliefert wurde, werden zwei Arten von Erkenntnis unterschieden; die eine bezieht sich auf den Verstand (διὰ τῆς διανοίας), die andere auf die Empfindungen (διὰ τῶν αἰσθήσεων). Demokrit sagt: „Es gibt zwei Arten der Erkenntnis: eine reine und echte (γνησίη) und eine unklare und unechte (σκοτίη). Zu der letzteren Art gehören: Das Gesicht, das Gehör, der Geruch, der Geschmack, der Tastsinn. Aber die reine Erkenntnis ist völlig verschieden." Er fügt hinzu, daß diese reine Erkenntnis sich auf ein vollkommenes Denkorgan bezieht, das die Stelle eines Sehens oder Hörens oder Schmeckens oder Riechens oder Tastens im kleinsten einnimmt (und uns demnach in Beziehung zur wahren Natur der Dinge, d. h. den Atomen setzt).

Auch in anderen Redewendungen drückt Demokrit die Beziehung zwischen den beiden Formen des Erkennens aus; z. B. wenn er sagt⁷): „Nur in der Meinung (νόμοι) besteht die Farbe, in der Meinung das Süße, in der Meinung das Bittere; in der Wahrheit besteht nichts als die Atome und der leere Raum." Dann aber läßt er die Sinne gegen den Verstand sprechen, und

---

5) „Met." XI, 4 (3), De Partibus Animalium I, 1 (ed. Didot, Bd. III, S. 223, 2).
6) bei Diels, B. 11.
7) Galenus (bei Diels, B. 125); vgl. Sextus (bei Diels, B. 9).

6. Die Logik Demokrits und ihr Einfluß auf Stoiker und Epikureer

fügt hinzu: ,,Armer Verstand, du nimmst uns den Glauben an dich, du willst uns irre machen, dein Sieg ist dein Fall."

Wir finden hier eine außerordentlich interessante Bemerkung: Demokrit erörterte, ebenso wie Plato und Aristoteles aber vor diesen, das Problem vom Ursprung der Ideen; er blieb aber nicht wie der athenische Philosoph, bei der Annahme angeborener Erkenntnisse stehen (Theorie der Erinnerung), sondern scheint vielmehr die Ideen von der Sinnesempfindung abzuleiten, so daß der Gedanke erlaubt ist, daß Aristoteles aus ihm die Ansicht geschöpft haben kann, die wir ihn in der ,,Zweiten Analytik" II, 15 zum Ausdruck bringen sahen.

Während man aber bei Aristoteles nicht erkennt, wie diese Lehre sich mit der Bedeutung in Einklang bringen läßt, die den induktiv erworbenen Begriffen zugeschrieben wird, die die notwendigen Voraussetzungen der beweisenden Wissenschaft bilden müssen, ist das, was wir über Demokrits Theorie der Sinnesempfindungen wissen (in Zusammenhang mit der grundlegenden atomistischen Annahme) wohl geeignet, die Schwierigkeit zu lösen. Unser Philosoph nahm nämlich an[8]), daß die Sinnes-, empfindungen im allgemeinen von kleinen Bildern ($\varepsilon i\delta\omega\lambda a$) herrühren, die von den Körpern ausgesandt werden, und die imstande sind, die Sinnesorgane und auch das Denken selbst in ähnlicher Weise zu reizen, wie das Licht eine photographische Platte reizt. Die Bilder, die den Erkenntnissen des Verstandes entsprechen, gehen unmittelbar von den Atomen aus und sind von feinerer Natur; man begreift daher, daß sie sich von der Vermischung mit den gröberen Bildern, die die Sinne treffen, frei machen können, wenn die Gegenüberstellung von wiederholten Empfindungen, die von einer Mehrheit von Gegenständen verursacht werden, es gestattet, die gemeinsamen Merkmale festzuhalten, die den Begriff definieren.

c) Daß Demokrit tatsächlich den logischen Wert der Begriffe, gleichsam als eine Vorwegnahme der Erfahrung anerkannte,

---

[8]) Vgl. z. B. Aetius (bei Diels A. 30).

ergibt sich auch aus dem Zeugnis des Diotimus bei Sextus (VII, 1401)[9]), daß er „als entscheidendes Kennzeichen für das Begreifen der unklaren Dinge die Erscheinung, und als Kennzeichen für die Forschung den Begriff" annahm: ἔννοια κριτήριον ζητήσεως.

Hier ist der Gebrauch des Ausdrucks ἔννοια bemerkenswert, den wir schon erwähnten, als wir die von Euklid für die Axiome gewählte Bezeichnung κοιναὶ ἔννοιαι anführten (S. 18), weil, wie wir schon hervorhoben, dieser Ausdruck in den philosophischen Schriften von Plato und Aristoteles nicht vorkommt, sich dagegen später bei den Stoikern findet. Plutarch scheint bei Olympiodor[10]) gerade ein Werk von Chrysippus περὶ ζητήσεως im Auge zu haben, wenn er sagt, daß die Stoiker bei dieser Gelegenheit (d. h. im Blick auf die Möglichkeit, zu Dingen zu gelangen, die wir nicht kennen) die Naturerkenntnisse τὰς φυσικὰς ἐννοίας) anführen. Andererseits teilt uns Diogenes Laertius mit (VII, 54)[11]), „daß Chrysippus sagt, es gäbe zwei Kennzeichen für die Wahrheit, die Empfindung und die Vorstellung"; hier wird an Stelle des Wortes ἔννοια das Wort πρόληψις verwendet, das auch bei den Epikureern vorkommt, und „Vorwegnahme (der Erfahrung)" bedeutet.

Die genaue Bedeutung, welche die Stoiker dem Ausdruck ἔννοιαι beilegten, kann man z. B. aus einer Stelle des Werkes „De Civitate Dei" des Heiligen Augustin[12]) entnehmen, wo er von denen spricht, die die Wahrheit in die Sinne verlegten, d. h. von den Epikureern und Stoikern:

„Qui cum vehementer amaverint sollertiam disputandi quam dialecticam nominant, a corporis sensibus eam ducendam putarunt, hinc asseverantes animum concipere notiones, quas appellant ἐννοίας, earum rerum scilicet quas definiendo explicant."

---

9) Diels, A. 111.
10) Vgl. Arnim, Stoicorum veterum fragmenta. Bd. II, Nr. 104. Chrysippus war ein Schüler von Zeno von Kittion (280—209 v. Chr.).
11) Bei Arnim a. a. O., 105.
12) Ebenda Nr. 106.

6. Die Logik Demokrits und ihr Einfluß auf Stoiker und Epikureer

Aus diesen Berichten scheint man schließen zu können, daß die Stoiker ebenso wie Aristoteles die demokritische Lehre vom sinnlichen Ursprung der Vorstellungen angenommen hatten (nur die Epikureer bewahren als Grundlage die Annahme der kleinen Bilder), wobei sie aber die Vorstellung jener erhabenen Würde entkleideten, die die Rationalisten den intelligiblen Dingen zuzuerteilen suchen. Für sie wird demnach der wissenschaftliche Beweis (ἀπόδειξις), um mit Cicero[13]) zu sprechen, zurückgeführt auf eine „ratio, quae ex rebus perceptis ad id, quod non percipiebatur, adducit".

Im Zusammenhang mit diesen Ansichten, die mehr empirischen Charakter haben, ist es interessant, darauf hinzuweisen, wie die demokritische Lehre von der Wissenschaft sich modifiziert, eine Lehre, von der Zeno von Kittion sagt, sie sei „ein sicheres und festes und dauerhaftes Ergreifen durch die Vernunft" (ἀμετάθετον ὑπὸ λόγου κατάληψιν) oder auch „ein dauerhafter Besitz durch die Vernunft beim Empfang der Vorstellungen" (ἐν φαντασίων προσδέξει).[14])

Die Stoiker gelangten deshalb nicht zu jenem unverfälschten Empirismus, wie ihn Epikur annahm, für den jede Empfindung oder jeder Schein immer als wahr gilt; sie verlangten vielmehr, daß zu der Erscheinung die freiwillige Zustimmung der Seele[15]) hinzukomme, die für den Weisen in der Übereinstimmung zwischen der individuellen Vernunft und der allgemeinen Vernunft oder dem Logos ihren Grund hat.

Auf diese Weise mußte die heraklitische Vorstellung vom Logos, der die stoische Schule ihren eigentlichen Wert gegeben hat, dem Denken doch immer eine gewisse Würde bewahren, und daher den Übergang zu der späteren Anschauung der Eklektiker (Cicero) erleichtern, welche die communes notiones nicht mehr für Übereinstimmungen der Natur, sondern vielmehr für

---

13) Ebenda, Nr. 111.
14) Berichte von Sextus und Diogenes Laertius (bei Arnim, Zeno Citius, Nr. 68).
15) Vgl. Sextus und Cicero (bei Arnim, Zeno Citius, Nr. 63 und 67).

34   I. Die Logik der Alten

angeborene Ideen halten, die die Erinnerung an den wahren, göttlichen Ursprung des Menschen bestätigen; hier geht die stoische Theorie (die in Wirklichkeit auf Plato zurückgeht) in die neuplatonische über.

Die Epikureer knüpfen in unmittelbarerer Weise an Demokrit an als die Stoiker (die übrigens aus ihm das Prinzip des allgemeinen Determinismus entnahmen); sie nahmen Demokrits Atomlehre an, allerdings befreit von ihrer tieferen mechanischen Bedeutung. Epikur (341—270 v. Chr.) ist aber, wie wir schon bemerkt haben, weit entfernt von dem Rationalismus des Meisters von Abdera. Seine Kanonik umfaßt wenige Regeln, über die wir einen klaren Bericht von Sextus Empiricus haben und die Gassendi in seiner Logik[16]) genau wieder hergestellt hat.

Wir wollen den wesentlichen Teil der epikureischen Regeln hersetzen:

I. Sensus nunquam fallitur.

II. Opinio est consequens sensum, sensionique superadiecta, in quam veritas aut falsitas cadit.

III. Opinio illa vera est, cui vel suffragetur, vel non refragatur sensus evidentia.

IV. Omnis, quae in mente est anticipatio, seu praenotio dependet a sensibus; idque vel incursione, vel proportione, vel similitudine, vel compositione. (Diese selbe Art der Begriffsbildung findet sich auch bei den Stoikern.)

V. Anticipatio est ipsa rei notio, sive definitio...

VI. Est anticipatio in omni ratiocinatione principium.

VII. Quod inevidens est, ex rei evidentis anticipatione demonstrari debet.

Bemerkenswert ist hier die Berufung auf die sinnliche Klarheit (ἐνάργεια), die somit als Kennzeichen der Wahrheit genommen wird. Trotz der Veränderung, die es erlitten hat, erkennt man leicht darin das Kennzeichen Demokrits wieder (S. 30); indem

---

16) Petri Gassendi, Opera Omnia, Bd. I, Florenz 1277, Teil I, De Logicae origine et varietate.

dieser die reine und echte Erkenntnis der unklaren oder unechten gegenüberstellte, kam er dazu, die Klarheit der Vorstellungen für ein Zeichen ihres Wertes zu halten; was aber für Demokrit Klarheit des Vorstellens war, wird für Epikur sinnliche Klarheit.[17])

Neunzehnhundert Jahre später kehrt Descartes zum Kennzeichen der Klarheit hinsichtlich des Denkens zurück, indem er die klaren und deutlichen Vorstellungen als wahr erklärt (der Zusatz stammt aus dem „Theaetet" 209—210).

7. DIE LOGIK DER SKEPTIKER

Nachdem wir von den Stoikern und Epikureern gesprochen haben, müssen wir uns nun zu den Skeptikern wenden. Diese bilden in der Wirklichkeit nicht in derselben Weise eine Sekte oder in sich geschlossene Schule, sondern sie zeigen von Pyrrhon aus Elis (etwa 365—275 v. Chr.) und seinem Freunde Timon an eine gewisse Stetigkeit der kritischen Tradition, indem sie gegenüber den dogmatischen Systemen eine Neigung zum methodischen Zweifel an den Tag legen. Arkesilaus von Pitano (315—241) und Karneades (der im Jahre 155 v. Chr. Gesandter in Rom wurde) führten die skeptische Philosophie in die mittlere Akademie ein. Später begegnen wir Aenesidemus von Knossus (der wahrscheinlich am Anfang der christlichen Zeitrechnung in Alexandria lebte), ein Jahrhundert später Agrippa und endlich Sextus Empiricus (3. Jahrhundert n. Chr.), der diese ganze Bewegung in wertvollen Werken zusammenfaßt, die eine hervorragende Quelle von Nachrichten für die Geschichte des griechischen Denkens bilden.

Die äußeren Beziehungen, die nach der Überlieferung zwischen Pyrrhon und einigen Schülern Demokrits, wie z. B. Nausifan bestanden, sowie die skeptischen Neigungen, die man anderen Anhängern Demokrits (Metrodorus, Anassarcus) zuschrieb,

---

[17]) Man beachte, daß schon bei Theophrast das Kennzeichen der Evidenz sowohl auf den Verstand wie auf die Sinne angewandt wird (vgl. Sextus, Adv. Math. VII, 217).

zeigen schon eine gewisse Abhängigkeit der Skepsis von Demokrit. Andererseits zeigt sich der Zusammenhang vor allem im moralischen Beweggrund, der die Skeptiker zur Vorsicht gegenüber der wahren Natur der Dinge veranlaßt, weil die Zurückhaltung im Urteilen dazu führte, daß man jene Ataraxia oder Gemütsruhe erlangte, die schließlich in den vom Abderiten so nachdrücklich gepredigten Sieg über die Leidenschaften überging. Aber der theoretische Zusammenhang der Skepsis mit Demokrit ergibt sich daraus, daß dieser die Wirklichkeit auf die indifferente Materie der Atome zurückgeführt, und die sinnlichen Qualitäten geleugnet hatte; ein weiterer Schritt der Untersuchung (der auf den Standpunkt des Protagoras zurückführte) mußte den Zweifel natürlich auch auf jene primären Eigenschaften ausdehnen, in denen der große Atomist den eigentlichen Gegenstand der Erkenntnis gesehen hatte. Diese Entwicklung war sicher durch den Gegensatz zwischen den Anschauungen der beiden Rationalisten angeregt, die aufgestanden waren, um den Empirismus des Protagoras zu bekämpfen, nämlich Demokrit und Plato. Dieser hielt in der Tat gerade jene Eigenschaften (vergegenständlicht durch den Namen Ideen) für erkennbar, die jener als leeren Schein angesehen hatte. Außerdem läßt sich in demselben demokritischen System der Ursprung der Kritik erkennen, die die erkennbaren Dinge angreift, wenn, wie wir auf Grund einer induktiven Überlegung annehmen müssen, der Abderit den Verstand ebenfalls aus den Sinnen erstehen ließ. Auf diese Weise hätte das antike Denken einen Weg durchlaufen, der nicht weit von dem Weg abliegt, auf dem das moderne Denken vom Standpunkt eines Galilei, eines Descartes, eines Locke (die die Unterscheidung zwischen den primären und den sekundären Qualitäten wieder aufnahmen) zu der Kritik von Berkeley gelangte, der, durch die Theorie vom Sehen hindurch, dazu kam, auch die transzendente Bedeutung dieser geometrischen Grundlage der Materie in Abrede zu stellen.

Es ist jedoch zu beachten, daß die Theorie der Skeptiker die Erscheinungswelt nicht gänzlich leugnet, obwohl sie den Anspruch

7. Die Logik der Skeptiker

der Dogmatiker, etwas von der Wahrheit oder der Natur der Dinge an sich aussagen zu können, bekämpft. Die kritische Untersuchung, die sie zu diesem Zweck entwickeln, und in der das herausgestellt wird, was in den Kennzeichen der Wahrheit relative Bedeutung hat, stellt zum großen Teil eine Errungenschaft von dauerndem Wert für die Erkenntnistheorie dar: der Geist, der sie beseelt, ist mit dem des modernen Positivismus verwandt, unbeschadet des Gefühls, welches der Gesichtskreis einer fortgeschrittenen Wissenschaft heute den Kritikern der Metaphysik eingibt.

Aber für die Geschichte der Logik ist es besonders von Wert, die Beweisgründe zu untersuchen, die Karneades gegen die aristotelische Vorstellung vom Beweis vorbringt; Sextus Empiricus hat uns darüber berichtet.[1]) Es erscheint hier wieder der Gedanke, der schon von den Vorgängern des Aristoteles aufgestellt und von diesem bekämpft worden war, daß jeder Beweis auf einen regressus in infinitum führe, weil jede Voraussetzung von einer anderen Voraussetzung abgeleitet werden muß. Dieses Argument findet eine Stütze darin, daß jede unmittelbare Gewißheit geleugnet wird. Wie wir schon angeführt haben, sind die Stoiker zu dieser Ansicht auf Grund der Anschauung gelangt, daß die Vorstellungen, über die man urteilt, ihren Ursprung ebenfalls in den Sinnesempfindungen haben, so daß die Unsicherheit der Sinnesempfindung sich auch im Verstand widerspiegelt. Daher wird die Meinung erwogen, daß es erlaubt sei, die Wissenschaft auf Hypothesen zu gründen, und daß diese durch die Wahrheit der Folgerungen, die sich aus ihnen ergeben, unerschütterlich und gültig gemacht werden. Die Stelle bei Sextus, in der diese Meinung kritisiert wird[2]), sagt nicht, wer ihr Urheber war; aber es ist ziemlich klar, daß sie sich auf die mathematischen Physiker beziehen muß, und es besteht vielleicht ein gewisser Anlaß, sie schon Demokrit zuzuschreiben, der als

---

[1] „Adv. Math." VII, 159—189 und VIII besonders 367—463.
[2] VIII, 375.

erster der Wissenschaft die Aufgabe zuweist, die Erscheinungen rational zu erklären. Wir haben ja schon bemerkt, daß Aristoteles sehr wohl an Demokrit gedacht haben könnte, wenn er behauptet, daß der Wunsch, die Voraussetzungen mittels der Schlußfolgerungen zu beweisen, auf einen Kreisschluß führe.[3]

Karneades nimmt die aristotelische These von neuem auf, indem er bemerkt, daß man das Falsche vom Wahren ableiten könne; und der Schluß könne streng logisch sicher nicht widerlegt werden. Aber obgleich der Skeptiker geneigt ist, dieser negativen Feststellung großes Gewicht beizulegen, bleibt Karneades nicht dabei stehen. Nachdem er die Existenz absolut sicherer Kennzeichen für das Wahre und Falsche geleugnet hat, billigt er doch der Erkenntnis einen Wahrscheinlichkeitswert zu; und diesen Wert räumt er in erster Linie jeder Vorstellung ein, die hinreichende Evidenz besitzt, aber in höherem Grade den Vorstellungsketten, die in einem logischen System miteinander verknüpft sind (a. a. O. VII, 176 ff.). Alles in allem ist das positive Kennzeichen, mit dem wir auch heute den Wert der wissenschaftlichen Theorien beurteilen können, hiervon nicht verschieden; nur zeigt sich in unserer Zeit eine vertrauensvollere Haltung, die mit der Entwicklung der mathematischen Behandlung der Physik zusammenhängt, während das Gefühl der Skeptiker einer weniger entwickelten Wissenschaft, und auch, viel eher als der geistigen Einstellung von Mathematikern, derjenigen der medizinischen Kreise entspricht, in denen der antike Skeptizismus Eingang fand. In Wirklichkeit bildet die Anwendung von Hypothesen, deren wahrscheinlicher Wert aus der experimentellen Bestätigung der aus ihnen abgeleiteten Folgerungen hergeleitet wird, ein Merkmal der deduktiv-experimentellen Methode der modernen Wissenschaft, die sich, wie wir später sehen werden, bei Kepler, Galilei und Descartes ankündigt.

Die Untersuchung über die Entwicklung der nacharistotelischen Logik, in der wir den Einfluß der Gedanken einiger Vorläufer

---

3) a. a. O., ,,Zweite Analytik'' I, 2 (6).

7. Die Logik der Skeptiker

festzustellen versucht haben, hat uns gezeigt, daß der logische Realismus des Aristoteles in Wirklichkeit schon in der griechischen Philosophie überwunden wurde; diese hat Fragestellungen berührt, die den höchsten modernen Anschauungen durchaus entsprechen. Aber von den kritischen Untersuchungen, die besonders von den Mathematikern nach Euklid eingeleitet wurden, haben wir zu spärliche Nachrichten, um ihre Bedeutung ermessen zu können. Dem Anschein nach aber müssen wir annehmen, daß die ausgezeichneten Untersuchungen des Apollonius über diesen Gegenstand keine Fortsetzung gefunden haben. Andererseits nahmen die Werke der Philosophen, die in der hellenistischen Periode über die Wissenschaft nachgedacht haben, häufig jene negative Form an, die sich uns in der Lehre der Skeptiker in der vollkommensten Weise darstellt, und zwar deshalb, weil diese Werke eigentlich mit keiner philosophischen und noch weniger mit einer mathematischen Entwicklung in Zusammenhang standen. Den Beobachtern, denen es nicht gegeben ist, die tiefen Gedanken der ältesten Philosophen aufzunehmen und fortzuführen, muß in der Tat die Widerlegung einer notwendigen Folge von Wahrheiten, wie sie von Aristoteles gegeben wird, geradezu als eine Widerlegung der Möglichkeit der Wissenschaft erscheinen.

Nichtsdestoweniger bleibt die stoische Schule, für welche die formale Behandlung der Logik sich einer empirischen Erkenntnistheorie beigesellt, in der Geschichte ein hochinteressantes Beispiel. Und wenn auch diese formale Entwicklung zu einem unfruchtbaren Schematismus führte, (der die Mißachtung verständlich macht, die der Stoiker Ariston von Chios in den am Anfang dieses Buches angeführten Worten zum Ausdruck bringt), so darf man trotzdem den Wert der logisch-grammatischen Untersuchungen nicht verkennen, die es in gewisser Weise ermöglichen, in der Sprache den Ausdruck einer konstruktiven Tätigkeit des Denkens wahrzunehmen. Wir wollen hier nicht untersuchen, bis zu welchem Punkt die Stoiker auf diesem Wege weitergeschritten sind; aber sicher entdeckt man bei ihnen jene Unterscheidung zwischen Subjektivem und Objektivem, die zu Beginn der Neuzeit als Grundlage der Philosophie wiedererscheinen wird, nachdem sie durch die religiöse Drangsal der christlichen Seele hindurchgegangen und gefeilt worden ist.

8. KURZE BEMERKUNGEN ÜBER DIE MITTELALTERLICHE LOGIK

Von der griechischen Geschichte wenden wir uns, ohne uns bei der Bewegung der Gedanken aufzuhalten, die die Wiedergeburt der Wissenschaft begleiten, zu den Anfängen der Neuzeit. Es wird genügen, auf den allgemeinen Charakter der Entwicklung hinzuweisen, den die Logik in dem dazwischen liegenden, dürren, wenn auch nicht gänzlich unfruchtbaren Zeitraum, erhalten hat. Zu dem Zweck erwähnen wir, wie die aristotelisch-stoische Logik von Boethius (470—525) bei den Römern eingeführt wurde; seine Übersetzungen der beiden ersten Abhandlungen des „Organon" („Die Kategorien" und „De Interpretatione") sowie der „Isagoge" des Porphyrius, und die Kommentare, mit denen er selbst und andere neuplatonische Schriftsteller diese Schriften versahen (im Sinne der formalen Technik, nach der stoischen Tradition) bilden auf diesem Gebiet die Grundlage der Kultur des ältesten Mittelalters. Im übrigen scheint die allgemeine Kultur in dem Zeitalter, von dem wir sprechen, durch eine gewisse Anzahl von Enzyklopädien des untergehenden Altertums dargestellt zu werden, wie z. B. die von Marcianus Capella (im 5. Jahrhdt.). In diesen werden die sieben „freien Künste" behandelt, die in den scholastischen Lehrjahren das Trivium (Grammatik, Rhetorik und Logik) und das Quadrivium (Geometrie, Arithmetik, Astronomie und Musik) bildeten. Es ist besonders bemerkenswert, daß diese erste Hälfte des Mittelalters weder die anderen (physikalischen, logischen usw.) Werke des Aristoteles noch die Originalwerke Platos gekannt hat, außer dem „Timaeus", der von Calcidius ins Lateinische übersetzt wurde. Eine ausgedehntere Kenntnis dieser Werke und zugleich der wissenschaftlichen Bewegung des Altertums verdankt man

8. Kurze Bemerkungen über die mittelalterliche Logik

den Wechselbeziehungen Europas mit der arabischen Kultur, deren Einfluß im 12. Jahrhundert merkbar wird (Petrus der Spanier); später konnte die humanistische Renaissance durch die unmittelbare Kenntnis der griechischen Texte befruchtet werden, da der Fall des byzantinischen Kaiserreiches zahlreiche griechische Flüchtlinge nach Italien führte.

In der scholastischen Logik sind zwei Gesichtspunkte von Bedeutung: 1. die fortschreitende Bearbeitung der formalen Technik, die mittels der scharfsinnigen Unterscheidungen arabisch byzantinischen Ursprungs geschärft wurde und

2. die große Frage der Realität der Universalien, deren dramatischen Charakter wir durch den unfruchtbaren Schematismus der Erörterungen hindurch kaum zu begreifen vermögen.

Über den ersten Punkt wollen wir flüchtig hinweggehen, obwohl es für die Geschichte der mathematischen Logik interessant wäre, z. B. bei Buridan (gest. um 1360) die Erkenntnis der distributiven Eigenschaft des Wörtchens „non" mit Bezug auf die Wörtchen „et" und „vel" aufzuzeigen:

$$\text{non } (a \text{ et } b) = \text{non } a \text{ vel non } b$$

(eine Bemerkung, die ich meinem Freund Vacca verdanke) oder ähnliche Untersuchungen bei Paulus dem Venetier aufzusuchen.

Was aber die Frage der Universalien anbetrifft, so bemerken wir, daß es sich um die alte Frage handelt, die von der platonisch-aristotelischen Welt aufgeworfen war, ob nämlich den allgemeinen Ideen außerhalb des menschlichen Geistes eine Wirklichkeit entspricht. Diese Frage wurde in einer Stelle der „Isagoge" des Porphyrius (I, 3) aufs neue aufgegriffen:

„Was aber bei den Gattungen und bei den Arten die Frage anbetrifft, ob sie etwas Wirkliches sind, oder ob sie nur auf unseren Vorstellungen beruhen, und ob sie, wenn Wirkliches, körperlich oder unkörperlich sind, und endlich, ob sie eine gesonderte Existenz haben, oder ob sie nur in und an dem Sinnlichen auftreten, so lehne ich es ab, hiervon zu reden, da eine solche Untersuchung sehr tief geht und eine umfangreichere Erörterung fordert, als sie hier angestellt werden kann!"

In dem weiten Geflecht der mittelalterlichen Polemik scheint es, daß die Nominalisten (die die Realität der Universalien leugnen) im allgemeinen die wissenschaftlichen Strömungen darstellen, gegenüber dem platonisierenden Mystizismus der Realisten. Dies trifft vor allem für die Erneuerer des Nominalismus im 14. Jahrhundert zu: Wilhelm von Occam (gest. 1347) und Johann Buridan, den Rektor der Universität Paris, von denen die Theorie stammt, die den Namen Terminismus angenommen hat. Diese Theorie (die sich an den Konzeptualismus des Petrus Abälard anlehnt) hält die Vorstellungen (termini) für subjektive Zeichen (signa) der einzelnen Dinge, oder der Klassen von Dingen; die Logik handelt nur von den Beziehungen zwischen diesen (geschriebenen, gesprochenen oder vorgestellten) Zeichen der Dinge (Occam, Quodlibeta V, 5).

Occam bemerkt auch, daß der Begriff seine eigentliche Bedeutung im Satz und oft in Verbindung mit einem anderen Ausdruck annimmt: „terminus conceptus est intentio seu passio animae aliquid naturaliter significans aut consignificans, nata esse pars propositionis mentalis".

Eine solche Lehre überwindet den Nominalismus im engeren Sinn und leugnet trotzdem den Realismus; d. h. sie stellt in Abrede, daß die reale Bedeutung des Begriffs in seinem Inhalt oder seiner Faßbarkeit zu suchen sei oder auch in der Gesamtheit der Merkmale oder Attribute, deren substantielle Einheit er zum Ausdruck bringt. Sie hält sich vielmehr an den Umfang oder die Bezeichnung, d. h. an die Gesamtheit der von dem Begriff dargestellten Gegenstände, die in Gestalt gewisser realer Ähnlichkeiten im menschlichen Geist tatsächlich zu einer Einheit verschmolzen werden.

Im Lichte dieser Anschauung verlieren die scholastischen Definitionen die vom Allgemeinen zum Besonderen herabsteigen, und die Logik selbst an Bedeutung; infolgedessen gelangt man dazu, sich von den Worterklärungen weg-, und der Wirklichkeit der Erfahrung zuzuwenden. Dies erklärt zur Genüge das leidenschaftliche Interesse an der Polemik über die Allgemeinbegriffe, die in der Welt des Sozialen und des Moralischen die Freiheit des Individuums geltend machen mußte, die von der Tyrannei der Einrichtungen und von der Autorität der Glaubenssätze und der traditionellen Lehre erstickt war. Nichts schien besser geeignet, eine derartige Befreiung der Geister zu fördern, als wenn man den Baum der unfruchtbaren Deduktionen an der Wurzel fällte und das ganze Wissen auf induktivem Wege aufbaute. In der antiaristotelischen Reaktion der Humanisten, die die Logik von den scholastischen Spitzfindigkeiten reinigen wollten (Valla, Agricola, Vives), setzt sich dasselbe Streben fort und entfaltet sich noch mehr, und schließlich zeigt es sich unter neuen Formen in der Renaissance der Wissenschaft.

II. DER RATIONALISMUS UND DIE ENTWICKLUNG DER MODERNEN LOGIK

9. DIE INDUKTIVE METHODE BEI BACON

Die Entwicklung der modernen Logik ist durch die Ansprüche der Wissenschaft bedingt, der die alten scholastischen Systeme nicht mehr genügen konnten. Die Geister lehnten sich gegen die Worterklärungen auf, die zu okkulten Qualitäten ihre Zuflucht nahmen. Molière hat darüber gespottet: Quare opium facit dormire? quia habet virtutem dormitivam! — Im Gegensatz zu unfruchtbaren Syllogismen hält man sich, wie wir schon erwähnt haben, an konkrete Experimente.

Daraus entsteht gleich mit den Anfängen der modernen Wissenschaft die Tendenz, induktiv vom Besonderen zum Allgemeinen aufzusteigen. Aber diese Tendenz offenbart sich nicht allein in der Haltung, mit der man die experimentellen Daten gegeneinander hält, um sich zu eigentlichen Induktionsschlüssen zu erheben, sondern sie zeigt sich auch in der Vorstellung, welche die

44 II. Der Rationalismus und die Entwicklung der modernen Logik

großen Denker von der sogenannten deduktiven Methode besitzen: Die Tradition schränkt irrtümlicherweise ihre Bedeutung ein, wenn sie sie für einen reinen Abstieg vom Allgemeinen zum Besonderen hält. Aber der von der modernen Auffassung erzielte Fortschritt wird nicht sachgemäß zum Ausdruck gebracht, wenn man der antiken deduktiven Logik des Aristoteles eine neue induktive Logik gegenüberstellt, die Bacon im ,,Novum Organum scientiarum" (1620) begründet hat, und die in neuerer Zeit eine vervollkommnete und systematische Darstellung in dem Werke von Stuart Mill gefunden hat.

Die Methode, welche Bacon zur Erlangung allgemeiner Erkenntnisse empfiehlt, besteht in einem Vergleichen der einzelnen Beobachtungen und Experimente. Dabei wird aber nicht allein auf die Ähnlichkeiten geachtet (wie bei der enumeratio simplicium des Aristoteles), sondern es wird auch auf die negativen Ausfälle geachtet. Die Methode entspricht noch nicht der allgemeinsten in der heutigen Experimentalphysik üblichen Verwendung von experimentellen Untersuchungen.

Der englische Philosoph hat das Erbe von Bernardino Telesio angetreten (1508—1588) und erkannt, wie die Interpretation der Natur ,,a sensu et particularibus excitat axiomata, ascendendo continenter et gradatim, ut ultimo loco perveniatur ad maxime generalia" (op. c. I, 19). Er hatte aber Unrecht, wenn er jene aufsteigende Entwicklung der Gedanken in Gegensatz zu der allgemeineren Methode der ,,anticipationes naturae" setzte, aus der sich die ,,axiomata media" herleiten, weil doch jene Induktion als ein Bestandteil jenes induktiven Prozesses angesehen werden muß. Der Verfasser des ,,Novum Organon" zeigt hier eine unzulängliche Auffassung vom Wert einer quantitativen Bestimmung. Er weiß nur wenig vom Wesen der Hypothese; ihren klärenden Wert hat er immerhin erkannt (citius emergit veritas ex errore quam ex confusione). Aber er dürfte kaum die volle Bedeutung erkannt haben, den sie für die Mathematik besitzt. Franz Bacon von Verulam (1561—1626) hält sich so zwar für den Herold (buccinator) der wissenschaftlichen Erneuerung.

9. Die induktive Methode bei Bacon

Aber er bleibt doch buchstäblich beträchtlich hinter dem zurück, was frühere Denker wie Leonardo da Vinci[1]) (1452—1519) schon in viel umfassenderer Weise erkannt hatten und auch hinter dem, was Zeitgenossen wie Kepler (1571—1630) und Galilei (1564—1642) glanzvoll in die Tat umsetzten.

Hier ist es nützlich, zu bemerken, daß Bacon nicht allein selbst weder Beobachtungen noch Experimente gemacht hat, sondern daß er auch dem scholastischen Denken bisweilen verhaftet bleibt, wie z. B. bei der Pseudoinduktion, die ihn veranlaßt die Untersuchung der Formen oder naturae simplices der Dinge vorzuschlagen — dicht, dünn, weiß usw. —, aus denen die Dinge selbst durch Zusammensetzung sich ergeben müssen, ein Vorschlag, der an die Verfahren der Alchimisten erinnert. Bacon versucht später eine Interpretation der Lehre Platos. (Vgl. „De augmentis scientiarum" III, 4.) Vielleicht ist es eine Interpretation, welche auf den Begriff der Materie bei Anaxagoras zurückgreift. Auf diesen hat ja Tannery den Ursprung der Theorie der Ideen zurückgeführt.

Einer meiner Freunde, ein Vertreter des Sanskrit, hat mir einmal einen Ausspruch eines indischen Philosophen erzählt: Es gibt drei Arten von großen Männern: die einen sind dazu geboren, die anderen werden es, die dritten werden dazu gemacht. Es erscheint mir nicht respektlos, Bacon ein wenig dieser letzten Kategorie zuzuzählen; denn die großen Empiristen unter den englischen Philosophen, die nach ihm kamen, rühmten ihn als den ersten ihrer Landsleute, der zur Eröffnung einer neuen Ära ihre eigenen Tendenzen zum Ausdruck gebracht habe.

Mit diesen Bemerkungen möchte ich nicht die Dienste verkennen, die Bacons Fanfarenklänge (ähnlich wie das Martyrium seines Vorläufers Petrus Ramus) in der Vernichtungsschlacht getan haben mögen, welche zum Heil der Wissenschaft geschlagen wurde. Dies um so mehr, als wir es — unter Hinweg-

---

1) Vgl. z. B. die Sätze 1148—1160 bei I. P. Richter, The literary works of Leonardo da Vinci, Bd. II, London 1883, S. 288.

gleiten über die Lebhaftigkeit der Form — Bacon zum Verdienst anrechnen müssen, daß er sich zum Verkünder der Gedanken gemacht hat, die in den wissenschaftlichen Kreisen seiner Zeit herrschten und zwar besonders in den Urteilen, welche die philosophische Reaktion des 19. Jahrhunderts für ungeschichtlich hält: so z. B. wenn er die Größe der griechischen Philosophen vor Plato und Aristoteles, insbesondere von Demokrit[2]) verkündet und sich dabei zu den anstößigen Sätzen versteigt, ,,daß nicht Plato oder Aristoteles, sondern Genserich, Attila und die Barbaren jene Philosophie vernichtet haben" und daß ,,nach dem Schiffbruch dieser Lehren die philosophischen Sätze von Plato und Aristoteles als eine leichtere und aufgeblasene Sache aufbewahrt und uns überliefert werden. . . ." Unser Philosoph spricht auch die innerste Überzeugung aus, welche die Gelehrten seiner Zeit sich aus dem genauen Studium des Aristoteles gebildet haben: weil sie durch ihn und durch andere Quellen der antiken Tradition dazu geführt worden waren, die ältesten Griechen für die unmittelbaren Vorläufer ihrer eigenen Arbeit zu halten.[3])

Nun erkundigen wir uns bei diesen Gelehrten, die in Wahrheit und im höheren Sinne Philosophen sind, nach dem neuen Begriff der Logik der exakten Wissenschaft, bei der stets die Deduktion den breitesten Raum einnimmt. Und wenn wir diesen Weg zu Ende gehen, bis zur Reform der aristotelischen Logik im 19. Jahrhundert, so werden wir vom Standpunkt der weitentwickelten Wissenschaft aus den Wert der sogenannten induktiven Logik richtig einschätzen können. In der Tat be-

---

[2] ,,De principii atque originibus secundum fabulas cupidinis et coeli sive Parmenidis et Telesii et praecipere Democriti philosophia tractata in fabula."

[3] Ich erwähne z. B. einen Brief von Kepler an Galilei vom 19. 4. 1610, wo er von der Annahme der Unendlichkeit der Welten spricht, ,,die bei Demokrit und Leukipp, und die heute wieder bei Bruno und Bruzio, unserem gemeinsamen Freund, Anklang findet." (Op. di Galileo III, S. 106 und X, S. 321.)

trachtet diese ja nur minder wichtige Formen der wissenschaftlichen Untersuchung.

Wir werden dann erkennen, daß an Stelle des Ideals einer beweisenden Wissenschaft, die sich auf unabänderliche Prinzipien stützt, der Begriff des Fortschrittes getreten ist, wenngleich die Wissenschaft als Ganzes als unabänderlich gilt. Daher sieht man dann, wie sich die Wissenschaft weniger aus Prinzipien herleitet, welche durch einfache Beobachtungen unmittelbar nahe gelegt werden, als vielmehr — in jedem Stadium der Entwicklung — auf Prinzipien, die sich im Gefolge der vorausgegangenen Entwicklung der Wissenschaft ergeben. Denn die Ableitung aus provisorisch angenommenen Hypothesen führt auf dem Wege über das Experiment zu ihrer Kritik und zu ihrer Erneuerung.

10. DER BEGRIFF DER WISSENSCHAFT IM RATIONALISMUS KEPLERS UND GALILEIS

Es sind zwei Motive ganz verschiedener Art, die am Beginn der Neuzeit den größten Einfluß auf die Entwicklung des Begriffs „Logik" auszuüben scheinen:

a) Die steigende Bedeutung der Mathematik, welche ausgehend von der Geometrie und der Astronomie der Alten, sich anschickt, auch Mechanik und Physik zu erfassen. b) Die Entwicklung des Kalküls (zuerst in der Algebra und später in der Analysis).

Hinsichtlich des ersten Punktes ist es vollkommen klar, daß die Vorstellung einer Wissenschaft des Werdens in Gegensatz zu dem platonisch-aristotelischen Realismus geraten mußte, dessen Ideal ein statischer Begriff der Wissenschaft nach Art der Geometrie war. Aber sehen wir uns etwas näher an, welche Ansichten die Begründer der modernen Astronomie und Mechanik zum Teil schon explizite über die Logik hatten.

Bekanntlich hat sich Kepler nur allmählich von den Vorurteilen und Dunkelheiten frei gemacht, die ihn in der ersten Periode seines Lebens umfingen, und kam so erst nach vielem Bemühen zu den präzisen Auffassungen, die seine unvergängliche Entdeckung der Gesetze der Planetenbewegung begleiten. Diese

II. Der Rationalismus und die Entwicklung der modernen Logik

Entwicklung, welche nicht nur psychologisches Interesse hat, erklärt sich zum Teil aus dem Umstand, daß Kepler den ersten Anstoß zu seinen Überlegungen von den Pythagoreern empfangen zu haben scheint. Bei diesen fand er jene eigentümliche Mischung umfassender Gesichtspunkte mit mystischen Ideen vor, von denen er nur mühsam sein wissenschaftliches Denken befreit. Z. B. sucht er in seinem „Mysterium cosmographicum" die Erklärung für die Weltordnung in den regulären Körpern der Geometrie, die auch bei den Pythagoreern eine fast göttliche Verehrung genossen.

Andererseits aber fühlt sich Kepler in jenem selben Werk schon zu interessanten logischen Betrachtungen veranlaßt. Er weist nämlich im ersten dem kopernikanischen System gewidmeten Kapitel, die Behauptung jener zurück, welche nach dem Vorbild des Aristoteles es für unmöglich halten, die Prämissen aus den Folgerungen zu beweisen; „freti exemplo accidentariae demonstrationis, quae ex falsis praemissis necessitate syllogistica verum aliquid infert". Er beruft sich auf die Wahrscheinlichkeit, indem er bemerkt, daß die Ableitung von etwas Wahrem aus etwas Falschem zufällig ist. Wenn man von falschen Voraussetzungen ausgeht, so wird man sich früher oder später in falsche Folgerungen verstricken, wofern man nicht immer wieder neue falsche Voraussetzungen heranzieht.

Viel deutlicher beschreibt Kepler im ersten Buch des „Epitome Astronomiae Copernicanae[1]) das logische Verfahren der Wissenschaft. Ausgehend von vorläufigen Beobachtungen gelangt sie zu Hypothesen, die wohl geeignet erscheinen, die Erscheinungen zu erklären. Ihren Wert aber kann man erst ermessen, wenn man ihre Folgerungen im Lichte der Geometrie, Physik und Metaphysik prüft. Hervorhebung verdient der rationalistische Charakter der Auffassungen Keplers; er läßt nämlich die Auswahl unter den Hypothesen nicht von der Übereinstimmung oder

---

[1]) Schon viele Jahre vorher in der unvollendeten „Apologia Tychonis contra ursum".

10. Der Begriff d. Wissenschaft im Rationalismus Keplers u. Galileis 49

vom Widerspruch mit den Beobachtungen abhängen — denn in der Tat kann man ja die Bewegungserscheinungen der Himmelskörper gleich gut mit den Theorien von Ptolemäus, Kopernikus oder Tycho Brahe erklären, unter denen man die Auswahl zu treffen hat — sondern vielmehr von ihrem mehr oder weniger guten Zusammenstimmen mit anderen Erwägungen: „non enim debet esse licentia Astronomis fingendi quidlibet sine ratione". Man sieht also wie dieser Pythagoreer zwar durch Tycho Brahes und seine eigenen Beobachtungen von dem Vorurteil befreit ist, er könne völlig a priori die Gesetze des Universums bestimmen — etwa von den pythagoreischen Polyedern ausgehend —, daß er sich aber trotzdem noch, in der vollen Reife des Schaffens angelangt, auf besser angebrachte Gesichtspunkte der pythagoreischen Philosophie stützt.

Derselbe rationalistische Wissenschaftsbegriff findet sich in gewisser Weise im Untergrund des Denkens eines anderen Gelehrten wieder, den man freilich gewöhnlich anders einschätzt, da er zugleich der Erfinder der experimentellen Methode ist. Gleichwohl kann gerade der Ursprung jener Methode ohne diesen Gesichtspunkt nicht genügend gewürdigt werden.

Der größte italienische Philosoph Galileo Galilei hat schon in früher Jugend mit dem Studium des Aristoteles Gedanken über die Logik der Beweisführung verbunden. Dafür kann als Beleg ein Manuskript dienen, das der Herausgeber der edizione nazionale der Werke Galileis nicht vollständig hat abdrucken lassen, da er es für eine Schülerarbeit hielt, die Galilei lediglich abgeschrieben habe, von der er aber eine gute Inhaltsangabe aufgenommen hat.[2]) Hierin erregen einige Fragen unsere Aufmerksamkeit: z. B. ob die Erkenntnis der Prämissen besser und vollständiger sei als die der Schlußfolgerungen, ob die Prinzipien der Wissenschaft bekannt seien, ob sie unabhängig von einem Beweis durch Überlegungen bewiesen werden könnten, oder ob hier ein Anknüpfen an logische Schlüsse vorliege usw. Selbst wenn man

---

2) Opera IX, S. 280—281.

die erwähnte Behauptung des Herausgebers zugibt, wonach das Galileische Manuskript ein fremdes Diktat sein soll, so bleibt doch immer noch übrig, daß der Schüler über solche Fragen nachdenken mußte. Und man darf schließen, daß er auch später in der vollen Reife seines Denkens noch immer solche Gedanken gehegt hat.

Eine hier nicht näher darzulegende Prüfung des Lebenswerkes Galileis ergibt, daß dieser mit dem Studium und der Kritik des Aristoteles begann, aber bald dazu kam, Verständnis für die Gesichtspunkte derjenigen Philosophen zu gewinnen, welche Aristoteles kritisierte, und daß er dabei namentlich auf Demokrit aufmerksam wurde. Wenn er auch bald aus Klugheit schwieg, so warfen ihm doch seine Gegner vor, er folge den Lehren Demokrits. Und in der Tat hat er unter diesem Einfluß nicht allein die Prinzipien der Physik entwickelt, sondern ihm auch — wie wir noch sehen werden — einige grundlegende philosophische Gesichtspunkte entlehnt.

Die rationalistische Auffassung der Wissenschaft zeigt sich in allen Untersuchungen Galileis, die stets danach streben, die Erscheinungen aus plausiblen Hypothesen auf mathematischem Wege zu deduzieren. Er selbst sagt z. B. in den Anmerkungen zu den „Esercitazioni filosofiche di Antonio Rocco"[3]), daß er zu der Überzeugung, daß die Fallgeschwindigkeit schwerer Körper von deren Masse unabhängig sei, früher aus Vernunftgründen gelangt sei, als ihn Wahrnehmungen darüber belehrt hätten. Es ist nämlich ein unzweifelhaftes Axiom, daß durch Vereinigung zweier Massen die Fallgeschwindigkeit nicht vergrößert werden kann.

Das Prinzip des zureichenden Grundes erscheint auch implizite in anderen Beweisführungen Galileis. Es ist allerdings richtig, daß Galilei sich häufig auf Beobachtungen und Experimente beruft, um durch sie seine Kontroversen mit seinen Gegnern entscheiden zu lassen; aber sieht man sich näher an, auf

---

3) Opera VII, 731.

10. Der Begriff d. Wissenschaft im Rationalismus Keplers u. Galileis

welche Weise diese Berufung erfolgt, so erkennt man, daß dadurch sein Rationalismus nicht Lügen gestraft wird. Ganz im Gegenteil wird das Zeugnis der Sinne von den Peripatetikern viel öfter gegen ihn angerufen, als von ihm selbst. Z. B. ist es im „Dialogo sopra i due massimi sistemi del monde" Simplicius, der die Meinung des Aristoteles anführt, daß die Erfahrung irgendwelchen Überlegungen vorgezogen werden müßte, die dem menschlichen Verstande entspringen, und daß diejenigen, welche die Wahrnehmung leugnen, verdienten gezüchtigt zu werden, damit sie irgendeine solche Wahrnehmung machen. Salviati bemerkt darauf zuerst, daß Aristoteles seine Meinung geändert haben würde, wenn er von den neuen Beobachtungen hätte Kenntnis nehmen können und fügt dann einige bezeichnende Bemerkungen hinzu[4]: „Wenn die Schlußfolgerung richtig ist, so gelangt man durch die zergliedernde Methode rasch zu bereits bewiesenen Sätzen und kommt zu bekannteren Prinzipien.... Und es unterliegt keinem Zweifel, daß Pythagoras, schon lange bevor er seinen Beweis fand, für den er die Hekatombe opferte, davon sich versichert hatte, daß das Quadrat der dem rechten Winkel gegenüberliegenden Seite des rechtwinkligen Dreiecks der Summe der Quadrate der beiden anderen Seiten gleich sei;...". So trachtet man doch, wie Salviati bemerkt, in den Erfahrungswissenschaften recht häufig danach, so weit als möglich die Schlußfolgerungen vorerst durch Wahrnehmungen sicher zu stellen usw. usw.

Diese Überlegungen (welche man dem Einfluß des Archimedes zuschreiben könnte, wenn damals schon seine Schrift über die Methode bekannt gewesen wäre) zeigen, wie Galilei bestrebt war, ausgehend von vorläufigen Beobachtungen, die den Weg der Untersuchung andeuten, einen wirklichen Beweis zu finden, der auf geeigneten Vernunftsprinzipien beruht. Die Unterscheidung zwischen Experiment und Beweis erscheint auch etwas später in demselben Dialog in den Worten, welche der Ver-

---

[4] Opera VII, 75.

fasser Salviati in den Mund legt: „Ein einziges Experiment oder eine einzige bindende Beweisführung für das Gegenteil genügen, um hunderttausend plausible Argumente zu Boden zu schmettern."

Überdies hatte Galilei selbst bereits angegeben, „was in allen Erfahrungswissenschaften beachtet werden muß . . .: das ist nämlich die Angabe der Definitionen für die eigentümlichen Fachausdrücke dieser Disziplin und die Angabe der wesentlichen Voraussetzungen, aus denen wie aus fruchtbarem Samen die Ursachen und die wahren Beweise für die Eigenschaften aller mechanischen Instrumente hervorsprossen".[5]) An einer anderen Stelle befinden sich Betrachtungen über die Irrtümer der Sinne, und er stellt da fest, daß man es nicht als eine allgemeine Tatsache hinstellen dürfe, daß die Sinne irrten, sondern daß die gröbsten Fehler durch die Mathematik korrigiert würden, weil „die Quelle des Irrtums nicht in den allgemeinen Eigenschaften der Sinnesorgane liegt, sondern in den individuellen".[6]) Er schließt sich also im großen und ganzen den Ansichten von Demokrit und Aristoteles über den Ursprung der allgemeinen Ideen an.

Besser noch als in den vorstehenden Beispielen offenbart sich die rationalistische Philosophie Galileis in den Betrachtungen über die Eigenschaften der Materie, die „il saggiatore" von Demokrit entlehnt. Er sagt[7]): „Jedesmal, wenn ich Materie oder einen Körper wahrnehme, empfinde ich sehr wohl den Zwang, zugleich wahrzunehmen, daß er in bezug auf andere groß oder klein ist; ihn an diesem oder jenem Ort zu sehen; zu dieser oder jener Zeit ihn zu bemerken; ihn, bewegt oder ruhend zu beobachten; zu erkennen, ob er mit anderen Körpern in Berührung steht oder nicht; wahrzunehmen, ob es einer, mehrere oder viele sind; auf keine Weise kann ich meine Wahrnehmung von diesen Bedingungen trennen. Aber ich fühle keinen Zwang dazu, daß meine Wahrnehmung notwendig von der Feststellung begleitet sein muß, ob das Wahrgenommene weiß ist oder rot, ob

---

5) Opera II, 159.   6) Opera III, 321.   7) Opera VI, 347.

es bitter ist oder süß, ob tönend oder stumm, ob duftend oder stinkend; wenn die Sinne hier nicht den Weg wiesen, so würde Überlegung und Nachdenken von sich aus da schwerlich ein besseres Ergebnis erzielen. Doch meine ich, daß Geschmack, Geruch und Farben usw. in dem oben angegebenen Umfang nichts anderes sind als bloße Namen, und ihren Sitz bloß im wahrnehmenden Körper haben." Und etwas weiter: „Aber ich glaube nicht, daß sich in den Körpern der Außenwelt etwas anderes als Größe, Gestalt, Vielheit und langsame oder rasche Bewegung befindet, das in uns Geschmack, Geruch oder Töne hervorrufen könnte."

Der Betrachtung der einfachsten Eigenschaften jener Größen und Figuren und ihrer Bewegungen will Galilei im allgemeinen die Prinzipien der Erfahrungswissenschaft entnehmen, die aus ihnen alle tieferliegenden Wahrheiten ableitet. Dies Verfahren scheint ihm, als ein wenn auch blasses Bild des intuitiven Wissens Gottes, weil „der göttliche Intellekt seinem Wesen nach zeitlos die ganze Unendlichkeit jener Eigenschaften erfaßt; tatsächlich sind diese auch virtuell in den Definitionen der Dinge enthalten und sind vielleicht schließlich eins in ihrem Wesen und im Gedanken Gottes. Das ist dem menschlichen Intellekt zwar nicht völlig verborgen, ..." Und endlich noch folgende Stelle: „Was unser Intellekt allmählich und langsam Schritt für Schritt erfaßt, erfaßt der göttliche Intellekt mit einemmal; das ist dasselbe wie zu sagen, er hat es stets gegenwärtig."[8]

Welchen Wert hatte also die Erfahrung für Galilei, der er, wie wir schon sahen, sich freiwillig unterwarf, bei den Kontroversen mit Gegnern, die unfähig waren, seine Überlegungen zu erfassen?

Es war für ihn ein Versuch, dem zwar die wahre Lehre entgegensteht, aber ein sicheres Mittel, um die Natur zu zwingen, anders zu antworten, als die Überlegung das erwarten läßt, kurz ein Mittel, um recht deutlich erkennen zu lassen, welche merk-

---

8) Opera VII, 129.

II. Der Rationalismus und die Entwicklung der modernen Logik

würdige Wahrheit es sein müßte, die so wenig deutlich wäre, daß man sie nicht unter dem Falschen herausfinden könnte. Um so gründlicher wird dabei eine falsche Meinung entlarvt, je mehr sich dieselbe Mühe gibt, wahr zu scheinen. Dies ist die Bedeutung der vielen berühmten Experimente Galileis und seiner Schüler, z. B. auch des berühmten Barometerversuches, den Torricelli angestellt hat.

In der Tat müßte ein Experiment um so bedeutungsvoller erscheinen, je mehr der Experimentator der Überzeugung war, ,,daß nur eine und zwar die primäre Ursache der Wirkung wahr sein könne"[9]), während alles andere erdichtet oder falsch sei.

Galilei führte also die experimentelle Prüfung mehr wegen ihres negativen als wegen ihres positiven Wertes ein; die Logik der Beweisführung läßt sich also auf die Dialektik zurückführen, während die experimentelle Methode als ein Verfahren zur reductio ad absurdum erscheint; diese Analogie ist schon von Duhem und Vailati betont worden.

Nur ganz allmählich kam bei der Schule Galileis die Auffassung zum Vorschein, daß das Experiment geeignet sein könne, für sich allein die Prämisse der Untersuchung zu bilden. Hier ist es nützlich, einen Brief von G. B. Baliani an Galilei anzuführen; er stammt vom 1. 7. 1639.[10]) Dort heißt es: ,,Ich war tatsächlich der Meinung, daß sichere Experimente Prinzipien der Wissenschaft liefern müssen, und daß die durch die Sinne erfaßten Sachen durch die Wissenschaft zur Erkenntnis gebracht würden." Nachdem er dann zu einigen deutlichen Vorbehalten Galileis Stellung genommen hat, der diese Dinge bei anderer Gelegenheit behandeln will, fährt Baliani weiter fort: ,,Da die Prinzipien der Wissenschaft nur aus Definitionen, Axiomen und Postulaten bestehen können, (so bin ich der Ansicht), daß diese in den Naturwissenschaften meist experimenteller Natur sind, und auf solchen beruht die Astronomie, die Musik, die Mechanik...."

---

9) VII, 447.   10) Opere di Galileo XVIII, 69.

Auf die Weise wird die von den alten Griechen eingeführte Unterscheidung zwischen Axiomen und Postulaten hinsichtlich der Prämissen wieder aufgenommen, zwar nicht von der Geometrie, aber von seiten der mathematischen Physik. Dabei werden nun auch die alten Betrachtungen wieder aufgenommen: ob man die Postulate eliminieren kann, indem man die Wissenschaft nur auf Prinzipien gründet, die a priori einleuchten, oder ob die Unterschiede bei einer genaueren Prüfung fallen müssen, da sich zeigt, daß alle Prinzipien experimenteller Natur sind.

11. DESCARTES LOGIK

Die Ideen, die, wie wir sahen, Kepler und Galilei in betreff des Wertes der Deduktion für die Beurteilung von Hypothesen, vertraten, erscheinen noch viel klarer bei Descartes am Ende des „Discours de la méthode" von 1637.[1]

„Wenn einiges von dem, was ich zu Beginn der „Dioptrik" und der „Meteore" ausgeführt habe, anfänglich Anstoß erregen sollte, weil ich dabei von „Voraussetzungen" rede, und wie es scheint, keine Lust bezeige, diese zu beweisen, so mag man nur geduldig das Ganze mit Aufmerksamkeit lesen. Ich hoffe, daß man sich alsdann befriedigt finden wird. Es will mir nämlich scheinen, daß die Gründe dort in solcher Weise aufeinander folgen, daß, wie die letzteren durch die ersteren als ihre Ursachen, diese ersteren umgekehrt auch durch die letzteren als ihre Wirkungen bewiesen werden. Auch darf man sich nicht einbilden, ich beginge hierbei den Fehler, den die Logiker einen Zirkel nennen, denn da die Erfahrung die meisten dieser Wirkungen recht gewiß macht, so dienen die Ursachen, von denen ich sie ableite, nicht so sehr dazu, sie zu beweisen, als sie zu erklären; vielmehr sind ganz im Gegenteil sie es, die durch die Wirkungen erwiesen werden."

---

[1] Oeuvres, ed. Adam et Tannery VI, 76, nach der deutschen Übersetzung des Dr. A. Buchenau in der „Philosophischen Bibliothek", Bd. 26, 1919, S. 62/63.

56   II. Der Rationalismus und die Entwicklung der modernen Logik

Als Descartes (1576—1650) diese Worte schrieb, war er etwas über 40 Jahre alt und war dazu übergegangen, die Prinzipien seines Rationalismus zu formulieren. 1641 gab er ja eine neue Darstellung derselben in den „meditationes metaphysicae". Die Bedeutung, die er dem Experiment beimißt, offenbart den Anteil, den die Ideen Bacons am Ausreifen seines Denkens haben. Der Beweis für diesen Einfluß liegt in der Korrespondenz mit Mersenne vor: In der Tat sagt er in seinem Briefe vom 23.12.1630 in Beantwortung der ausdrücklichen Frage nach einem Mittel, um brauchbare Experimente anzustellen: „Hierzu habe ich nach dem, was Bacon von Verulam geschrieben hat, nichts zu bemerken, es sei denn, daß ich zwar nicht begierig wäre, alle die kleinen Einzelheiten einer beliebigen Sache zu untersuchen, daß es aber doch gut wäre, wenn man prinzipiell allgemeine Zusammenstellungen über die allergewöhnlichsten Dinge machte. ...: Wie z. B., daß alle Muscheln im selben Sinne gewunden sind, und ob dies jenseits des Äquatros ebenso ist...." Auch in einem Brief vom 5. 4. 1632 gibt er der Hoffnung Ausdruck, es werde ihm mit der Zeit gelingen, alles über die Dinge herauszubekommen, zu denen er einen Zugang gesucht habe, „indem er das Experiment zur Überlegung hinzufügt". Auch am 10. Mai desselben Jahres scheint er auf die Methode von Bacon von Verulam anzuspielen, der den Himmel beschreibt ohne Heranziehung von Hypothesen oder Deduktionen.

Betrachtet man die Sache aus der Nähe, so scheint für Descartes der Wert des Experimentes völlig darin zu bestehen, daß es die Reflexion anregt und mit analytischer oder rückwärts schreitender Methode zur Entdeckung der primären Ursachen der Dinge führt, aus denen sich die synthetische Darstellung der Wissenschaft ergibt. Die Argumente der Skeptiker geben ihm zu denken[2]) und haben ihn vollkommen von der Unzuverlässigkeit der Sinne überzeugt: dagegen sieht er kein anderes sicheres Mittel, als das natürliche Licht des Intellekts und die Klarheit des Denkens.

---

2) z. B. Oeuvres I, 353.

11. Descartes Logik

Freilich hatte Descartes sein Denken von methodischen Zweifeln ausgehen lassen; freilich hatte er geglaubt, den Zweifel überwinden zu können, indem er im Bewußtsein den Beweis für die Existenz des eigenen Ich fand; ausgehend von diesem auf Augustin zurückgehenden Prinzip hatte er einen Beweis für die Existenz Gottes erbracht, indem er in leicht abgeänderter Form den ontologischen Beweisgrund von Anselm wiederholte; freilich hatte er schließlich aus der Wahrhaftigkeit Gottes das Zutrauen zum lumen naturale abgeleitet, an dem zu zweifeln noch Grund geblieben war; diese ganze Entwicklung theologischer Argumente ist hinreichend bekannt, und auch ziemlich unnötig für das Verständnis der kartesischen Logik. Wir brauchen daher nicht näher darauf einzugehen.

Die klarste Darstellung seiner Logik gibt Descartes in den „Regulae ad directionem ingenii".[3] Wir erwähnen insbesondere:

Regel 3: Bei den von uns vorgenommenen Gegenständen dürfen wir nicht das, was andere darüber gemeint haben, noch was wir selbst mutmaßen, untersuchen, sondern allein das, was wir durch klare und evidente Intuition oder durch sichere Deduktion darüber feststellen können; denn auf keinem andern Weg kann die Wissenschaft erraten werden.

Regel 5: Die ganze Methode besteht in der Ordnung und Disposition dessen, worauf sich der Blick des Geistes richten muß, damit wir eine bestimmte Wahrheit entdecken. Wir werden sie exakt dann befolgen, wenn wir die verwickelten und dunklen Sätze stufenweise auf die einfacheren zurückführen und sodann versuchen, von der Intuition der allereinfachsten aus uns auf denselben Stufen zu der Erkenntnis aller übrigen zu erheben.

In der folgenden Regel 6 zeigt sich, daß man die einfachsten Sätze von den zusammengesetzteren unterscheiden muß; in der Regel 9 wird vorgeschrieben, daß man die vollste Aufmerksamkeit auch den einfachsten Dingen zuwenden muß, weil man nur

---

3) Oeuvres X, 339—469. Die deutsche Übersetzung nach Dr. A. Buchenau in der „Philosophischen Bibliothek", Bd. 266, 1920, S. 10 u. 13.

so zur deutlichen und klaren Erkenntnis der Wahrheit gelangt; in der 17. wird vorgeschrieben, man solle die wechselseitige Abhängigkeit der Glieder „per veros discursus" erforschen, und dabei vollkommen davon absehen, ob sie bekannt seien oder nicht. Neben diesen Regeln, die ein logisches System des Wissens anstreben, wird aber auch angeraten, man solle die Hilfe der Vorstellung, der Sinne und des Gedächtnisses (12) nicht außer acht lassen, und man solle die Dinge, auf die sich die Überlegung bezieht (15) beschreiben, aber doch nur um das Denken anzuregen und zu fixieren.

Es ist gut, diese Regeln zu vervollständigen, indem wir die charakteristische Stellung des kartesischen Denkens zum „Consensus gentium" anführen, die sich in einem Brief an Huygens[4]) vom 16. 10. 1639 zeigt: „Der Autor nimmt als Kriterium der Wahrheit den „consensus omnium" an; für mich ist das einzige Kriterium der Wahrheit das „lumen naturale", was oft sehr zweckmäßig ist: denn da alle Menschen dasselbe „lumen naturale" haben, so sollte man meinen, sie hätten auch die gleichen Begriffe; aber es steht damit ganz anders, denn fast niemand bedient sich dieses „lumen", und daher kommt es, daß viele an denselben Irrtum glauben können, und es gibt viele Dinge, die durch das „lumen naturale" erkannt werden können, und über die nie jemand nachgedacht hat."

So liegt das Kriterium der Wahrheit wie das des „lumen naturale" nicht im consensus omnium (wie bei Heraklit und bei Sokrates), sondern hat seine Wurzel in den eingeborenen Ideen, die durch die stoische Tradition und die Interpretation der Eklektiker und der Neuplatoniker als „notiones communes" aufgefaßt wurden.

Evidenz der begrifflichen Einsicht, das ist der Wert der klaren und deutlichen Ideen; das ist das „lumen naturale", das Descartes als Kriterium der Wahrheit nimmt. Und wenn auch, wie wir wissen, Demokrit und Plato hier den Zugang eröffnet

---

4) II, 596—597.

11. Descartes Logik

haben, und wenn auch Galilei — in gewissem Umfang — dieselbe Auffassung vertrat, so hat sie doch der französische Philosoph zu seiner eigenen gemacht, durch die Klarheit und die Kraft, mit der er sie verfocht, sowie durch die Konsequenz, mit der er sie überall in der Naturerklärung verwendet. Die Reinheit des Rationalismus zeigt sich hier auch durch einige Irrtümer oder theoretische Vorurteile, die wohl den Wert seiner Physik schmälern können, die aber um so deutlicher seine Philosophie als eine markante Leistung des menschlichen Geistes erscheinen lassen. Aber auf der anderen Seite zeigt sich die Bedeutung derselben noch viel reicher in der moralischen Wertung des klaren Bewußtseins (Konfusion und Irrtum als das Werk dunkler Mächte), die schon die alten Skeptiker durch den schönen Ausspruch betonten, der von Sextus Empiricus überliefert ist: „Wer unklar spricht, handelt ebenso wie der, der aufs Geratewohl seine Pfeile ins Dunkle verschießt."

Aber den Wert von Evidenz und Anschaulichkeit für die Wissenschaft erkennt man vor allem bei den Prinzipien der kartesischen Mechanik, wo der Verfasser weit hinter Demokrit zurückgeht und sich an Parmenides von Elea anlehnt — im gleichen Sinne bei Plato im „Timaeus" —, und wo er den leeren Raum ablehnt und ihn körperlich auffaßt.[5]) Dort führt ihn auch der Begriff der ausgedehnten Materie des Parmenides dazu, die Sinnesqualitäten[6]) zu leugnen, was auch schon Demokrit und Galilei getan hatten; noch besser kommt es — ganz im Sinne einer richtigen Interpretation der eleatischen Lehre — in dem Satz zum Ausdruck, der die Relativität der Bewegung[7]) betrifft. (An der Fahrt eines Mannes auf einem Schiff ist nichts mehr wirklich als an der Ruhe eines andern, der ihn sich vom Ufer entfernen sieht.) Diesen Standpunkt faßt Descartes am Schluß des 2. Teiles seiner „Prinzipien der Philosophie"[8]) zusammen, indem er sagt:

---

5) V, 345; VIII, 49.   6) VIII, 45—51; vgl. V, 190, 238/39.
7) V, 348; VIII, 48, 53, 57.
8) VIII, 78, deutsche Übersetzung nach Dr. A. Buchenau in der „Philosophischen Bibliothek", Bd. 28, 1908, S. 256.

II. Der Rationalismus und die Entwicklung der modernen Logik

„Ich nehme in der Physik keine anderen Prinzipien an als in der Geometrie oder in der reinen Mathematik und halte es auch nicht für angebracht, da auf diese Weise alle Naturerscheinungen erklärt werden und gewisse Beweise von ihnen gegeben werden können."

Übrigens besteht die Bedeutung der kartesischen Thesen in folgendem: Sie bringen wenigstens bis zu einem gewissen Grade Erfordernisse der Vernunft (aufgefaßt als intuitive Tätigkeit) zum Ausdruck, die — obwohl abgelehnt und widerlegt durch andere Hypothesen, die den Tatsachen besser entsprechen — naturgemäß die Tendenz besitzen, in der Geschichte der Wissenschaft wieder aufzutreten; so übernimmt schließlich der Äther die Rolle des leeren Raumes, und daraus fließt jetzt wieder im Gegensatz zu Demokrit, Galilei und Newton — die Relativität der Bewegung.

12. DIE LOGIK VON PASCAL UND VON PORT ROYAL

Die Gedanken Descartes' spiegeln sich wider in der Logik von Blaise Pascal (1603—1662) und in jener von diesen Kreisen ausgegangenen Schrift, als deren Autoren Arnauld und Nicole angegeben wurden, und deren Titel „Logik oder Kunst des Denkens" heißt, und die gewöhnlich Port Royal zugeschrieben wird.

In den „Gedanken" Pascals, und zwar in den Artikeln II u. III des ersten Teiles der Bossutschen Ausgabe[1]) wird folgendermaßen zu einer absolut vollkommenen logischen Ordnung der Wissenschaft Stellung genommen.

„Diese wahre Methode, welche die Beweise in der größten Vollkommenheit liefern würde, würde — wenn sie wirklich erreichbar wäre — in zwei wesentlichen Punkten bestehen: ... alle Ausdrücke definieren und alle Behauptungen beweisen." Aber: „Diese Methode ist völlig unmöglich: denn es leuchtet ein, daß die ersten Ausdrücke, die man definieren wollte, andere voraus-

---

1) Vgl. „Pensées de Pascal, Paris 1836, S. 59—90.

12. Die Logik von Pascal und von Port Royal

setzten, die man bei der Definition nötig hat, und daß ebenso die ersten Behauptungen, die man beweisen will, andere vorausgehende Behauptungen voraussetzen, und daher kann man offenbar nie zu ersten Definitionen oder Behauptungen gelangen. Wenn man so die Untersuchung immer weiter treibt, kommt man notwendig zu primitiven, nicht weiter erklärbaren Worten und zu so klaren Prinzipien, daß es keine deutlicheren mehr gibt, auf die man sich bei ihrer Erklärung stützen könnte." Man hat so die vollkommenste logische Ordnung, die Menschen erreichen können, ähnlich der, die bei der Geometrie vorliegt. Sie wird von Pascal durch die folgenden Regeln erklärt[2]):

Regeln für das Definieren.

1. Man soll nie Dinge erklären wollen, die an sich schon so bekannt sind, daß man über keine klareren Ausdrücke zur Definition verfügt.

2. Man soll keine dunklen oder mißverständlichen Ausdrücke ohne nähere Erklärung verwenden.

3. Man soll beim Definieren der Ausdrücke nur völlig bekannte oder bereits erklärte Worte verwenden.

Regeln für die Axiome.

1. Man soll keine Prinzipien zulassen, ohne daß man geprüft hat, ob man sie wirklich zugeben kann, so klar und einleuchtend sie auch auf den ersten Blick scheinen mögen.

2. Man soll in Axiomen nur Dinge fordern, die von selbst vollkommen evident sind.

Regeln für die Beweisführung.

1. Man soll nichts beweisen wollen, was so selbstverständlich ist, daß man über nichts Selbstverständlicheres als Unterlage des Beweises verfügt.

2. Man soll jede ein wenig dunkle Behauptung beweisen und beim Beweis nur völlig evidente Axiome verwenden oder sich auf bereits zugegebene oder bewiesene Sätze stützen.

---

[2]) a. a. O., S. 82—83.

3. Man soll in Gedanken immer die Definitionen an die Stelle der definierten Begriffe setzen, damit man sich nicht durch den Gleichklang der Worte täuschen läßt. Denn diesem wollen gerade die Definitionen begegnen.

Die gleichen Regeln finden sich in etwas weniger präziser Fassung bei Port Royal.[3]

Diese Regeln bringen nicht allein die klassischen Anforderungen zum Ausdruck, welche die Geometer an den Aufbau der Wissenschaft stellen, sondern sie fügen dem noch einiges Bemerkenswerte zu:

1. Die Unterscheidung der Axiome von den Postulaten wird aufgegeben und gleichmäßig die Evidenz aller grundlegenden Sätze gefordert.

2. Es wird die peinlich genaue Angabe aller auch noch so einleuchtenden Axiome verlangt und gefordert, daß man jedes einzelne ausdrücklich zugibt.

3. Zu den vorstehenden Forderungen kommt noch die rein nominalistische Auffassung hinzu: „In der Geometrie kommen nur solche Definitionen vor, welche man in der Logik Wortdefinitionen[4] nennt." Dies ist ersichtlich eine notwendige Bedingung dafür, daß die Forderung 2. einen Sinn habe. Aber Wert und Bedeutung dieser letzten Tatsache und die Entwicklung der damit zusammenhängenden Gedanken wird den Gegenstand einer besonderen Untersuchung bilden.

Hier wollen wir uns auf die Bemerkung beschränken, daß Pascal einen Höhepunkt der kartesianischen kritischen Logik bedeutet: seine Gedanken enthalten implizite die Forderungen der modernen Kritik, die freilich noch nicht explizite formuliert oder in ihrer Anwendung auf konkrete Fragen erkannt sind. Die Franzosen, die wie Hoüel im 19. Jahrhundert die Pascalschen Regeln wieder aufnehmen, um sie als Richtlinien für die Aufzählung der Postulate der Geometrie zu verwenden, lassen deutlich erkennen, was ihnen noch zur Aufstellung einer wahrhaft logischen Ordnung der Wissenschaft fehlt.

---

[3] IV. Teil, Kap. 10.   [4] „Pensées", a. a. O., fig. 60.

13. KRITIK DES DESCARTESSCHEN INTUITIONISMUS DURCH GASSENDI UND HOBBES

Aller Sinn und aller Wert der Descartesschen Logik hängt davon ab, wie man seine Intuition versteht, auf der die Evidenz der Prinzipien beruht. Aber leider bleibt die Bedeutung dieser Vorstellung dunkel und unklar. Wenn man sich an den Gebrauch hält, den er tatsächlich von ihr, z. B. beim Aufbau der Mechanik, macht, dann scheint sie nichts anderes zu sein als Vorstellung oder Darstellung des Sinnlichen, wenn auch in sehr abstrakter und stilisierter Form. Aber andererseits lehnt Descartes auch selbst entschieden diese Auffassung ab: Intuition ist für ihn ein rein geistiges Schauen des Begriffes, das wie bei Plato im ,,Theaetet" nichts mit Vorstellung oder Wahrnehmung zu tun hat. Wenn unser Philosoph versucht, seine Auffassung zu vertiefen, dann sieht er das Denken in der Lage, unmittelbar (wie ,,per veros discursus") die logische Beziehung zwischen verschiedenen Begriffen herzustellen. So werden die möglichen Widersprüche zwischen den im Geist hervorgerufenen Ideen in einem Punkt konzentriert. In diesem Fall scheint daher die Intuition ganz zu verschwinden, und an ihre Stelle treten Definitionen der Begriffe und die logische Deduktion.

Die beiden verschiedenen Auffassungen des Descartesschen Denkens zeigen sich bei der Diskussion, welcher dieser Gedanke von bedeutenden zeitgenössischen Kritikern, im besonderen von Gassendi und von Hobbes, unterzogen wurde.

Gassendis Kritik findet sich in den ,,Objectiones quintae" gegen die ,,Meditationes de prima philosophia" des Descartes.[1]) Hier bringt die Kritik anläßlich einer Erörterung der fünften Betrachtung klar die Auffassung zum Ausdruck, daß alle Ideen einen sinnlichen Ursprung haben, wofern sie nicht eingeboren sind:

,,Wenn ihr, wie ich eben bemerkte, aller Sinnesfunktionen beraubt wäret, so daß ihr nichts gesehen hättet und nie Gelegen-

---

1) Oeuvres VII, 256—391.

heit gehabt hättet, verschiedene Flächen und Körper zu betasten, glaubt ihr wirklich, daß ihr in euch die Idee eines Dreiecks oder irgendeiner anderen Figur hättet bilden können?" Darüber hinaus äußert er noch bei Besprechung des Tausendecks, wozu die sechste Betrachtung den Anlaß gibt, daß Kraft und Bedeutung des Wortes wohl imstande sind, uns diese Figur in gewissem Maße begreiflich zu machen, aber nicht derart, daß wir ihre tausend Winkel begreifen oder sie uns vorstellen können. Begreifen und Vorstellen, erklärt er in der Tat nachher, sind nichts anderes als ein und dieselbe nur nach der Intensität abgestufte Fähigkeit.

Weiter liest man in den „Objectiones tertiae"[2]) (die bekanntlich Hobbes zugehören, und zwar im vierzehnten Einwand gegen die fünfte Betrachtung auf S. 193):

„Die Idee, die sich unser Geist vom Dreieck bildet, entspringt von einem anderen Dreieck, das wir gesehen haben, oder das wir anläßlich von Gegenständen erfanden, die wir gesehen haben; aber wenn wir dann einmal mit dem Namen Dreieck den Gegenstand belegt haben, von dem die Idee des Dreiecks unserer Meinung nach ihren Ursprung nahm, dann bleibt der Name für ewig, auch wenn der Gegenstand zugrunde geht."

Und in dem vierten Einwand (S. 178):

„Es ist ein großer Unterschied, zwischen dem Vorstellen, d. i. eine gewisse Idee haben, und einem Erfassen mit dem Verstand, d. h. durch Überlegung erschließen, daß etwas ist oder existiert; aber Herr Decsartes hat den Unterschied nicht erfaßt." ...

„Ist vielleicht das Räsonnement nichts anderes als eine Vereinigung oder Verknüpfung von Worten vermittelst des Wortes „ist"? (copulatio et concatenatio nominum sive appellationum per verbum hoc est?) Daraus würde folgen, daß wir durch Vernunftschlüsse gar nichts erschließen können, was an die Natur der Dinge rührt, sondern nur Ergebnisse über ihre Benennung

---

2) Oeuvres VII, 171—196.

erzielen können, d. h. wir können auf diesem Gebiete nur erkennen, ob wir die Namen der Dinge gut oder schlecht aneinandergefügt haben, gemäß der Übereinkunft, die wir frei über ihre Bedeutung getroffen haben. Wenn es so ist, und es scheint so zu sein, dann hängt das Räsonnement von den Namen ab, die Namen von der Vorstellung, und die Vorstellung vielleicht meiner Meinung nach von den Bewegungen der Organe des Körpers...."

Offenbar ist auch Hobbes der Ansicht, daß in den Sinnen der Ursprung der Ideen liegt, aber indem er versucht, einem von der Vorstellung verschiedenen Verstand eine klare Bedeutung zu geben, weiß er nichts anderes zu sehen, als das formal logische Räsonnement, das dazu noch auf eine bloße Zusammenstellung von Worten hinausläuft, die nach verabredeten Regeln erfolgt. Der Nominalismus erscheint hier neben dem Sensualismus deutlich ausgesprochen; und zwar in einer Form, die nicht weit entfernt scheint von den Gedanken einiger modernen italienischen mathematischen Logiker.

Um aber von innen heraus die Lehre Hobbes zu verstehen, müssen wir seinen Begriff der Nominaldefinition erörtern: Und zu diesem Zweck müssen wir etwas weiter ausholen.

14. SACH- UND WORTDEFINITIONEN

Aristoteles hat die Definition stets als Erklärung des Wesens der Sache angesehen, geeignet die Ursache usw. aufzuzeigen.[1]) Die Ansicht, daß Definieren nur Worterklärung[2]) bedeute, erklärt er für unsinnig.

Trotz dieser Auffassung findet sich bei ihm, in gewissem Maße, die Unterscheidung zwischen Sachdefinitionen, die feststellen „wieso die Sache ist" und Wortdefinitionen; jene letzteren hält er für schlecht und nutzlos und für vergleichbar mit der Übereinkunft, durch die man ein neugeborenes Kind Peter oder Johann nennt. Fügen wir noch hinzu, daß die von Aristoteles abgelehnte Auffassung vom Wert der Wortdefinitionen, schon

---

1) „Zweite Analytik" II, 9 (7).   2) „Zweite Analytik" II, 7 (6).

im Gegensatz zur Lehre Platos, von nominalistischen Philosophen, wie z. B. Antistenes angenommen worden war; wir sind darüber durch eine Stelle der „Metaphysik" unterrichtet (VII, 3, (6)).

Jetzt können wir ermessen, wie sehr die Lehre des Aristoteles durch einen Scholastiker des 14. Jahrhunderts, Occam[3]) umgestaltet wurde, der hauptsächlich an die von den Arabern[4]) vermittelte Überlieferung anknüpft, und zwei Arten der Definition unterscheidet: Wort- und Sachdefinitionen, und der beide ausdrücklich für wertvoll erklärt. Dies wird durch folgende Äußerung belegt: „Diffinitionum quaedam est diffinitio exprimens quid nominis, et quaedam est diffinitio quid rei. Diffinitio quid rei non est necessaria disputanti scienti significatum vocabuli. ... quia talis diffinitio non tantum exprimit quid nomen significat, sed exprimit, quid res est. Aliae sunt diffinitiones importantes quid nominis, quae non sunt nisi orationes exprimentes quid nomina significant; et tales diffinitiones proprissime sunt nominum negativorum et connotativorum et respectivorum ... alia exprimens quid rei non est proprissima ... quia tale connotativum non habet nisi diffinitionem exprimentem quid nominis tantum...."

Andererseits ist es begreiflich, daß der Gebrauch der Wortdefinitionen bei den Geometern diesen eine angemessene Auffassung vom Wert einer solchen Definition nahe legte. Aber nur im Vorwort des Euklidkommentars von Candalla[6]) ist mir deutlich die Behauptung von nominalistischem Charakter aller Definitionen begegnet:

„Da die Definitionen nur freie Erklärungen der den Dingen beigelegten Namen sind (Nominum liberae impositorum expositiones), so können sie über die Ursache der Dinge keinen Aufschluß geben. — Die Freiheit ist nicht verpflichtet, die Ursachen ihrer Handlungen anzugeben; nichtsdestoweniger folgt der freien

---

[3]) Wilhelm Occam, Summa totius logicae, Oxoniae 1675 (L. 1 § 26).
[4]) Vgl. Prantl, a. a. O., Bd. III, S. 366, 410.   [5]) Paris 1566.

14. Sach- und Wortdefinitionen

Benennung die Notwendigkeit, sich der eingeführten Benennungen zu bedienen, damit man sich nicht in Widersprüche verwickelt. Die Freiheit in der Benennung wird so zur notwendigen Verpflichtung ihrer Beachtung."

Candalla erscheint so als Vorläufer von Pascal und von Hobbes und der modernen Logiker. Aber es mußte viel Zeit vergehen, bevor diese Auffassung eine reichlichere Beachtung fand.[6])

Was einer Anerkennung der Wortdefinitionen im Wege stand, war in erster Linie das am Beispiel des Aristoteles orientierte Vorurteil über ihren Wert. Was ist schließlich auch bangloser und zufälliger als der Umstand, ob man einem Gegenstand diesen oder jenen Namen beilegt? Und wie kann davon, daß man eine Benennung der anderen vorzieht, etwas für die Wissenschaft Wesentliches abhängen?

Und doch wurde der Wert der Wortdefinitionen allmählich erkannt. Wie die Schule des Descartes darüber dachte, das entnehmen wir der „Logik" von Port Royal. Hier findet man die Unterscheidung zwischen Wort- und Sachdefinitionen, und über die ersteren äußert er sich in dem Kap. XI, XII, XIII des ersten Teiles so: Der Nutzen der Einführung eines willkürlichen Zeichens oder eines Klangs zur Bezeichnung eines Gedankens findet vor allem in der Übereinkunft eine Schranke, wonach der Gleichklang der Worte vermieden werden soll, weil so die der naiven Sprache eigentümliche Quelle von Konfusionen verstopft wird. Aber neben den Wortdefinitionen läßt er auch die Sachdefinitionen bestehen. Über diese äußert er sich im Kap. XII des zweiten Teiles. Diese erklären die Natur der Sachen durch

---

[6]) Sie ist auch heute noch nicht von allen, nichtmathematischen Darstellern der Logik angenommen: Wir werden in § 16 ausführlich die Gedanken Stuart Mills kennenlernen. Auch Sigwart vertritt die Auffassung: „Jede logische Definition ist eine Nominaldefinition. Die Forderung einer Realdefinition beruht auf der Vermischung der metaphysischen und der logischen Aufgaben", sagt er auf S. 379 (Bd. 1) seiner „Logik" (5. Aufl. 1924). Aber andere Autoren, z. B. Ziehen („Lehrbuch der Logik", 1920) kehren zur Betrachtung der Sachdefinitionen zurück.

wesentliche Merkmale, wie das auch Aristoteles lehrte; er bemerkt, daß man die beiden Arten nicht verwechseln und nicht der einen die Willkür zuerkennen darf, die der anderen eigen ist usw. Nur Pascal bemerkt, wie wir schon erwähnten, daß nach dem Beispiel der Geometrie, das er für die logische Norm der Wissenschaft hält, andere als Wortdefinitionen keine Anerkennung verdienen. Deren relativen Charakter hat er sehr wohl erfaßt.

Der Meinung der genannten kartesischen Logiker ziemt es sich gegenüberzustellen, was hinsichtlich der gleichen Frage in der „Institutio logicae"[7]) eines anderen Mathematikers, John Wallis (1616—1713) des Autors der „Arithmetica infinitorum" gesagt wird.

Wenn ein Wort oder eine Sache der Bedeutung oder der Natur nach unbekannt oder unsicher sind, dann — so sagt er[8]) — ist es notwendig oder bequem, die Bedeutung des Wortes oder die Natur der Sache durch andere geläufigere Worte zu erklären. Diese Erklärung des Unbekannten oder diese Bestimmung des Unbestimmten heißt Definition oder wenn sie weniger vollständig ist, Erläuterung. Wallis geht dann dazu über, zwischen Wort- und Sachdefinitionen zu unterscheiden, indem er bemerkt, daß die ersten Wortdefinitionen Euklid und andere Mathematiker heranzogen, um Zweideutigkeiten zu vermeiden, jedesmal dann, wenn Worte, Sätze, Formulierungen mit weniger geläufigem Sinn vorkommen, oder wenn es sich um Ausdrücke handelt, die vielleicht schon in anderem Sinne Verwendung fanden. Er fügt noch hinzu, daß nach dem Beispiel der Mathematiker die Naturwissenschaftler gleichfalls Wortdefinitionen heranziehen, um kurz die Natur eines Gegenstandes zu erklären. Diese Erklärung bezeichnen sie dann als Sachdefinition. Indessen haben die ersten eine weitgehende Freiheit, die den anderen nicht zukommt, weil die Sachen nun einmal so sind, wie sie sind, und nicht so, wie sie die Menschen haben möchten. Als Beispiel für die Freiheit der mathematischen

---

7) Oxoniae 1687, Teil I, Kap. XXIII.   8) Teil I, Kap. XXIII.

14. Sach- und Wortdefinitionen

Definitionen erwähnt Wallis, daß Euklid den Namen „Kegel" dem geraden Kreiskegel vorbehält, während Apollonius auch den schiefen Kegel betrachtet, oder daß das Dreieck bei Euklid notwendig eben, bei Theodosius aber auch sphärisch sein kann. Hier muß erwähnt werden, daß Wallis die Bedeutung der Begriffserweiterung nicht entgangen ist, die durch die Ausdehnung in der Verwendung der Namen bewirkt wird.

Auf die restlose Auffassung der Wortdefinition als einer Begriffskonstruktion scheint vor allem der Symbolismus der Algebra (Vieta) Einfluß gehabt zu haben, in dem wir eine der wichtigsten Triebfedern in der Entwicklung der modernen Logik sehen. In der Tat setzt die Definition einer Größe, z. B.

$$x = (a + b)^2 - a^3 - b^3 + (c - d)^2,$$

eine Reihe von Operationen in Evidenz, die auf gewisse bekannte Größen (a, b, c, d) angewandt werden und so x liefern.

Der Einfluß des Kalküls auf die Auffassung der Logik, erscheint klar bei Hobbes schon im Titel seiner „Computatio sive logica"[9]) von 1655 (und in der Erklärung auf S. 2: „Per ratiocinationem autem intelligo computationem", „Ratiocinari... idem est quod Addere et Subtrahere...").

Der englische Philosoph (berühmt durch seine absolutistische Staatstheorie „Leviathan") erklärt in jener Schrift den Begriff, den er sich von der Mathematik gebildet hat, die ihm eine hohe Bewunderung abnötigt. Er sagt, die beweisende Wissenschaft baut durch vernünftige Überlegungen auf einige erste Annahmen auf, aber die Beweisprinzipien sind nichts anderes als Definitionen:

„Sunt primae autem nihil aliud praeter definitiones, vel definitionis partes, et hae solae principia demonstrationis sunt, nimirum veritatis arbitrio loquentium audientiumque factae et propterea indemonstrabiles" (Kap. III, 9, S. 20).

Der Zufügung anderer Grundprinzipien, Axiome oder „notiones communes" hält Hobbes entgegen, daß man den Beweis stets aus

---

9) Thomae Hobbes, Opera philosophica omnia. Amsterdam 1668.

70 II. Der Rationalismus und die Entwicklung der modernen Logik

den Definitionen ableiten kann, wenn man es auch der Evidenz wegen nicht immer tun muß. Die Postulate wie z. B. „durch zwei Punkte geht eine Grade" dienen seiner Meinung nach nur der Praxis des Konstruierens, nicht der Wissenschaft: „Et principia quidem illa sunt artis, sive constructionis, non autem scientiae et demonstrationis."
Diese Dinge sind in Kap. VI, De methodo bekräftigt. Dort finden sich auch die Eigenschaften der Definition (n . 15, S. 45), welche:
1. gleichlautende Begriffsnamen vermeidet; welche
2. ein umfassendes Bild des Definierten nicht fürs Auge, aber für den Verstand liefert; welche
3. nicht der Diskussion unterliegt, ob sie zuzugeben ist oder nicht; welche
4. in der Philosophie vor den definierten Ausdrücken, d. i. den zusammengesetzten Namen kommt, die sie auflöst oder aufzubauen lehrt; welche
5. beim Übergang von einer Wissenschaft zu einer andern beliebig abgeändert werden kann; welche
6. den definierten Ausdruck nicht ein zweites Mal enthalten darf, weil das Definierte das Zusammengesetzte ist, und weil die Definition des Zusammengesetzten in seiner Auflösung in Teile besteht, und weil das Ganze nicht Teil seiner selbst sein kann.

Wir haben von diesen Regeln nur soviel angeführt, als nötig ist, um den Begriff klar zu legen, den sich Hobbes von der Definition gebildet hat, offenbar nach dem Muster der Definition einer Größe durch eine Formel. Aber gehen wir jetzt zur Kritik über, die Leibniz am Standpunkt von Hobbes geübt hat.

15. DER LEIBNIZSCHE RATIONALISMUS UND DIE KRITIK DES LOGISCH MÖGLICHEN

Der große deutsche Philosoph Gottfried Wilhelm Leibniz (1646—1716), der sich mit Newton in den Ruhm der Entdeckung (oder Erhebung zum System) der Infinitesimalrechnung teilt,

15. Der Leibnizsche Rationalismus u. d. Kritik d. logisch Möglichen 71

stellt den höchsten Ausdruck des mathematischen Rationalismus vom mathematischen Typus dar, der die größten Geister dieser fruchtbaren Epoche beherrschte. In Wahrheit hat der eklektische Geist Leibnizens verschiedene Seiten; denn er strebt danach, die neuen wissenschaftlichen Ansichten mit der scholastischen Tradition zu vereinigen. Der scholastische Einschlag zeigt sich am deutlichsten in einer metaphysischen Konzession in der Logik der Aussagen, die z. B. die neuesten Kritiker und Kommentatoren in der „Monadologie" entdeckt haben[1]; aber die Betrachtungen über die Prinzipien der Wissenschaft, die wir hier beleuchten wollen, haben in unseren Augen eine weit größere Bedeutung.

Für Leibniz liegt ebenso, wie für seine antiken Vorläufer, Parmenides von Elea und Demokrit von Abdera wie für seinen Zeitgenossen Descartes das Kriterium der Wahrheit im Denken.

Aber das alte Motiv des Rationalismus eines Parmenides („das Gedachte und das Seiende sind ein und dasselbe") — das auch im System Demokrits vorkommt und sich dort als die Voraussetzung darstellt, daß jede durch die Vernunft begreifbare Sache irgendwo im Universum existiere — nimmt jetzt eine neue Bedeutung an; das hängt mit dem Umstand zusammen, daß das geometrische Modell der Wissenschaft, an das sich noch Descartes anlehnte, durch ein mechanisches Modell ersetzt wird. Infolgedessen zieht bei Leibniz der Begriff nicht mehr die reale Existenz nach sich, sondern er macht sie nur möglich; und ein anderes Prinzip, das Prinzip des zureichenden Grundes, genügt, um unter dem Möglichen das zu bestimmen, was in der Wirklichkeit eintritt und was das Seiende ausmacht.

Im Hinblick hierauf macht er die folgende Unterscheidung:

---

[1] Dahin gehören die Vertreter der mathematischen Logik Louis Couturat, der die wichtige Serie der Fragmente herausgegeben hat, auf die wir hernach Bezug nehmen, und Bertrand Russell, 'A Critical Exposition of the Philosophy of Leibniz...' Cambridge 1900. Über die darin gegebene Interpretation geben wir in § 28 einen Überblick.

72 II. Der Rationalismus und die Entwicklung der modernen Logik

Ens, quod distincte concipi potest. Existens quod distincte percipi potest.²)

Aber diese Unterscheidung zwischen Möglichem und Seiendem, die bei Leibniz mit der mechanistischen Weltauffassung zusammenhängt, enthält virtuell die Ablösung der Logik — wenn nicht die der Metaphysik — vom Realismus des Aristoteles, insofern, als sie den Begriff als Produkt geistiger Tätigkeit auffaßt. Die historische Entwicklung der Idee wird zeigen, daß dies der wahre Sinn der viel größeren Bedeutung ist, die Leibniz der mathematischen Wissenschaft noch über ihre physikalischen Anwendungen hinaus zuerkennt. Um aber diese Auffassung deutlicher zu erklären, muß zuerst festgestellt werden, welche Bedeutung für Leibniz die „Begreiflichkeit" hat; denn dies ist die Grundlage, auf der er über die Prinzipien der Erfahrungswissenschaft, und auch der Geometrie, urteilt.

Den Anhängern Descartes und Pascals wirft er besonders im Hinblick auf ihre Regeln vor, daß das Kriterium für die Evidenz der Prinzipien trügerisch sei, solange sie nicht angäben, „quelques marques" sie hätten, um zu erkennen, was zweifelhaft oder dunkel sei. Und er fügt hinzu³):

„Ich bin überzeugt, daß es zur Vollkommenheit der Wissenschaft gehört, daß man einige Sätze, die man „Axiome" nennt, beweist, wie sich denn in der Tat Apollonius die Mühe genommen hat, einige der Sätze zu beweisen, die Euklid ohne Beweis angenommen hat." Nachdem dann Leibniz einen analogen Versuch Robervals erwähnt hat, bemerkt er, daß wieder der Beweis der Axiome nicht notwendig ist für die, welche sie erlernen wollen, daß aber nichts wichtiger ist, wenn man in der Wissenschaft die Säulen des Herkules passieren will.

Leibniz kommt auf den Versuch des Apollonius bei Proklus und auf den Versuch Robervals in einem anderen Fragment zurück. Es trägt den Titel „Demonstratio axiomatum Euclidis"⁴)

---

2) Vgl. „Opuscules et fragments inédits de Leibniz" par L. Couturat. Paris 1903, S. 437, Alcan.
3) a. a. O., S. 181.   4) a. a. O., S. 539.

15. Der Leibnizsche Rationalismus u. d. Kritik d. logisch Möglichen

Er lobt dort jene Mathematiker, weil man zur Vollkommenheit der Wissenschaft gelangt, ohne irgend etwas den Sinnen oder der Vorstellung zu verdanken, sondern indem man alles von den Begriffen („notiones") herleitet. In der Tat muß die Analyse der Begriffe zu den ersten Wahrheiten führen, die rein logisch sind, oder Identität bedeuten, und aus denen sich der Beweis aller ihrer Eigenschaften ergibt, ausgenommen der Fall, wo der analytische Prozeß ins Unendliche verläuft.

Diese Auffassung kommt klar in der Schrift „Primae veritates" (a. a. O. S. 518) zum Ausdruck: „Primae veritates sunt quae idem se ipso enuntiant aut oppositum de ipso opposito negant. Ut A est A, vel A non est non A. Si verum est A esse B, falsum est A non esse B, vel A esse non B. Item unum quodque est quale est.. aliaque id genus, quae licet suos ipsa gradus habeant prioritatis, omnia tamen uno nomine identicorum comprehendi possunt.

Omnes autem reliquae veritates reducuntur ad primas ope definitionum, seu per resolutionem notionum, in qua consistit probatio a priori, independens ab experimento."

Das folgende Beispiel (nämlich der Beweis, daß das Ganze größer — nicht gleich — einem Teile ist) ist geeignet, den Gedanken von Leibniz zu erläutern, insoweit die Überlegung noch nicht völlig befriedigend ist.

Johann Bernoulli hatte in einen Brief vom 15. August 1696 gegen den Beweis der Axiome eingewandt, daß man einige unbeweisbare Axiome nötig habe, um aus ihnen alle Theoreme zu deduzieren; Leibniz entgegnet, daß die einzigen nötigen Axiome die Identitäten seien: bei vielen anderen Gelegenheiten betont er den gleichen Begriff, der in der Tat eines der Grundmotive seines Denkens ist. Die Sätze einer jeden Wissenschaft sind, wie er z. B. in dem „Fragment einer neuen Enzyklopädie"[5] vom Januar 1679 sagt, entweder Prinzipien oder Schlüsse. Die Prinzipien sind entweder Definitionen oder Axiome . . . .; hier sind die De-

---

5) a. a. O., S. 32.

finitionen willkürlich (sie müssen sich nur dem üblichen Gebrauch anpassen) ... Die Axiome sind diejenigen Sätze, die allgemein für einleuchtend gelten, und folgen bei aufmerksamer Betrachtung aus den Definitionen.

Das bis jetzt Gesagte könnte den Anschein erwecken, als ob die Auffassung Leibnizens nicht wesentlich von der von Hobbes abwiche, und daß nur der mathematische Philosoph ihr eine größere Bestimmtheit gegeben habe. Aber ein genaueres Studium der Leibnizschen Gedanken in ihrer größten Präzision und Reife zeigt, wie er die „difficultatem hobbesianam de veritate arbitraria" aufgefaßt hat, und wie er die Überwindung dieser Schwierigkeit sich dachte.

Richtig bemerkt Vailati in seiner Studie „L'influenza della matematica sulla teoria della conoscenza nella filosofia moderna"[6], daß ein Mathematiker wie Leibniz nicht in den Irrtum verfallen konnte, die Definitionen der Mathematik für ganz willkürlich zu halten; denn er wußte, daß sie — seit den Zeiten der Griechen — die Forderung vertrat, es müsse die Definition einer Figur vom Beweis ihrer Existenz begleitet sein: In der Tat wird dieser bei den Griechen durch eine Konstruktion geliefert, die sich auf die Postulate stützt.

Die Kenntnis dieser Rolle der Postulate gestattete Leibniz nicht, sich mit der von Hobbes vertretenen Auffassung zu begnügen, wonach jene Postulate weniger der Wissenschaft als der Praxis angehören. Leibniz führt ausdrücklich das Beispiel des regelmäßigen Dekaeders als einer unmöglichen Figur an. Er bemerkt, daß, wenn man auch an die Möglichkeit ihrer Einführung durch eine Definition glauben wollte, dennoch die nähere Überlegung den Widerspruch deutlich aufweist, den dieser Begriff implizite enthält.

Hierdurch wurde Leibniz dazu geführt, den Begriff des possibile[7] einzuführen und dann die Definitionen in reale und

---

6) „Scritti", S. 599—616.

7) „Possibiles sunt termini de quibus demonstrari potest numquam in resolutionem occursuram contradictionem" (a. a. O., S. 371).

15. Der Leibnizsche Rationalismus u. d. Kritik d. logisch Möglichen

nominale zu scheiden. Er nennt Sachdefinitionen jene Definitionen, welche die tatsächliche Zerlegung eines logisch möglichen Begriffes in einfachere Begriffe liefern, und die — gerade durch diese Zerlegung — die genannte logische Möglichkeit des Begriffes erweisen (d. h. sein Entsprechen zu etwas tatsächlich Existierendem gewährleisten). In Ermangelung dieses Beweises — der in jedem Fall für möglich gilt — heißt die Definition Sachdefinition, wenn sie sich irgendwie dem Beweis oder dem Postulat der logischen Existenz des Begriffes anschließt, d. h. der Behauptung, daß seine Merkmale einander nicht widersprechen.[8])

Als reine Wortdefinition bleibt diejenige übrig, welche nur die unterscheidenden Merkmale einer Sache anführt, ohne ihre Möglichkeit in Evidenz zu setzen.

Leibnizens Theorie der Definition, die in seinem Essay ,,Meditationes de cognitione, veritate atque ideis" enthalten ist, und auf die sich viele Fragmente der Couturatschen Veröffentlichung beziehen, entspringt aus seiner kombinatorischen Kunst oder allgemeinen Charakteristik, d. h. aus jener universellen Symbolik, die, nach Leibnizens Absicht, die Sprache der Algebra über die ganze theoretische Wissenschaft ausbreiten sollte: Daraus entstand später die symbolische oder mathematische Logik. Als Vorläufer dieser Leibnizschen Idee sind (abgesehen von dem Versuch eines späten Epikureers, Filodemus, im Altertum) anzusehen die ,,Ars magna" des Raimundus Lullus (1234—1315), die ,,Ars signorum" des Dalgarnus (1661) und der ,,Essay towards the Real Character" von Wilkins (1668).[9])

Somit ist es klar, daß noch mehr wie bei Hobbes, die Definition als Typus des Ausdrucks einer Größe durch eine algebraische Formel aufgefaßt wird. Damit entspringt die Regel, die Leibniz an Stelle der scholastischen Regel setzt, daß nämlich die Definition die notwendigen und hinreichenden Bedingungen für den

---

[8] ,,Definitio realis seu definitio talis ex qua statim patet rem de qua agitur esse possibilem" (a. a. O., S. 220).
[9] Vgl. Couturat, La logique de Leibniz, Paris 1901, Alcan.

Beweis der Eigenschaften des Definierten enthalten muß: übrigens „eiusdem definiti multae possunt esse definitiones", weil „Omnis proprietas reciproca potest esse definitio".[10])

Damit aber der algebraische Ausdruck eines x durch Größen a, b, c wirklich zur Definition von x ausreicht, müssen nicht nur in jenem Ausdruck nur Symbole möglicher Operationen vorkommen (z. B. muß also die Division durch Null ausgeschlossen sein), sondern es müssen auch die a, b, c . . . auf die sich die Operationen beziehen, bereits bekannte Größen sein, oder doch ihrerseits durch bekannte Elemente wohl bestimmt sein. Wenn man daher den Bedingungen der Sachdefinition genügen will, wonach: „In omni definitione constare debet id quod difinitur esse possibile[11]), so muß die Konstruktion des durch die Definition angebotenen Begriffes, geeignet sein, ihn in Elemente aufzulösen, deren Möglichkeit ohne weiteres einleuchtet. So kommt es, nach Leibniz, daß die von ihm zugelassenen einfachen Ideen sich nicht widersprechen können[12]); aus den Fragmenten Couturats geht hervor, daß er direkt in Aussicht genommen hat, einen Katalog derselben anzulegen.[13])

Couturat[14]) läßt an Hand der veröffentlichten Manuskripte erkennen, daß Leibniz die Zerlegung oder Auflösung eines zusammengesetzten Begriffes in einfachere stets in Analogie setzt zu der Zerlegung einer ganzen Zahl in ihre Primfaktoren: Diese Analogie suggeriert ihm die Möglichkeit, ja Einzigkeit dieser Zerlegung.

Welchen Wert sollen wir nun nach der Leibnizschen Theorie der Definition zuerkennen? Vor allem bemerken wir, daß nach

---

10) „Essais de calcul logique" in „Opuscules etc." a. a. O. S. 258.

11) a. a. O., S. 328.

12) „Meditationes de cognitione, veritate et ideis" bei Dutens Leibnitii opera omnia, Bd. II, Genevae 1768. Vgl. „Opuscules etc.", S. 195 u. 219, Anm. 21.

13) „Catalogus notionum primarium ex quibus ceterae pleraeque omnes componuntur". a. a. O., S. 400.

14) „La logique de Leibniz", S. 192.

15. Der Leibnizsche Rationalismus u. d. Kritik d. logisch Möglichen

der darin enthaltenen Analyse der antike Begriff der Sachdefinition im aristotelischen Sinn (die Definition, welche lediglich einen außer uns gegebenen Gegenstand anzeigt) keinen rechten Platz mehr in der Logik hat. Wenn man sie doch noch lebendig glaubt, und wenn man sie sich hier und da herumschlagen sieht, so können wir mit Ariost sagen:

> Il poverin che non se n'era accorto
> Andava combattendo ed era morto.

Zweitens wollen wir hervorheben, daß jene Analyse in der Geschichte der Wissenschaft das Problem der **Verträglichkeit eines Systems von Behauptungen** aufstellt, die als Merkmale einem Begriff zugewiesen werden, d. i. die Frage, ob gegebene Prämissen, auch wenn sie nicht augenfällige Widersprüche aufweisen, trotzdem einen impliziten Widerspruch bergen können, der dann bei den daraus gezogenen Schlüssen in Erscheinung tritt; insbesondere erhebt sich die Frage, wie man solche Zweifel ausschließen kann.

Hier ist es nötig, zu sagen, wie Leibnizens Antwort auf dieses Problem, d. i. die eindeutige Zerlegung der zusammengesetzten Begriffe in einfache Ideen, mit dem Realismus desselben Philosophen sich verträgt und mit seiner Haltung gegenüber der deduktiven vom Allgemeinen zum Besonderen schreitenden Definition in Einklang zu bringen ist. In der Tat betrachtet die Leibnizsche Logik in der Regel die Begriffe nach ihrem **Inhalt** (d. i. als Interferenz der allgemeineren ihren Merkmalen entsprechenden Begriffe) mehr als nach ihrem **Umfang** (d. i. als Klassen der darunterfallenden Gegenstände.[15]) Dabei hängt die Definition eines Begriffes von den äußersten Gattungen ab, die, um wirklich äußerste sein zu können und um nicht allgemeineren untergeordnet zu sein, einfache Begriffe ausmachen müssen.

---

15) So scheint er z. B. mit der Bezeichnung $A + B$ den Begriff zu meinen, der sowohl die Merkmale von A wie die von B besitzt. (Vgl. „Non inelegans specimen demonstrandi in abstractis", ed. Erdmann, S. 94.)

II. Der Rationalismus und die Entwicklung der modernen Logik

Aber wenn diese Art der Betrachtung den Gedanken von Leibniz als wenig fruchtbar erscheinen läßt, wie auch Vailati[16]) zu meinen scheint, der sich tief in die Gedanken Leibnizens hineingedacht hat, und ihre Bedeutung ins rechte Licht gesetzt hat — so werden wir doch später sehen, wie ihm eine präzise Fassung gegeben werden kann, indem wir ihn von der Logik des Inhalts auf die Logik des Umfangs übertragen: dies ist im wesentlichen die Bedeutung der Untersuchungen, die Enriques[17]) seit 1902 unternommen hat, einem Jahr, in dem man noch nichts von den eben dargelegten Betrachtungen Leibnizens wußte (vgl. § 28).

16. DIE THEORIE DER DEFINITION BEI SACCHERI

Den Ideen Leibnizens scheint nahe verwandt, was Gerolamo Saccheri (1667—1733) in einem lange vergessenen Buch über die ,,Logica demonstrativa[1]) darlegt. Vailati hat das Verdienst, es wieder ans Licht gezogen zu haben. Die Übereinstimmung ist um so beachtenswerter, als Saccheri nicht vom Symbolismus des Kalküls, sondern von einer geometrischen Frage auszugehen scheint, nämlich vom fünften Postulat des Euklid, der Grundlage der Lehre von den Parallelen. In der Tat muß Saccheri lange über die Versuche nachgedacht haben, die auf mannigfache Art den Beweis jenes Postulates erbringen wollten, lange bevor er die Frucht seiner eigenen Überlegungen in ,,Euclides ab omni naevo vindicatus" niederlegte, einem Werke, das in Mailand in

---

16) a. a. O., 1905, vgl. ,,Scritti", S. 617. Er rechnet es freilich Leibniz als Verdienst an, daß er einen empirischen Beweis für die Verträglichkeit der Postulate versucht hat, der freilich von dem rationalistischen Philosophen selbst als Schnitzer angesehen werden mußte, und der — wie man die Sache auch ansieht — bei weitem keine Lösung der Schwierigkeit bedeutet (vgl. § 28).

17) Dargelegt in den Vorträgen an den Universitäten Bologna und Brüssel und zuerst veröffentlicht im Kap. III der ,,Probleme der Wissenschaft", 1906.

1) Erste Ausgabe Turin 1697. Eine Kopie desselben (2. Aufl. Pavia, 1701) fand ich in der Bibliothek Vittorio Emanuele in Rom.

16. Die Theorie der Definition bei Saccheri

seinem Todesjahr erschien. Beltrami hat darin den bedeutendsten Vorläufer für die Konstruktion der nichteuklidischen Geometrie durch Lobatschefsky und Bolyai gesehen.

Unter den auf dieses Ziel gerichteten Versuchen, erregten die Aufmerksamkeit Saccheris insbesondere die von Posidonius und Geminus bei Proklus, die Borelli (1658) erneuerte. Sie liefern eine Theorie der Parallelen, die ohne neues Postulat auf der Definition der Parallelen als äquidistante ebene Geraden sich aufbaut. Die Sache ist erstaunlich: Wie ist es möglich, daß die Schwierigkeit der Beweisführung durch eine bloße Änderung der Definition verschwindet?

Saccheri (dem darin die Kritik von Giordano Vitale da Bitonto vorausging) hat wohl bemerkt, daß dies nicht sine magno in logicam peccato möglich sei; schon die komplizierte Definition der Parallelen als äquidistante Geraden, setzt implizite voraus, daß der geometrische Ort der Punkte gleichen Abstands von einer Geraden wieder eine Gerade sei. Saccheris Theorie setzt die Fehler dieser Theorie in das rechte Licht, und wenn sie auch nicht zu diesem Zwecke entstanden ist, so scheint sie doch zu einem guten Teil an diesem Beispiel orientiert zu sein.

Scheinbar hält sich Saccheri recht eng an Aristoteles, indem er auch einen Teil des „Organon" reproduziert (Teil I, Analytik, Teil II, Analytica posterior etc.) Insbesondere beginnt das dritte Kapitel von Teil II (Op. cit. S. 116) mit der aristotelischen Klassifikation der Prinzipien: Definitionen, Axiome oder Voraussetzungen und Postulate und fügt die Bemerkung hinzu, daß keine Wissenschaft ihren ganzen Gegenstand beweisen kann, sondern, daß sie ihn zum Teil postulieren muß. Dann geht er zu der Unterscheidung der „definito rei et nominis" über. Von den letzteren sagt er: „explicat vocis significationem" und „nata est suadere definitio quid rei per postulatum, vel dum venitur ad quaestionem an est et respondetur affirmative" (S. 118).[2]

---

2) Als Kuriosum führen wir das dort folgende Beispiel an, in dem er zur Polemik des Zeno von Elea gegen die Erzeugung des Kontinuums aus „Punkten" Stellung nimmt.

II. Der Rationalismus und die Entwicklung der modernen Logik

So reduziert sich bei Saccheri die Sachdefinition auf eine Wortdefinition, zu der noch ein Postulat oder Existenzbeweis hinzutritt. Es ist klar, daß sich Saccheris Ansicht von der Stuart Mills[3]) nur durch den Wortlaut unterscheidet:

„Die Unterscheidung vieler aristotelischer Logiker zwischen Sach- und Wortdefinitionen, d. i. zwischen Definitionen von Worten und Definitionen, die wirklich Definitionen von Gegenständen sind, kann — unserer Ansicht nach — nicht aufrecht erhalten werden. Alle Definitionen sind nur Wortdefinitionen, aber bei manchen ist es klar, daß nur die Erklärung der Bedeutung der Worte beabsichtigt ist, während bei anderen man auch erklären will, daß es in der Welt eine entsprechende Sache gibt.

Ob diese Behauptung mit eingeschlossen ist oder nicht, hängt in jedem einzelnen Fall von der Ausdrucksweise ab. Es gibt in der Tat Formulierungen, die gewöhnlich für Definitionen gelten, die aber doch nur die einfache Worterklärung enthalten. Aber es ist nicht in der Ordnung, eine Ausdrucksweise dieser Art eine besondere Form der Definition zu nennen ... Der einzige Unterschied gegen die andere Art besteht nur darin, daß es nicht eine Definition ist, sondern eine Definition und noch etwas weiteres."

Saccheri vertieft noch seine Theorie der Definition. Er bemerkt daß die (sogenannte) Sachdefinition kein notwendiges Prinzip der Wissenschaft ist, weil sie sich als wissenschaftlicher Schluß darbieten kann, während die Wortdefinition jedem anderen Begriff von der durch das Wort bezeichneten Sache vorausgehen muß (S. 123). Jede Wortdefinition ist gut und kann, wenn nicht aus historischen Gründen, nie in Widerspruch verfallen (S. 126). Aber, wenn man zur Frage der Existenz des Definierten kommt, muß man fragen, ob nicht zufällig ein Teil der Definition Eigenschaften angibt, die schon durch einen anderen Teil hinreichend bestimmt sind: solche zusammengesetzten Definitionen sind nicht leicht als Postulat zuzulassen, während das ohne

---

[3] „System of Logic" (1. Aufl. 1843) 6. Aufl. VIII, 5.

weiteres geht, wenn es sich um einfache (incomplexae) Definitionen handelt.⁴)

Diese Gedanken, welche aufs neue betrachtet werden sollen, wenn wir von dem Trügerischen in den Überlegungen der Sophisten sprechen (Teil IV), verraten rasch ihre enge Verwandtschaft mit denen von Leibniz. Vielleicht fehlt immerhin Saccheri die Auffassung der Definition als gedanklicher konstruktiver Prozeß, der Leibniz durch den Symbolismus des Kalküls suggeriert wurde: in dieser Hinsicht bleibt die Logik unseres Geometers mehr den Denkweisen des antiken Realismus verhaftet, und zwar in dem gleichen Sinn, den wir bei der Analysis seiner Zeitgenossen hervorhoben, obschon sie bisweilen der scholastischen Ausdrucksweise Gewalt anzutun scheint. Wenn er z. B. von den Axiomen spricht, die sich nicht auf einfache analytische oder identische Behauptungen reduzieren und bemerkt, daß es neben jenen unmittelbar gewissen axiomatischen Feststellungen, wie z. B. dem Satz vom Widerspruch, noch andere durch den bloßen Sinn der Worte unmittelbar gewisse gibt (ex sola terminorum intellectione), wie z. B. daß das Ganze größer ist als jeder seiner Teile ⁵), so nimmt er anscheinend Bezug auf jene suggestive Einsicht in die Sachen kraft der Worte, die Leibniz durch den ausdrücklichen Beweisversuch jenes Axiomes ausschließen wollte.

17. DIE PSYCHOLOGISCHE KRITIK VON LOCKE

Die Geschichte des Denkens im siebzehnten Jahrhundert bietet den außerordentlichen Reiz, bei den Vertretern der entgegengesetzten Tendenzen nicht allein eine klare Zusammenfassung der Ideen zu sehen, die von der anderen Seite vertreten werden, sondern auch den allgemeinen Wunsch zu erkennen, an der Auflösung dieser Probleme zusammenzuarbeiten. Und dies gibt dem Werke dieser Philosophen eine so wunderbare Einheit. Wir haben schon das enge Band erwähnt, daß die logischen Betrachtungen von Descartes, Hobbes und Leibniz verbindet, und

---

4) a. a. O., S. 129/130.   5) a. a. O., S. 127.

diese als auf ein und dasselbe Ziel hingerichtet erscheinen läßt. Wir müssen noch bei einem anderen Kritiker der Kartesischen Philosophie verweilen; einem Landsmann und bis zu einem gewissen Punkt dem Erben der Gedanken von Hobbes (wie von Gassendi), der gegenüber dem Rationalismus von Leibniz am höchsten und am bewußtesten die Position des Empirismus darstellt. Es wird interessant sein, die enge Analogie im Denken dieser beiden bedeutenden Gegner zu beleuchten.

John Locke (1632—1704) hat das Ergebnis seiner Überlegungen in seinem Werk ,,An Essay concerning Human Understanding" (1690) niedergelegt. Es ist ein Werk, das, unbeschadet der Mängel und Irrtümer, die man ihm nachweisen kann, eines der bedeutendsten Denkmäler der modernen Philosophie darstellt. Diese Kritik des menschlichen Intellektes geht von der Widerlegung der eingeborenen Ideen Descartes aus, in dem es die Lehre der Erinnerung aus Platos Menon erneuert. Der Ausdruck ,,Idee" bezeichnet bei Locke allgemein irgendeinen Gegenstand des Denkens. Nachdem der Verfasser das erste Buch jener Widerlegung gewidmet hat, unternimmt er es im zweiten, zu zeigen, wie alle Ideen durch die Sinne oder durch Überlegen erworben werden. Er nimmt — genauer — einfache Ideen an, die in Empfindungen und Vorstellungen unterschieden aber nicht weiter zergliedert werden können (z. B. die Kälte, die Härte, das Weiße usw.). Diese werden vom Intellekt als gegeben hingenommen, und zwar zum größten Teil passiv. Die zusammengesetzten Ideen aber sind vom Geiste aus den einfachen Ideen komponiert (II, 12).

Die einfachen, den Sinnen entstammenden Ideen, hält er für ,,natürliche und regelrechte Erzeugnisse der Dinge, die die Dinge selbst in der Erscheinung darstellen, die sie in uns hervorrufen können" (IV, 4, § 4). Immer hält es Locke für zulässig, durch das Denken auf das nicht Wahrnehmbare auszudehnen, was uns durch die Wahrnehmung ständig zugetragen wird. In diesem Sinn nimmt er die Unterscheidung Demokrits und Galileis zwischen zwei Qualitäten der Materie auf, indem er für primäre

17. Die psychologische Kritik von Locke

Qualitäten (II, 8, § 9) diejenigen hält, die von den Körpern untrennbar sind, insofern sie von den Sinnen stets in jedem hinreichend dicken Teil der Materie angetroffen werden, und die daher vom Verstand auch jedem beliebig kleinen Teil zugeschrieben werden, mag er sich auch der sinnlichen Wahrnehmung entziehen. Dahin gehören für Locke (wie für Galilei) nicht nur die kartesischen Qualitäten, Ausdehnung und Gestalt, sondern auch Festigkeit und Beweglichkeit. Diese primären oder originalen Qualitäten rufen in uns einfache Ideen hervor, die den gleichen Qualitäten der Körper entsprechen (§ 15).

Dem gegenüber sind die sekundären Qualitäten (Geruch, Farbe usw.) der Körper nichts weiter als die Fähigkeit, vermittels der primären Qualitäten mancherlei Empfindungen hervorzurufen (§ 10), in dem sie in uns Ideen erregen vermittels der Einwirkung unmerkbarer Partikelchen auf die Sinnesorgane (§ 13).

Das dritte Buch gibt eine tief eindringende Kritik der Entstehung der allgemeinen Ideen, im Sinn des Nominalismus und des Terminismus: Der allgemeine Terminismus ist nichts als ein Abstrakt einer Gruppe von Ideen, die der menschliche Verstand miteinander verbunden hat, und so sind die „Arten" ein Werk des menschlichen Intellektes, insofern sie auf einer wirklichen Ähnlichkeit der individuellen Gegenstände beruhten (III, 3). Zu dieser Untersuchung kommt die Analyse der Sprache hinzu: Die Worte sind die wahrnehmbaren Zeichen, der sich die Menschen zur Übermittlung ihrer Gedanken bedienen. Sie sind genaue Zeichen der Ideen, obschon es vorkommt, daß man Worte gebraucht, denen keine Idee entspricht, und die dann des Sinnes bar bleiben (II, 2).

Hier fügt sich wieder die Theorie der Definition Lockes an (III, 4, § 6): „Definieren ist nichts anderes als Übermittlung des Sinnes eines Wortes vermittels anderer Worte, die nicht synonym sind." Er erklärt, daß das Begreifen des Sinnes eines Wortes bedeutet, daß man die Ideen selbst begreife, die durch das gerade benutzte Zeichen gemeint sind. „Die Bedeutung des Wortes ist bekannt, oder das Wort ist definiert, wenn die Idee, die es

84 II. Der Rationalismus und die Entwicklung der modernen Logik

bezeichnet, und durch die es im Geiste des Sprechenden hervorgerufen ist, sozusagen dargestellt und klargelegt ist in den Augen einer anderen Person durch andere Worte, und wenn so seine Bedeutung bestimmt ist." Obwohl aber die verschiedenen Ausdrücke einer Definition Ideen bezeichnen, so kann man doch nicht wirklich die Ideen definieren, die nicht aus der Zusammensetzung anderer einfacherer sich ergeben (§ 7): Die einfachen Ideen können nur dadurch erfaßt werden, daß man den Gegenstand aufweist, der sie hervorruft (II, § 14).

Wenn man diese Auffassung der Leibnizens gegenüberstellt, so darf man nicht bei dem Unterschied stehenbleiben, daß die Definition für Locke ein Appell an die Intuition bedeutet, während sie Leibniz als eine Erfassung der logischen Zusammenhänge oder des konstruktiven Prozesses ansieht, durch den die einfachen Ideen kombiniert werden; in der Tat umfaßt die psychologische Wirklichkeit beide Seiten und die zweite (die wir als die eigentlich logische betrachten) entzieht sich nicht der Analyse Lockes. Der Unterschied liegt an dem aufs Konkrete gerichteten Verstand des Engländers und dem Umstand, daß er einen geistigen Prozeß beschreibt, während der andere eine Kombination von Zeichen im Sinne der Algebra im Auge hat. Trotzdem scheint aber diese Betrachtung eine gewisse Rolle im Denken Lockes zu spielen; denn im vierten Buch betont er die Wichtigkeit dessen, daß man klare und bestimmte Ideen mit festen Namen belegt (12, § 14) und stellt der wissenschaftlichen Methode als Beispiel die Methode der Algebra vor, indem er ihre Ausdehnung auf andere Gebiete der Erkenntnis voraussagt (§ 15). Endlich gibt er in Kap. 21 desselben vierten Buches, das der Klassifikation der Wissenschaften gewidmet ist (in § 4) als Weiterbildung der ,,Logik" (λογική von λόγος, das ,,Wort" bedeutet) eine ,,Semiotik" an (σημειωτική), die systematisch die Natur und die Bedeutung der Zeichen untersuchen soll, die der Unvollkommenheit und dem Mißbrauch der Sprache abhelfen und so der exakten Überlegung zu Hilfe kommen soll.

Alles hat so eine große Übereinstimmung mit den Gedanken Leibnizens. Aber die Verschiedenheit der Tendenzen zeigt sich

17. Die psychologische Kritik von Locke

deutlich in dem Urteil, das er über jene analytisch deduktive Methode fällt, durch die man die Wissenschaft aus evidenten Axiomen herleiten könnte. Diese Prinzipien sind, nach Locke, von geringem Nutzen. Sie sind nur unwichtige und unnütze Aussagen, wenn erst die Ideen in unserem Geiste bestimmt sind und mit festen und bekannten Namen belegt sind (IV, 7). Etwas später (IV, 8, § 3) spielt Locke ausdrücklich mit folgenden Worten auf Leibniz an: „Ich weiß, daß manche Leute sich sehr für identische Sätze interessieren und glauben, daß sie der Philosophie große Dienste leisten, weil sie aus sich heraus evident sind. Sie rühmen sich, als ob sie alle Geheimnisse der Erkenntnis umschlössen und als ob durch sie allein der Intellekt zu aller Wahrheit geführt werden könnte, die er erfassen kann. Ich gestehe so freimütig wie nur einer, daß alle diese Wahrheiten aus sich heraus evident sind. Ich will überdies zugeben, daß das Fundament aller unserer Erkenntnisse in der Fähigkeit ruht, wahrzunehmen, daß dieselbe Idee eben dieselbe ist und sie von anderen zu unterscheiden. Aber ich sehe nicht, wie das verhindern soll, daß der Gebrauch, den man von den identischen Sätzen für den Fortschritt der Erkenntnis machen will, nur als eitel beurteilt werden kann....."

Er fügt hinzu, daß die wahre Methode der Wissenschaft, auch der Mathematik, wohl eine andere ist; und zwar besteht sie in der Untersuchung der mittelbaren Ausdrücke und darin, sie so zu erklären, daß die Übereinstimmung oder die Verschiedenheit der Ideen überall da einleuchtet, wo kein direkter Vergleich möglich ist. So hat es Newton — wie wir noch sehen werden — erfolgreich in seiner berühmten Entdeckung gemacht.

Der gesunde englische Verstand spricht aus dem Munde Lockes. Gleichwohl bleibt bei der Leibnizschen These eine Frage übrig, die Locke beiseite ließ, geschweige, daß er sie löste: Zugegeben, daß es keine eingeborenen Ideen gibt, und daß es daher unmöglich ist, in der angegebenen Weise a priori die physikalische Wirklichkeit zu konstruieren, so könnte doch die analytische Zerlegung der Begriffe wenigstens für die Mathematik ihren Wert behalten.

Man kann in der Tat fragen, ob es unter den von unserem Verstand konstruierten Begriffen nicht einen gebe, den Begriff der Zahl, der genau der Fähigkeit entspricht, die Gegenstände des Denkens zu identifizieren und zu unterscheiden, oder sie zu kombinieren, unabhängig von ihrem Wahrnehmungsgehalt. Und ob, andererseits, nicht noch verschiedene andere Sorten von Beziehungen ähnlich in unserem Denken wiedergegeben werden können, vermittels gewisser Begriffssysteme, die aus der Kombination von Elementen entspringen, die wir durch Abstraktion jeder qualitativen Verschiedenheit entkleiden.

Auch im Hinblick auf sogenannte ideelle Konstruktionen wird Locke die Behauptung aufrecht erhalten können, daß das Haften an identischen Sätzen der Kunst des Forschers nicht zu Hilfe komme, daß der Algebraist sich nicht durch logische Exerzitien stärkt! Aber die Frage bekommt einen anderen Sinn, wenn man in der Logik selbst eine Wissenschaft sieht, die die Analyse des Denkens zum Gegenstand hat. Ist es möglich, eine mathematische Theorie als ein deduktives System aufzubauen, oder zu rekonstruieren, ohne aus der Wirklichkeit irgendeine Hypothese zu Hilfe zu nehmen, außer der allgemeinen Existenz der Gegenstände des Denkens, die erkennbar, unterscheidbar und durch das Denken selbst verknüpfbar sind? Und kann man durch dieselben Gesetze des Denkens a priori die Gewißheit erlangen, daß in der Reihe der aufeinanderfolgenden Deduktionen nie ein Widerspruch auftreten kann? Man sollte meinen, daß die Frage durch die Betrachtungen Lockes noch nicht völlig geprüft, noch nicht gelöst ist.

18. DAS SYSTEM NEWTONS UND DER NIEDERGANG DES METAPHYSISCHEN RATIONALISMUS

Die Widerlegung der eingeborenen Ideen durch Locke hat Leibniz nicht anerkannt. Er hat seinerseits die Argumente des englischen Philosophen in seinen „Réflexions sur l'essais de l'entendement humain de Locke" und in den „Nouveaux essais sur l'entendement humain" bekämpft, die anscheinend im Jahre

18. Das System Newtons u. d. Niedergang d. metaphys. Rationalismus

1704 entstanden, aber wegen des plötzlichen Todes Lockes zunächst nicht veröffentlicht wurden, sondern erst nach seinem Tode 1765 bekannt wurden.

Leibniz bleibt dabei, daß es eingeborene **Wahrheiten** gibt, wie die der Arithmetik und der Geometrie, obwohl es richtig wäre, zu betonen, daß man sich mit den in Rede stehenden Ideen nicht beschäftigen würde, wenn man nichts gesehen oder berührt hätte.

Das bedeutet nicht, daß eingeborene **Gedanken** existieren; das Denken ist eine Tätigkeit; die Wahrheit zieht bloß die Aufmerksamkeit auf sich, damit sie von Grund auf untersucht werden kann. Der Geist ist dazu **disponiert**, in sich die **notwendigen Wahrheiten** zu finden, die nicht aus den Sinnen stammen. Er gestaltet sie, sozusagen, wie der Bildhauer die in Marmor schon existierenden Adern gestalten kann. In dieser Weise erfahren wir die Wahrheit der Zahlen, die nur in uns selbst existieren.

In Kürze antwortet Leibniz auf Lockes Aphorismus: „Nihil est in intellectu, quod non prius fuerit in sensu" so „nisi intellectus ipse."

Immerhin scheint der Wert der Leibnizschen Argumente nicht über die von Locke herrührende These hinauszugehen, daß „die Eingeborenheit sich nicht von der Fähigkeit unterscheidet, zu erkennen und zu überlegen". Augenscheinlich ist es ein Unterschied, ob man annimmt, daß der menschliche Geist sich der Tätigkeit seines eigenen Denkens bewußt ist, oder ob man zugibt, daß er aus einer inneren Erfahrung die Begriffe des Seins, der Substanz, der Tätigkeit entnehmen könne, wie das Leibniz in seinen „Meditationes de cognitione, veritate et ideis" tut.[1]

Andererseits hat Locke wohl gesehen, daß der große von **Newton** in seiner Theorie der allgemeinen Gravitation erzielte Fortschritt, zu einem System der Mechanik führen müsse, das völlig verschieden ist von dem, das Leibniz vergeblich zu konstruieren versuchte. Die **fertige Wissenschaft** entspricht nicht

---

1) Phil. Schriften, ed. Gerhardt, Bd. 4, S. 452/3.

dem Modell, nach dem man die Wissenschaft gestalten wollte! Das Newtonsche System nimmt schon seinen Ausgang nicht nur bei klaren Begriffen und bei Axiomen, die nach den kartesischen und den Leibnizschen Kriterien a priori evident sind, sondern schreitet vielmehr auf dem Wege der Schule Galileis (Baliani) fort, indem es Postulate hinzunimmt, die der Beobachtung oder dem Experiment entstammen.

Auch verläßt Newton den naiven Standpunkt der experimentellen Methode. Denn er geht von den Keplerschen Gesetzen aus, die das Ergebnis langer astronomischer Beobachtungen und einer weisen Induktion[2]) wiedergeben, führt die Rechnung auf Zentralkräfte zurück und verallgemeinert die Hypothese, auf die er so geführt wurde, indem er annimmt, daß die Anziehung zwischen den Massen universell existiert und gelangt so dazu, die Keplerschen Gesetze selbst zu verbessern.

Die Deduktion erscheint so deutlich als ein Mittel, um die hypothetischen Prämissen zu korrigieren, also als ein eigentliches Organ der Induktion; das Dilemma zwischen Notwendigkeit sicherer Prinzipien und Unmöglichkeit der Wissenschaft, dem die Alten nicht entrinnen konnten, erscheint so vom historischen Begriff der Wissenschaft überwunden. Diese erscheint als Fortschritt der Systeme oder der deduktiven Theorien, die sich der Wirklichkeit immer mehr angleichen, die jedes auf das vorhergehende zurückführen, die die Folgerungen aus Prinzipien ziehen, und diese fortwährend verallgemeinern.

Immerhin wird kein Physiker (und kein Philosoph) im Beispiel Newtons jenen vollen historischen Begriff der Wissenschaft sehen; zwar führt der durchschlagende Erfolg der Lehre die Geister zu der Überzeugung, daß die wirklichen und unabänderlichen Prinzipien der Natur gefunden sind: aber die Mühe, die Folgerungen dieser Prinzipien (die weit über das Gebiet der

---

2) Vgl. E. Daniele, I moti planetari e le leggi di Keplero im „Periodico di Matematiche", Bologna, Juli 1921.

18. Das System Newtons u. d. Niedergang d. metaphys. Rationalismus

Astronomie hinausreichten) in allen Gebieten der Physik zu entwickeln, wirkte praktisch in dem Sinn, daß die Kritik sich dem System Newtons zuwandte. Indessen kamen die Einwendungen der Kartesianer und Leibnizianer zum Schweigen: es bleiben indessen einige geistige Forderungen bestehen, die bei besserer Gelegenheit (als nämlich die Newtonsche Theorie allzuvielen in sie gesetzten Hoffnungen nicht mehr entsprechen konnte), eine neue Krise hervorrufen müssen.

Wenn so das Entstehen der Newtonschen Theorie die Niederlage des metaphysischen Rationalismus von Leibniz auf dem Gebiete der Naturwissenschaft bedeutet, so mußte diese philosophische Auffassung dem Fortschritt der empiristischen Kritik erliegen, der sich an die Nachfolger Lockes knüpft.

Berkeley (1685—1753) bestreitet in seiner „New Theory of Vision" (1709) und hernach in den „Principles of human Knowledge" (1710) die Unterscheidung zwischen primären und sekundären Qualitäten der Materie, indem er zeigt, daß die ersteren nicht weniger als die zweiten einfache Beziehungen zwischen möglichen Wahrnehmungen angeben. Und daher kommt die Auffassung, daß in der Evidenz der geometrischen oder mechanischen Begriffe, das wahre geistige Substrat der Wirklichkeit vorliege, die den Phänomenen zugrunde liegende Substanz.

David Hume (1711—1776) treibt diese Kritik weiter[3]; er greift (nach der Idee der Substanz) die Idee der Ursache an: es ist vergeblich aus dem Kausalnexus eine notwendige Beziehung zu machen, die der Intellekt als eine rationale Beziehung zwischen zwei Begriffen erfaßt; denn die Kausalität kommt schließlich auf die regelmäßige Aufeinanderfolge benachbarter Erscheinungen heraus, der im Geiste aus Gewohnheit eine regelmäßige Assoziation der Ideen entspricht.

Mit Hume erreicht die englische psychologische Kritik ihren Höhepunkt, der zugleich einer der Höhepunkte des menschlichen

---

3) Vgl. insbesondere sein erstes und umfassendstes Werk „Treatise of Human Nature", 1739 und das Buch I „Of the Understanding".

90 II. Der Rationalismus und die Entwicklung der modernen Logik

Denkens überhaupt ist. Wenn auch die Schlußfolgerungen jener Kritik vom metaphysischen Ideal aus skeptisch erscheinen mögen, und wenn man jedenfalls ein ungelöstes Problem vorfinden kann, so ist es doch nicht weniger wahr, daß sie eine positive Bejahung der Wissenschaft enthält, indem sie ein Vorläufer jener philosophischen Richtung ist, die das neunzehnte Jahrhundert unter dem Namen Positivismus entwickelt hat: Und unter den Anhängern dieser Richtung, die die Geschichte des Denkens kennen, sehen wir ein direktes Zurückgehen auf Hume als auf den Meister. So bei Stuart Mill und Mach, die bei rein empirischen Tendenzen die Behauptung ablehnen, daß die Humesche Position durch irgendwen überholt sei, oder daß sie von der Kritik Kants absorbiert sei, wie das eine landläufige von philosophischen Papageien verkündete Theorie wahrhaben will.[4])

19. DIE LOGIK KANTS

Während man schon den Sturz des metaphysischen Rationalismus vor Augen sah, schien die Logik von verschiedenen Seiten her zu einer Vervollkommnung der Ausdrucksweise zu streben vermittelst einer symbolischen Analyse. Das Leibnizsche Ideal der ,,Characteristica universalis", von der wir ein klein wenig gesprochen haben, und das in wesentlichen Stücken noch unveröffentlicht ist, wird als Anregung des Meisters in verschiedenen Untersuchungen verfolgt:

I. A. Segner, Specimen logicae universaliter demonstratae 1740.

---

4) Die eifrigsten kommen dazu, aus der Geschichte der Philosophie die tiefe Analyse des ,,Treatise" von Hume auszuschließen, unter dem eigentümlichen Vorwand, daß Kant von dieser Lehre nur soviel gekannt habe, als in späteren Essays wiederholt oder popularisiert worden ist, während der Rest keinen Einfluß auf die Entwicklung gehabt habe. So würde dann das Denken eines Philosophen — der in historischer Form eine Stellung sub specie aeternitatis im menschlichen Denken hat — kein Leben besitzen über den Einfluß hinaus, den er zufällig auf das Werk der nächsten Denker gehabt hat oder über die Bedingungen hinaus, die ihm im Augenblick einen Welterfolg sichern!

19. Die Logik Kants

G. Ploucquet, Fundamenta Philosophiae speculativae 1759 etc.

I. H. Lambert, Neues Organon 1764, Anlage zur Architektonik oder Theorie des Einfachen und des Ersten in der philosophischen und mathematischen Erkenntnis. Riga 1771.

G. I. Holland, Abhandlung über die Mathematik, die allgemeine Zeichenkunst und die Verschiedenheit der Rechnungsarten 1764 etc.[1])

Ein kurzer Abriß der eigentlichen Bedeutung dieser Analysis wird in § 28 gegeben werden. Hier erwähnen wir nun, daß, soweit man darüber urteilen kann, der Versuch Lamberts (ein unter den Vorläufern der Nichteuklidischen Geometrie wohlbekannter Mathematiker) ein besonderes Interesse in erkenntnistheoretischer Hinsicht zu bieten scheint. Lambert ist von der Leibnizschen Idee beeinflußt, die einfachen Begriffe aufzufinden, welche die Elemente der Erkenntnis ausmachen: Diese will er eben mit Zeichen mathematischer Art bezeichnen. Seine „Grundlehre" geht von dem Prinzip aus, daß solche Begriffe existieren müssen, weil es sonst immer das Ansehen habe, als wenn des Definierens und Beweisens kein Ende wäre.[2]) Gleichwohl muß nach Lambert die Definition der Begriffe gegeben sein, ganz entschieden, und man muß dabei von viel allgemeineren Aussagen als den bekannten ausgehen, und diese höchsten genera besitzen eine reale Bedeutung. Der Zweifel, der dem Philosophen gleichwohl aufzusteigen scheint, wird mit der Betrachtung beruhigt, daß man sich, statt mit Axiomen zu operieren, die von den Dingen selbst ge-

---

1) Unter diesen Arbeiten habe ich nur die „Anlage zur Architektonik" von Lambert ansehen können. Angaben über die von verschiedenen andern entwickelten symbolischen Systeme (zusammen mit einer Bibliographie) finden sich bei I. Venn Symbolic Logic 1881, 2. Aufl. London 1894, Macmillan. In der von G. Peano herausgegebenen „Rivista Matematica" Bd. IV, 1894, S. 120 findet sich nur eine Notiz über Lodovico Richeri, Algebra philisophicae in usum artis inveniendi, specimen primum („Miscellanea Taurinensis" II, 1761).

2) „Architektonik", S. 19.

liefert werden, nur gewisser Prinzipien bedient, die nicht den Stoff, sondern nur die Form der Erkenntnis widerspiegeln, so daß dann nur Beziehungsbegriffe übrigbleiben. Da man aus einfachen Beziehungen kein Ding bestimmen kann, wenn wir so an die Erscheinungen gebunden wären, so kann die menschliche Grundlehre notwendig nur die Grundlagen der Erscheinung erfassen und ihre Theorie dem Gebrauch anpassen.[3]) Man sieht hier Gedanken vor sich, die für die Entwicklung derjenigen Ideen recht interessant sind, die in der Kritik Kants ihren Höhepunkt erreichen (interessant auch für die neusten pragmatischen Motive der mathematischen Logik bei Peirce).

Man darf aber nicht glauben, daß das Ideal der symbolischen Logik nur aus realistischen Gesichtspunkten entspringt, die der Leibnizschen Philosophie oder wenn man zu seinen Vorläufern zurückkehren will, der alchimistischen Auffassung der Wissenschaft bei Raimundus Lullus entstammen.

In der Tat geht vom Empiristen Locke, dessen Neigung für eine Semiotik wir schon sahen, dasselbe Ideal zu Condillac[4]) (1715—1780) über, der viel radikaler die sensivistische Lehre vertritt. Für Condillac ist die Analyse der Ideen oder „art de penser" „une langue bien faite", (XV, S. 400), weil die wahre Ursache der Irrtümer bei unseren Urteilen in der Gewohnheit liegt, mit Worten zu urteilen, deren Sinn wir nicht untersuchen. Nachdem dann Condillac bemerkt hat, daß die Sprachen unvollkommene analytische Mittel einer angeborenen language d'action (ibidem und XVI, S. 4) seien, kommt er zu der Betrachtung der Algebra als der Sprache der Mathematik und als der einfachsten aller Sprachen (XV, 435 ff.) und vielleicht der einzigen vollkommenen Sprache (XVI, 5), und er macht sie als Methode der Analysis des Denkens zum Gegenstand der Betrachtung.

Diese Auffassungen haben, freilich viel später, Einfluß gewonnen auf die Entwicklung der Logik im 19. Jahrhundert.

---

3) „Architektonik", S. 39.
4) „Oeuvres complètes, Bd. 15, Paris 1827. „La logique ou les premiers développements de l'art de penser," und Bd. 16: „Langue des calculs."

19. Die Logik Kants

Immanuel Kant — der ein Freund Lamberts war und Achtung vor dem unvergleichlichen Manne empfand — hat sich völlig den skeptischen Konsequenzen zugewandt, zu denen der Niedergang des Rationalismus zu führen schien. Er begnügt sich nicht mit der psychologischen Auffassung, zu der die Empiristen gelangten, als sie den aristotelischen oder leibnizschen Realismus aufgaben. Denn in der Wirklichkeit des Denkens, wie sie in Worten und Zeichen zum Ausdruck kommt, sehen diese nur das empirische Geschehen, und sie beschränken sich auf eine Untersuchung über die Entstehung der elementartsen Formen (Kinder, Wilde usw.), und sind so unfähig zu unterscheiden, was für die Wissenschaft Wert hat. Kant geht dagegen von der fertigen Wissenschaft aus und geht — durch eine regressive Methode — zu den Prinzipien zurück, die sie möglich machen. In der Tat hält er es für unbestreitbar, daß die Mathematik (und auch die reine Physik, die insbesondere die rationelle Mechanik enthält) eine notwendige Geltung habe, die nicht auf die Erfahrung zurückgeführt werden kann. Er gibt im Gegenteil Locke gegen Leibniz recht darin, daß die Prinzipien dieser Wissenschaften nicht auf analytische Urteile der Identität zurückgeführt werden können.

Wieviel rationales Vorurteil in der Methode von Galilei, von Torricelli, des Chemikers Stahl steckt, wird im Vorwort zur zweiten Auflage der „Kritik der reinen Vernunft" so beschrieben[5]: „Sie (nämlich diese Physiker) begriffen, daß die Vernunft nur das einsieht, was sie selbst nach ihrem Entwurfe hervorbringt, daß sie mit Prinzipien ihrer Urteile nach beständigen Gesetzen vorangehen und die Natur nötigen müsse, auf ihre Fragen zu antworten, nicht aber von ihr allein sich gleichsam am Leitbande gängeln lassen müsse; denn sonst hängen zufällige, nach keinem vorher entworfenen Plane gemachte Beobachtungen gar nicht in einem notwendigen Gesetze zusammen, welches doch die Vernunft sucht und bedarf. Die Vernunft muß ihren Prin-

---

5) „Kritik der reinen Vernunft", 1781. 2. Aufl. 1787; in den „Sämtl. Werke", Leipzig 1838, Bd. II.

II. Der Rationalismus und die Entwicklung der modernen Logik

zipien, nach denen allein übereinkommende Erscheinungen als Gesetze gelten können, in einer Hand, und mit dem Experiment, das sie nach jenen ausdachte, in der anderen, an die Natur gehen, zwar um von ihr belehrt zu werden, aber nicht in der Qualität des Schülers, der sich alles vorsagen läßt, was der Lehrer will, sondern eines bestallten Richters, der die Zeugen nötigt, auf die Fragen zu antworten, die er ihnen vorlegt."

Nach Kant setzt eine vernünftig angelegte Experimentaluntersuchung gewisse synthetische Prinzipien a priori voraus. Diese sind keine identischen Urteile, sondern in ihnen wird dem experimentell Gegebenen eine notwendige Ordnung hinzugefügt, die unserem Geiste entstammt. Die Analyse dieser Prinzipien beruht auf der Unterscheidung zwischen Form und Inhalt der Erkenntnis. Der Inhalt ist von außen gegeben, die Form spiegelt die Natur und die Tätigkeit des Denkorgans wieder. Genauer sind die Formen der Wahrnehmung die Anschauung in Raum und Zeit, der die Axiome der Geometrie und Mechanik entstammen, während die Formen des Intellektes die logischen Axiome hervorbringen.

Diese Formen a priori sind für Kant etwas, das die Reflexion in sich selbst entdecken kann, auf eine völlig bestimmte Weise, und diese Auffassung gibt seinem Begriff der Wissenschaft — der Geometrie Euklids und der Mechanik Newtons — etwas Definitives und Unabänderliches. Freilich gibt es nicht eigentlich eine Kritik dessen, was von dieser fertigen Wissenschaft den Bedingungen und der Bedeutung des Wissens entstammt, wie das später allerdings in anderem Sinn — Auguste Comte getan hat. Seine Rechtfertigung de jure läuft schließlich darauf hinaus, in aller Kühnheit die Prinzipien zu setzen, die als Basis für eine Erweiterung der Wissenschaft dienen sollten. Aber dieser in den ,,Metaphysischen Anfangsgründen der Naturwissenschaft", 1786[6]) durchgeführte Versuch, scheint nicht so gelungen, daß er die Achtung der Physiker vor dem Königsberger Philosophen vermehrt hätte.

---

6) Werke V, S. 303.

19. Die Logik Kants 95

Auch abgesehen von diesen unglücklichen Anwendungen, kann diese radikale Unterscheidung zwischen Form und Inhalt, zwischen subjektiv und objektiv, nicht in dem starren Sinn zugegeben werden, den Kant damit verbindet: In der Analyse, der Salomon Maimon die Kritik Kants[7]) (1790) unterworfen hat, hat er wohl bemerkt, daß es sich hier nur um eine relative Trennung der Elemente des Wissens handelt, die in einem immerwährenden Prozesse der Annäherung unterscheidbar werden. Er kann auch nicht der Auffassung Kants beipflichten, daß die Wirklichkeit der Prinzipien a priori durch die Möglichkeit der Erfahrung, die sie voraussetzt, bewiesen sei: denn das Dilemma zwischen einem wirklichen Experiment und der Unmöglichkeit überhaupt zu experimentieren, ist nicht überwunden, wenn das tatsächliche Experiment uns nur Stufen der Erkenntnis gibt, auch wenn man sie ins Unendliche vervollkommnen kann.

So läuft im ganzen die These des Idealismus auf eine lebhafte Betonung der Erfordernisse des Verstandes, d. h. der Bedingungen für die Darstellbarkeit und Erkennbarkeit hinaus, denen sich die Objekte beugen müssen, damit sie einer menschlichen Wissenschaft eingeordnet werden können. Der Wert jener These liegt dann auch gegenüber dem Positivismus, der alles Wissen auf den engen Bezirk des objektiven Inhalts einschränkt, lediglich noch in der historischen Bedeutung für die Entwicklung der wissenschaftlichen Begriffe. Allerhöchstens kommt dazu noch ein unbegrenzter Glaube an die Anpassungsfähigkeit der Experimente an die regulativen Prinzipien der Vernunft. Um diese Urteile zu illustrieren, betrachte man die Unterscheidung zwischen primären und sekundären Qualitäten der Materie: Wenn dieser seit Berkeley aufgehört hat, eine metaphysische Realität zu beanspruchen, so kann er doch im Lichte des reflexiven Bewußtseins, wie in der Geschichte, für sich beanspruchen, daß er eine

---

7) Vgl. den „Versuch einer neuen Logik". 1794. Neudruck Berlin 1912. Dort ist eine neue symbolische Analysis entwickelt.

II. Der Rationalismus und die Entwicklung der modernen Logik

Erfordernis des wissenschaftlichen Denkens enthält. Dies bringt Kant zum Ausdruck, wenn er nur den primären Qualitäten die Eigenschaft zuerkennt, daß sie Bedingungen a priori für das Objekt enthalten.[8] Wer würde aber wagen zu behaupten, daß sich das Kriterium der Evidenz streng an die kartesischen Begriffe halten müsse, statt sich in Übereinstimmung mit einer Auffassung zu entwickeln, die im weiten Maße von der Erfahrung beeinflußt ist?

Die eigentlich logische Funktion des Intellektes hat Kant nicht nur im zweiten Teil der „Kritik der reinen Vernunft" untersucht, sondern auch in den „Vorlesungen über Logik"[9], die Jäsche 1800 ausgearbeitet und veröffentlicht hat. Die Lektüre dieser Spezialschrift führt leicht zu der Überzeugung, daß die logische Auffassung Kants bei weitem nicht an die Klarheit und Präzision Leibnizens heranreicht, wie denn im allgemeinen die Auffassung der mathematisch nicht geschulten Denker recht verschieden ist von der der Mathematiker.

Leibniz hatte wohl bemerkt, daß die logische „Möglichkeit" sich mit der logischen „Wirklichkeit" deckt und hatte das Prinzip des zureichenden Grundes gesetzt, um die Existenz (die physikalische Wirklichkeit) zu bestimmen gegenüber dem Sein (d. h. der Welt der Logik). Kant greift die Leibnizschen Prinzipien auf und ist der Meinung, daß das Prinzip des Widerspruchs die „Möglichkeit" bestimmt, während das Prinzip des zureichendes Grundes die „logische Wirklichkeit" bestimmt. Man versteht in der Tat nicht, was das bedeuten könnte.

Die Konfusion von logischen und metaphysischen Kriterien in der Lehre von Urteil (Möglichkeit, Notwendigkeit, Zufall) hat schon der Kantianer W. Hamilton hervorgehoben. Aber der Mangel eines klaren Merkmals für das Logische oder Formale springt noch mehr in die Augen, wenn man die Analyse be-

---

8) Vgl. die Betrachtungen, welche den § 3 der „Kritik der reinen Vernunft" abschließen.
9) Werke III, S. 167.

19. Die Logik Kants

trachtet, welche Kant von den logischen Akten gibt: Vergleich, Reflexion, Abstraktion.[10]

Denn er fragt sich nicht, unter welchen Bedingungen diese Akte wirklich von der Besonderheit der Objekte oder von den Beziehungen unabhängig sind, die sie mit dem vorausgegangenen Bewußtseinsinhalt haben können oder mit der Grundstimmung, die darin vorherrscht. Während er von Leibniz lernte, daß das Prinzip der Identität und das des Widerspruchs die Invarianz der Objekte des logischen Denkens zum Ausdruck bringen, hätte er sehr wohl bemerken müssen, daß der einzige Gesichtspunkt, unter dem eine Verstandesoperation für logisch erklärt werden kann, der ist, unter dem sich Begriffe verknüpfen oder trennen, die sich gegenüber dem gleichen Prozeß als unabänderlich erweisen lassen.[11]

Die Mängel und darüber hinaus die Dunkelheit und Unschärfe der Kantschen Logik zeigen sich klar in seiner Theorie der Definition. Die Definition sagt er („Logik" § 99) ist „conceptus rei adequatus in minimis terminis determinatus". Es bleiben außerdem die Wortdefinitionen oder Erklärungen von Namen, die die Bedeutung enthalten, welche gewissen Namen willkürlich zuerteilt wird, und die folglich nicht das Wesen des Gegenstandes anzeigen (§ 106). Weiter unterscheidet er die analytischen Definitionen eines gegebenen Begriffes und die synthetischen Definitionen eines gemachten Begriffes. Eine merkwürdige Sache! Ein Philosoph, der es sich zur Ehre anrechnet, daß er die Aktivität des Geistes bekräftigt hat, bemerkt nicht, daß alle Begriffe gemacht sind; denn wenn man sie im logischen Denken genau festlegen will, so müssen sie synthetisch definiert, d. h. vom Verstand konstruiert werden (nach demselben Verfahren, das in der Mathematik üblich ist), nach dem Vorbild jener Realität, die logisch dargestellt werden soll.

Aber wir wollen uns in keinen unfruchtbaren Erörterungen verlieren. Der Irrtum Kants hinsichtlich der Natur der Defi-

---

10) „Logik", § 6.   11) Vgl. Maimon, Versuch einer neuen Logik, S. 15.

98 II. Der Rationalismus und die Entwicklung der modernen Logik

nition, seine Konfusion der formalen und inhaltlichen Bedingungen der Erkenntnis und schließlich alles, was dunkel und schief in seinem Denken ist, ersieht man, insbesondere mit den Augen des Mathematikers, aus den in § 105 auseinandergesetzten Regeln zur Prüfung der Definition:

1. Als Behauptung betrachtet sei sie wahr,
2. als Begriff sei sie deutlich,
3. als deutlicher Begriff sei sie hinreichend deutlich,
4. endlich als hinreichend deutlicher Begriff sei sie voll bestimmt, d. h. der Sache angemessen.

Die offenbaren Fehler der Kantschen Logik, die schon aus dieser kurzen Prüfung sich ergeben, rechtfertigen vielleicht den Verdacht von Venn[12]), daß ebenso groß wie Kants Einfluß in der Philosophie ist, ebenso verderblich auch die Wirkung seiner spekulativen Logik sei.

Nichtsdestoweniger ist es angesichts der besonderen Bedeutung seiner historischen Stellung angemessen, Kant dadurch gerecht zu werden, daß man sich vergewissert, was denn der allgemeine Begriff der Logik sein kann, wenn man in ihr nicht mehr den wirklichen Gesichtspunkt für eine ontologische Klassifikation sieht. Wenn man nicht mit den Stoikern sich zu einer rein diskursiven und grammatikalischen Auffassung wenden will, als deren Fortsetzung die Symbolik erscheint, so muß man anscheinend die Logik auf die Psychologie zurückführen. In dieser Hinsicht bemerkt Kant folgendes [13]):

„Die Logik ist eine Vernunftwissenschaft nicht der Materie, sondern der bloßen Form nach; eine Wissenschaft a priori von den notwendigen Gesetzen des Denkens, aber nicht in Ansehung besonderer Gegenstände, sondern aller Gegenstände überhaupt; — also eine Wissenschaft des richtigen Verstandes — und Vernunftgebrauches überhaupt, aber nicht subjektiv, d. h. nicht nach

---

12) „Symbolic Logik", 2. Aufl. Introduction S. XXXV.
13) Am Schluß des Abschnittes I der Einleitung in die „Logik" (Werke III, S. 175).

empirischen (psychologischen) Prinzipien, wie der Verstand denkt, sondern objektiv, d. i. nach Prinzipien a priori, wie er denken soll."

Und er fährt weiter in der Kritik derjenigen Logiker, die in der Logik psychologische Prinzipien suchen; er hält das für ebenso absurd, als wenn man die Moral vom Leben herleiten wollte. Es handelt sich in der Tat nicht darum, zu sehen, wie der Denker wirklich denkt, indem man ihm Hinderungen und Bedingungen verschiedener Art auferlegt, um so die diesbezüglichen Gesetze festzustellen, sondern es handelt sich darum, die notwendigen Regeln zu finden, nach denen der Verstand sich richten muß. Und die kann der Denker in sich selbst ohne Psychologie finden.

Diese kategorische Anweisung, die logische Untersuchung von der Psychologie zu trennen (in Übereinstimmung mit der ganzen Methode der Kritik) versteht man leicht, wenn man sich an die empirische Tatsache der psychologischen Genesis hält. Sie erscheint dann als eine Einladung, dem Ideal des Denkens Rechnung zu tragen, das sich in der Wissenschaft widerspiegelt, und das als Richtschnur gedient hat, und das wir in unserem Bewußtsein finden. Immerhin bleibt so als Gegenstand der Logik das Studium der Verstandesoperationen übrig, und das Studium der Gesetze, die diese beherrschen müssen, wenn das Denken in den Formen der exakten Überlegung abläuft, wie z. B. in der Mathematik. Dieses Studium der gewissen Bedingungen genügenden Denktätigkeit ist im ganzen eine rationelle Psychologie; im Gegensatz zu der empirischen Psychologie, ähnlich wie die Theorie der reibungslosen Bewegung der Körper, der Physik der Bewegung gegenübersteht.

Sicher kommt dieser rationellen Psychologie eine Bedeutung für die Beziehung der Menschen untereinander zu: in der Tat drückt ja die vorhandene Wissenschaft eine Kollektivarbeit der Gesellschaft aus. Die Resultate der kritisch regressiven Methode, die von der Wissenschaft zu notwendigen Bedingungen zurückgeht, werden einen sozialen oder menschlichen Wert haben, als „Möglichkeit des Zusammenstimmens" verschiedener Köpfe in

Raum und Zeit. So könnte man abstrakt von einer unpersönlichen Vernunft sprechen, die sich über den individuellen Verstand überlagert oder ihm vorausgeht. Aber es steht nicht dafür, diese quasi Comtesche Interpretation weiterzuführen, oder in irgendeiner Weise die Annahme wieder aufzufrischen, daß die logischen Beziehungen im Geiste Gottes realisiert seien. Diese Auffassung ist klar in den „Nouveaux Essais" von Leibniz (XIX, 4) dargelegt, die 1765 erschienen, und die also auf das kritische Denken Kants Einfluß nehmen mußten. Man kann schließen, daß diese ihre Spuren im Denken Kants zurückließen. Die spätere Entwicklung des Idealismus hat hier angeknüpft. In ihrer romantischen Trunkenheit hat sie als dunkles konstruktives Prinzip der Welt den im Bewußtsein der Menschen immanenten Weltgeist gerühmt, der sich in ihnen findet, in der platonischen Manier als „die Einheit in der Vielheit".

Gegenüber dieser metaphysischen Interpretation, die sich an die positive Bedeutung der Lehre hält, und nicht den Begriff der formalen Logik verlassen will, den Kant lehrte, ist es nötig (mit Fries), zu erkennen, daß die Analyse der Denktätigkeit -- dank der Kritik der Wissenschaft gewöhnlich auch mit empirischen psychogenetischen Methoden durchgeführt — im Grunde stets eine psychologische Bedeutung hat. Indessen erscheint — wie gesagt — der objektive Wert der aus der Möglichkeit der Erfahrung abgeleiteten Prinzipien a priori in jedem Zeitmoment nur insofern gerechtfertigt, als die Erfahrung tatsächlich den Anforderungen der Vernunft angepaßt erscheint.

Eine klare Auffassung der logischen Tätigkeit, als einer bestimmten, vom Gegenstand des Denkens unabhängigen Denkfunktion, verlangt eine tatsächliche Reform der Logik selbst: diese reift in der Tat in der Kritik der Mathematiker im Laufe des 19. Jahrhunderts heran.

III. DIE MODERNE REFORM DER LOGIK

20. GRUNDZÜGE DER REFORM DER LOGIK IM NEUNZEHNTEN JAHRHUNDERT

Die dem 19. Jahrhundert vorausgegangene Entwicklung der Logik hat anscheinend den traditionellen Begriff vom Aufbau der beweisenden Wissenschaft nicht verändert; sie hat ihn nur klarer gemacht wie man am besten bei Pascal sieht. Immerhin macht die der aristotelischen Logik zugrunde liegende Metaphysik einer neuen Art des Denkens Platz. Das von Leibniz aufgestellte Wissenschaftsideal erneuert schon im wesentlichen Plato. Andererseits kommen durch die psychologische Erkenntniskritik die ontologischen Voraussetzungen des antiken Rationalismus weniger zum Vorschein, und so wird sich die Logik ihres formalen Charakters bewußt und reduziert sich auf eine Lehre von den Denkprozessen: in Beziehung hiermit steht die Bedeutung der Wortdefinitionen, die nunmehr die erleuchtetsten Denker als einzige Art der eigentlichen Definition anerkennen.

Aber der Niedergang des mathematischen Rationalismus, der im 17. Jahrhundert in so hellem Glanz erstrahlt war, schien eine Dekadenz des logischen Denkens mit sich zu bringen. Was wird das 19. Jahrhundert bringen? Ist nicht zu befürchten, daß das Interesse der Renaissance an der Logik, die als Kunst des Forschens aufgefaßt wurde, sich angesichts der Tatsache einer von der Philosophie nunmehr unabhängigen positiven Wissenschaft verlieren werde? Im Gegenteil aber reift gerade jetzt unter dem Einfluß verschiedener mit der Entwicklung der Mathematik zusammenhängenden Momente die lange vorbereitete Reform der Logik heran.

Aber eine besondere Schwierigkeit für den Historiker, der eine nicht oberflächliche Betrachtung des Gegenstandes anstrebt, ist der offenbare Mangel einer leitenden Idee dieser Entwicklung: im Gegensatz zu der Einheit des Fortschrittes in den vorausgegangenen Jahrhunderten, wo immer ein Hauptinteresse vor-

III. Die moderne Reform der Logik

herrschte, sieht man jetzt eine Fülle von Anregungen und von Problemen einander abwechseln, wie Trümmer eines eingefallenen Hauses, oder doch wie auseinanderstrebende Zweige eines Baumes, der sich im Wipfel verbreitert, damit alle seine Blätter die Sonne genießen können.

Es ist leicht den Grund für diese Ungebundenheit der Entwicklung anzugeben: die Mathematiker bekräftigen ihre Absicht, eine reine, von den Anwendungen auf die Naturwissenschaften unabhängige Lehre zu vertreten. Diese Absicht findet ihre Berechtigung einmal in der Reife dieser Theorien, und in dem ästhetischen Interesse der Probleme, die sie angreifen, andererseits aber auch in der Notwendigkeit, kritisch die Zweifel zu beheben, die dem Gebrauch gewisser Begriffe anhaften, um so der mathematischen Wissenschaft die sichere Strenge wiederzugeben, die ihr Vorzug und ihr traditioneller Ruhm ist. Aber der Philosoph wird über diese Zusammenhänge hinaus den Widerschein der Krise sehen, die dem Niedergang des Rationalismus folgte. Dem Mathematiker des 19. Jahrhunderts hilft nicht mehr der Glaube, er könne aus der Tiefe seines eigenen Denkens die Lösung der Probleme der Natur finden; und ferner hat seine Intuition keinen Richter mehr außer ihr, dem sie sich unterwürfe; er kann und muß jetzt frei gedeihen, er muß die Bausteine aufeinander fügen, und dem Physiker mag es gelingen, den formalen Bau in irgendwelchen Zusammenhängen der Erscheinungen zu deuten. Man darf aber nicht glauben, daß die mathematische Produktion regellos sich entwickle oder daß alles Wasser des großen Flußes sich zerteile und verliere in tausende von Bächen, die ein schlammiges Gelände durchziehen. Die Entwicklung des Denkens gehorcht auch inneren richtenden Kräften und in den verschiedenen Strömungen spiegelt sich doch in gewissem Sinn das Interesse an den traditionellen Problemen wieder. So vereinigen sich die zerspaltenen und spezialisierten Anregungen wieder in festen Knoten und lassen höhere Theorien entstehen. Mit einem Wort, die Zusammenhänge, welche der Geist nicht der Außenwelt entnehmen kann, findet und erkennt er in sich selber

20. Grundzüge d. Reform d. Logik im neunzehnten Jahrhundert 103

und in der vollen Unabhängigkeit seiner Stellungnahme. Aber das ist kein gegebener Zusammenhang, sondern er wird fortlaufend konstruiert.

Der Historiker der Logik muß verschiedene Bewegungen des Denkens betrachten und vergleichen, die größtenteils verschiedenen Ursprungs sind, und die doch Einfluß aufeinander haben, und die sich, wie wir sehen werden, in denselben reformierenden Gedanken begegnen.

a) Erinnern wir vor allem an die Entstehung der projektiven Geometrie in der Schule von Monge und von Poncelet. Das maßgebende Hauptwerk ist in dieser Hinsicht der „Traité des proprietés projectives des figures" von Poncelet aus dem Jahre 1822; aber die systematische Betrachtung der projektiven Eigenschaften ist in Wahrheit das Ergebnis einer langen Entwicklung des Denkens, die an Desargues und Pascal im 17. Jahrhundert anknüpft, und die sich durch die Schule Newtons und durch die Seitenkanäle einiger Geometer zweiten Ranges verfolgen läßt.[1]

In der Schule Monges ist die Bildung der Begriffe der projektiven Geometrie von einer breiten philosophischen Kritik begleitet, die z. B. das Prinzip der Kontinuität angreift (Poncelet). An diese Kritik schließt insbesondere das logische Werk an, das Gergonne zwischen 1816 und 1819 in seinen „Annales de Mathématiques" und später in den philosophischen Betrachtungen über das Prinzip der Dualität in der Geometrie der Lage entwickelt, ein Prinzip, das Gergonne 1826 formuliert hat. Dieses Prinzip, daß durch die allgemeine Theorie der Transformationen und Korrespondenzen (Möbius 1827) und den allgemeinen Koordinatenbegriff (Plücker 1830) noch vertieft wird, mußte sich, wie wir noch sehen werden, zu immer größerer Bedeutung erheben.

---

1) Vgl. Chasles, Aperçu historique sur l'origine et le développement des méthodes en géométrie..., Brüssel 1837.

III. Die moderne Reform der Logik

b) Recht abseits von der projektiven Geometrie erscheinen die Anfänge der Nichteuklidischen Geometrie[2]), die wir aber heute, mit Klein, ebenso wie die Euklidische als eines der metrischen Systeme auffassen, die dem gleichen projektiven System hinsichtlich einer absoluten Fläche zweiten Grades untergeordnet sind. Die klassischen Untersuchungen über das Euklidische Parallelenpostulat führen dazu, die Möglichkeit eines geometrischen Systems zu erkennen, in dem jenes Postulat nicht gilt; Gauss, Lobatschefsky (1829—1840) und Bolyai (1832) vereinigen sich so, um die Unbeweisbarkeit jenes Postulates darzutun.

In erster Linie hat die kritische Untersuchung der Grundlage der Parallelentheorie die Geltung der Postulate für die Geometer eingeschränkt, indem sie diese dazu brachte, eine Hypothese anzuerkennen und zu formulieren, wonach die Postulate implizite in der Evidenz der Prinzipien wurzeln: Das kommt schon bei den Vorläufern Saccheri und Lambert zum Vorschein. Von da gelangt die Kritik noch dazu, jene Prinzipien zu verallgemeinern. Diese Tendenz bekommt eine besondere Bedeutung in der Theorie der mehrdimensionalen Räume (H. Grassmann 1844 und B. Riemann 1854) und kommt in mannigfacher Weise in den Untersuchungen von Riemann und Helmholtz (1868) zum Ausdruck.

Aber zweitens gibt die Erkenntnis einer geometrischen Möglichkeit, die mit unserer Raumanschauung nichts zu tun hat, dem metaphysischen Rationalismus des 18. Jahrhunderts den Gnadenstoß. Die Wirklichkeit, nicht einmal jene geometrische Wirklichkeit, die dem ersten Erfassen des rationalen Seins durch die Eleaten entspricht, kann nicht a priori bestimmt werden. Schon die Auswahl unter den möglichen Geometrien ist eine auf Erfahrung gegründete Verifikation, sei es, daß dazu

---

2) Vgl. R. Bonola, Die Nichteuklidische Geometrie. Historisch-kritische Darstellung ihrer Entwicklung. Leipzig, B. G. Teubner. Man vergleiche auch den Artikel desselben Verfassers in den „Fragen der Elementarmathematik", gesammelt von F. Enriques, 2. Aufl., Bd. I.

20. Grundzüge d. Reform d. Logik im neunzehnten Jahrhundert

eine exakte Messung geodätischer Dreiecke verhilft (der Gauss seine Aufmerksamkeit zuwandte) sei es, daß man sich lieber auf astronomische Beobachtungen stützt (wie schon Schweikart 1817 vorschlug). Die besten mathematischen Köpfe, die diese These annahmen, mußten erkennen, daß sie auch Kants Lehre vom Raum über den Haufen warf: jene berühmte Brücke, die zu den Flügen des absoluten Idealismus führen sollte.

Damit ist der Einfluß der Nichteuklidischen Geometrie auf die Logik des 19. Jahrhunderts noch nicht zu Ende. Hierhin gehört auch, drittens, jene Phase in der Entwicklung der Lehre (die sich mehr auf die mehrdimensionalen Räume bezieht), in der es sich um die möglichen konkreten Interpretationen handelt. Der von Riemann angedeutete Gedanke, wurde von Beltrami in die Tat umgesetzt in seinem klassischen „Saggio d'interpretazione della geometria non-euclidea" (1865). Ausgehend von dieser Arbeit und von der von Hesse über ein „Übertragungsprinzip" 1866, entwickelt sich in seinem vollen Umfang der Begriff der abstrakten Geometrie, in der man die natürliche Fortsetzung des Prinzips der Dualität sehen kann, das in der projektiven Geometrie gilt, die aber auch das unmittelbare Vorspiel der neuen Vorstellung eines hypothetisch-deduktiven Systems ist, den die moderne Logik entwickelt hat.

c) Diesem abstrakten Begriff der formalen Wissenschaft schließt sich auf einem neuen, lange ganz abgesonderten Wege die Entwicklung der Logik in England an. Die tiefe Bewegung der mathematischen Logik in diesem Lande knüpft an das Grundproblem des Ausdrucks von Gedanken durch Symbole[3]) an und scheint von der Adoption der auf dem Kontinent gebräuchlichen Symbole der Differential- und Integralrechnung beeinflußt, während die alten Bezeichnungen Newtons in den ersten Jahren des 18. Jahrhunderts noch in Gebrauch waren: die Fortschritte,

---

3) In der Tat unabhängig von Leibniz, Segner und Lambert etc., denen wir in § 19 begegneten.

III. Die moderne Reform der Logik

welche die Himmelmechanik Laplace verdankte und ganz im allgemeinen das Werk des großen französischen Analytikers, waren die tatsächliche Ursache dieser Reform, die sich als Frucht eines wahren Kreuzzuges ergab, den man in Cambridge, besonders durch das Verdienst von Whewell unternahm. Aber auch andere auf dem Kontinent entstandene mathematische Lehren drangen in England ein und gaben Anlaß zu analogen Arbeiten: wir erwähnen insbesondere die Theorie des Imaginären, durch die G. Peacock (1853)[4]) zu der Untersuchung der formalen Eigenschaften der Operationen gelangt. Weiter die Wahrscheinlichkeitsrechnung von Condorcet und die ersten Anwendungen der mathematischen Methoden auf Statistik und Nationalökonomie, der sich das Denken von G. Boole und von S. Jevons zuwendet. Diese Namen sind die von Gründern der symbolischen englischen Logik, neben denen die von A. De Morgan und W. Rowan Hamilton stehen, welch letzterer die Theorie der Quaternionen begründet hat. Er ist nicht mehr dem Philosophen W. Hamilton zu verwechseln, dessen bekannte Lehre über die Quantifikation des Prädikates ja auch recht wenig im Sinn des Symbolismus liegt.[5])

d) Man könnte den wahren Wert der abstrakten Vorstellung der formalen Theorie nicht würdigen, wenn man sie nicht mit derjenigen Tendenz der positiven Philosophie in Zusammenhang brächte, welche die Physik von den zugrunde liegenden metaphysischen Hypothesen säubern will, indem sie nur Modelle — meist mechanische Modelle — der Wirklichkeit kennt.

---

4) ,,Report on the Recent Progress and Present State of certain Branches of Analysis" (,,Report on the third meeting of the British Association for the Advancement of Science held at Cambridge 1833". London 1834, S. 185—352.

5) Eine boshafte Reform nennt sie Venn; er erkennt nicht seine Priorität an, die er Ploucquet zuerkennt, und wirft dem Autor die ungenaue Interpretation der Schemata vor, von denen er Gebrauch macht (vgl. a. a. O., S. 9). Man vergleiche auch die Polemik mit De Morgan, die von 1846—1873 im ,,Athenaeum" und der ,,Contemporary Review" erscheint.

20. Grundzüge d. Reform d. Logik im neunzehnten Jahrhundert 107

Aber dieser Einfluß des Positivismus verbindet sich bei der logischen Kritik der Prinzipien der Mathematik auf merkwürdige und interessante Art mit dem spezifischen Einfluß der nichteuklidischen Geometrie. Nehmen wir noch den Gedanken der Übersetzung einer Theorie in eine andere hinzu, welcher überhaupt dazu führt, das intuitiv Gegebene zu prüfen, das man auf andere Formen der Anschauung übertragen will. So entsteht hier ein besonderes Interesse daran, die Analyse einiger evidenter Prinzipien zu vertiefen, gerade da, wo die Evidenz die kritische Forschung gefesselt hatte.

Dies tritt klar bei der Betrachtung der Axiome der Gleichheit hervor, zu denen Mach und Maxwell (vor Helmholtz) geführt werden, als sie feststellten, wie diese — in einer für gewisse Begriffskategorien evidenten Weise — von dem physikalischen Geschehen sich herleiten. Die Verifikation derselben gibt die notwendigen Bedingungen dafür an, daß die Wirklichkeit tatsächlich diese begriffliche Darstellung zuläßt.

e) Noch andere Bedürfnisse zeitigt die Entwicklung der Mathematik im 19. Jahrhundert, und sie treffen sich in der Kritik der evidenten Prinzipien mit der nichteuklidischen Geometrie und mit der positivistischen Interpretation der physikalischen Theorien. In erster Linie ist es ein Bedürfnis, der Analysis eine solide Unterlage zu geben. Es gilt die nunmehr ausgereiften Schwierigkeiten der Infinitesimalrechnung zu überwinden, es gilt die von den divergenten Reihen dargebotenen Paradoxien aufzulösen, die Pseudobeweise in der Theorie der Maxima und Minima, in der Differentialrechnung usw. aufzuklären. Von Abel bis Cauchy und endlich Weierstrass, in dem die Arithmetisierung der Mathematik gipfelt, sind alle großen Analytiker bei dieser Arbeit engagiert. Und schließlich gelingt es, die Wissenschaft auch in ihren delikatesten Teilen zu systematisieren, indem man sie mit voller Strenge auf der Basis des Fundamentalbegriffes der ganzen Zahl aufbaut.

Am Rande dieser Bewegung entfaltet sich die mehr philosophische Kritik (von Bolzano, Du Bois Reymond, Cantor),

108   III. Die moderne Reform der Logik

die eine neue Analysis des Unendlichen bringt; sie überwindet die Grenzen der Evidenz und läßt dann die Bedeutung der Axiome der Ungleichheit in ihrer wahren Bedeutung erscheinen.

f) Aber ungeachtet der großen Bedeutung dieser verschiedenen Bewegungen, die alle in der modernen Reform der Logik wetteifern, müssen wir bemerken, daß diese Reform sich erst in der neusten Kritik der Grundlagen der Geometrie voll bewährt, durch die den Mathematikern erst die durch Jahrhunderte vorbereitete Umwälzung voll zum Bewußtsein kommt.

Wir haben die Aufmerksamkeit auf einige Punkte gelenkt, die wir in der Folge näher ausführen wollen. Wir werden in Kürze die wesentlichsten Gesichtspunkte der hier angeführten Motive berühren, mit der Absicht, den wahren Sinn jener Reform aufzuweisen, die aus diesen Motiven entspringt und die jene ganze große Bewegung des Denkens hervorruft, die mit der Entwicklung der Mathematik und namentlich mit der Kritik der Grundlagen der Wissenschaft eng zusammenhängt.

21. DAS DUALITÄTSPRINZIP UND DAS LOGISCHE WERK VON GERGONNE

Wir haben schon bemerkt, daß der Entstehung der projektiven Geometrie eine Bewegung des Denkens, und zwar hauptsächlich eine logische Kritik zur Seite geht. Sie wird von Gergonne (1816—1819) in dem von ihn geleiteten „Annales de mathématiques" entwickelt. Später schließt sich die Formulierung des Dualitätsprinzips an (1826). Die diesem Triennium angehörenden Aufsätze Gergonnes sind näherer Betrachtung wert. Ich zähle sie hier auf:

Der „Essai de dialectique rationnelle" (Bd. VII, S. 189) geht von den sogenannten Eulerschen Kreisen[1]) aus und handelt

---

1) Diese Art, die Ordnungsbeziehungen der Begriffe darzustellen, die in den bekannten „Lettres à une princesse d'Allemagne" auseinandergesetzt ist, findet sich schon bei Joachim Jungius, dem Lehrer von Leibniz wie Itelson und Vailati („Scritti", S. 621) angeben. Aber sie geht im wesentlichen auf Lodovico Vives („De Censura Veri", Opera, S. 607) zurück, wie Venn a. a. O., S. 507 angibt.

21. Das Dualitätsprinzip und das logische Werk von Gergonne

von den Regeln für die Umwandlung der Sätze und der Klassifikation der Schlußweisen. Der Essai ,,De l'analyse et de la synthèse dans les sciences mathématiques" (ibidem S. 345), verlegt die Basis der Sätze in die Axiome und die Basis der Probleme in die Postulate und setzt die Bedeutung von Analyse und Synthese auseinander: Im ganzen scheint sich die klare Darstellung nicht viel über die traditionelle Logik zu erheben, aber es ist bemerkenswert, daß der Verfasser zweimal seiner Überzeugung Ausdruck gibt, daß alle Definitionen Wortdefinitionen sind (vgl. die Noten auf S. 346 und 364). Endlich der ,,Essai sur la théorie des définitions" (Bd. IX, S. 1). Er enthält die orginellsten Gedanken.

Nachdem er bemerkt hat, daß die Definitionen nur Worte einführen, um gewisse Gedankenkomplexe zu bezeichnen, gibt der Verfasser klar die Regeln an, denen sie unterworfen sind und kommt so zu einigen interessanten Beobachtungen. Daß er vollständig die Bedeutung der Wortdefinition erfaßt hat, geht z. B. aus der Regel III hervor, in der er bemerkt, daß man zweckmäßig nur denjenigen Gedankenkomplexen Namen gibt, die voraussichtlich oft in der Untersuchung vorkommen, so daß die Definition als eine Abkürzung für einen konstruktiven Denkprozeß aufgefaßt wird. Aber eine wesentlich neuere Beobachtung entspringt aus der Regel, daß die Definition keine anderen unbekannten Werte enthalten dürfe: daher bemerkt der Verfasser, daß ein Definieren vermittels unbekannter Ausdrücke einer Gleichung zwischen zwei Unbekannten entspricht: Dadurch kommt er dazu, den gewöhnlichen Begriff der Definition zu verallgemeinern: ,,Wenn ein Satz ein einziges Wort mit unbekannter Bedeutung enthält, so wird der Satz ausreichen können, um seinen Sinn zu enthüllen. Wenn man aber z. B. zu jemandem, der die Worte Dreieck und Viereck kennt, aber das Wort Diagonale nie gehört hat, sagt, daß jede Diagonale eines Vierecks dasselbe in zwei Dreiecke zerlegt, so wird er sofort begreifen, was eine Diagonale ist, und er wird es um so besser begreifen, als dies die einzigen Linien sind, die es in Dreiecke zerlegen können. Diese

Art von Sätzen, die also die Bedeutung eines der darin vorkommenden Worte vermittelst der bekannten Bedeutung der übrigen festlegen, könnte man implizite Definitionen nennen, im Gegensatz zu den gewöhnlichen Definitionen, die man explizite Definitionen nennen kann. Man versteht auch, daß zwei Sätze, die zwei neue Worte enthalten und sie mit bekannten Worten verknüpfen, oft ihren Sinn bestimmen können" (S. 22 bis 23).[2])

Die Theorie der impliziten Definition eines Systems von Begriffen vermittels eines Systems von Sätzen ist für die moderne Logik wesentlich geworden. Aber sie hätte nicht in dem Lichte erscheinen können, in dem wir sie heute sehen, wenn sie nicht noch klarer geworden wäre durch jenes allgemeine Prinzip der Begriffssubstitution, das seinen Keim in dem Dualitätsprinzip der projektiven Geometrie hat. Wir übergehen eine ältere Bemerkung von Snellius, die sich auf die Symmetrie bezieht, die man bei den Sätzen der sphärischen Geometrie wahrnehmen kann, und sprechen in Kürze von jenem fruchtbaren Prinzip, das Gergonne in den „Considérations philosophiques sur les éléments de la science de l'étendue" (Annales Bd. XVIII, S. 125, Januar 1826) formuliert hat, und das, wie er angibt, ihm schon Ende 1819 klar war.

Nachdem er die Geometrie der Lage gegen die metrische Geometrie abgegrenzt hat (graphische und metrische Eigenschaften der Figuren), bemerkt der Verfasser, daß die Sätze der Geometrie der Lage, die nicht zu sich selbst dual sind, stets paarweise auftreten. Jeder geht in seinen dualen über, wenn man in der Geometrie der Ebene „Punkte" mit „Geraden", und in der Geometrie des Raumes „Punkte" mit „Ebenen" vertauscht und die Geraden ungeändert läßt. Diese Symmetrie oder Dualität bildet für Gergonne ein Prinzip a priori, kraft dessen man eine „géométrie en parties doubles" hat, so daß, wenn ein Theorem der Geometrie der Lage gegeben ist, man immer be-

---

2) Vgl. G. Vacca („Rivista di Matematica", 1899).

21. Das Dualitätsprinzip und das logische Werk von Gergonne

haupten kann, daß auch der duale Satz wahr ist. Immer zeigt der Verfasser, wie jene Geometrie ausgehend von den Prinzipien, wirklich entwickelt werden kann. Er stellt die Entwicklung dualer Sätze gegenüber. Sie werden durch vollkommen symmetrische Überlegungen bewiesen. Er schreibt sie in zwei Kolonnen, wie das auch heute noch in den Lehrbüchern der projektiven Geometrie üblich ist.

Hier sind einige historisch kritische Bemerkungen am Platz. Schon lange vor der Abhandlung von Gergonne mußte die Aufmerksamkeit der projektiven Geometer auf die dualen Sätze gelenkt werden. Es genügt, sich zu erinnern, daß Brianchon am Ende des Jahres 1806 das Theorem über das einem Kegelschnitt umbeschriebene Sechsseit aus dem (dazu dualen) Satz von Pascal über das eingeschriebene Sechseck durch eine Polartransformation der Figur gewonnen hatte. Erst 1824 hat Poncelet die allgemeine Methode der reziproken Polaren formuliert. Daß diese Transformation reichlich die Dualität der Geometrie der Lage einschließt, für die die Transformation a posteriori auch einen Beweis erbringt, unterliegt keinem Zweifel. Dies erklärt auch genug die Prioritätsreklamation in den „Annales" Bd. XVIII, S. 125. Aber das verringert meiner Meinung nach nicht den Wert der Gergonneschen Auffassung, die eine Dualität a priori postuliert. Das Verdienst, insbesondere das philosophische Verdienst Gergonnes ist nicht einmal ernstlich beeinträchtigt durch die Irrtümer, die ihm bei den Anwendungen des Prinzips untergelaufen sind. Hat er doch einen Moment[3] geglaubt, daß einer algebraischen Kurve n-ter Ordnung durch Dualität eine Kurve der gleichen Ordnung entspreche. Diese Irrtümer verbessert später Gergonne auf Veranlassung von Poncelet.[4] Aber Poncelet, der den Fehler bemerkt hatte, kann nicht begreifen, wie Dualität auf Kurven von höherer als der zweiter Ordnung angewendet werden kann.

---

[3] „Annales", Bd. XVII, S. 216—219.
[4] „Annales", Bd. XVIII, S. 152.

III. Die moderne Reform der Logik

Wichtiger ist es, zu fragen, in welchem Sinne und inwieweit Gergonne sein eigenes Prinzip gerechtfertigt hat. Hier wird jedem modernen Kritiker eine Lücke in die Augen springen: Gergonne zeigt zwar die parallele Herleitung der ersten Sätze der Geometrie der Lage aus einfachen Prinzipien, aber er analysiert sie nicht so weit, um zeigen zu können, daß sie ein System von Postulaten bilden, das zum Aufbau der Geometrie der Lage ausreicht. Er ist daher nicht berechtigt, a priori zu schließen, daß alle Theoreme der Geometrie der Lage dieselbe logische Symmetrie besitzen müssen, die die Prinzipien aufweisen. In der Zeit, von der wir sprechen, mußte diese Lücke um so mehr Schwierigkeiten darbieten, als das Gebäude der projektiven Geometrie auf der Methode der Projektion von Poncelet errichtet erscheint, welche die Figuren auf metrische Spezialfälle zurückführt. In Wahrheit nimmt die Auffassung von Gergonne die spätere Entwicklung der projektiven Geometrie durch Staudt (1847) vorweg. Denn erst diese ist vom Gebrauch metrischer Begriffe unabhängig. Erst durch diese Entwicklung erscheint das Dualitätsprinzip wirklich a priori begründet und der Gedanke des französischen Philosophen erlebt erst so seine ganze Erfüllung.

Indessen konnte die Behauptung Gergonnes und die Polemik Poncelets die Geometer unter ihren Zeitgenossen nicht gleichgültig lassen. Diese hatten vor allem das Bedürfnis, die Sache zu sichern. Möbius (1827) und Plücker (1830) lösen das Problem. Möbius[5], welcher der Wissenschaft den allgemeinen Begriff der Transformationen und der Verwandtschaft geschenkt hat, stellt den symmetrischen Charakter der Inzidenzbeziehung zwischen zwei dualen Elementen (Punkten und Graden der Ebene, Punkten und Ebenen des Raumes) fest, und daraus folgt der Beweis, daß diese Reziprozität (und nicht allein die von Poncelet betrachtete Polarität) eine jede Figur in eine andere mit den dualen Eigenschaften versehene überführt. Plücker[6],

---
5) ,,Baycentrischer Kalkül", S. 436.
6) ,,Analytisch-geometrische Entwicklungen", II. Teil. Vgl. ,,Abhandlungen", Bd. I, S. 619.

verbirgt das Dualitätsprinzip unter der Betrachtung der Koordinaten von Graden und Ebene, welche eine völlig identische analytische Behandlung der korrelativen Beziehungen gestatten. In diesem Begriff ist im Keim die weiteste Ausdehnung des Dualitätsprinzips enthalten, als „Prinzip der unendlich vielen möglichen Interpretationen einer abstrakten Geometrie", von dem wir im folgenden Paragraphen sprechen wollen.

22. DIE ABSTRAKTE GEOMETRIE

Wir haben angedeutet, wie aus der Entwicklung der nichteuklidischen Geometrie und aus den Lehren der mehrdimensionalen Geometrie der allgemeine Gedanke einer abstrakten, verschiedener Interpretationen fähigen Geometrie entspringt, der in einem höheren Sinne das Dualitätsprinzip der projektiven Geometrie enthält.

Im Grunde steckt dieser Gedanke schon vollständig in der Idee Plückers, durch Koordinaten nicht nur die Punkte, die Graden und die Ebenen zu bezeichnen, sondern auch alle Figuren, die sich in Abhängigkeit von gewissen Parametern ändern können. Die analytischen Eigenschaften der Zahlentripel (x, y, z) werden sich wieder finden, sowohl in den Figuren des Raumes, dessen Punkte durch jene Tripel als Koordinaten festgelegt sind, als auch in den Systemen von Kreisen der Ebene, weil jene Tripel als Koeffizienten der Gleichung eines Kreises angesehen werden können, also auch Koordinaten des Kreises genannt werden können usw. Aber der Analytiker, der so denkt, hat im Sinne, systematisch die geometrischen Schwierigkeiten, die sich beim Studium verschiedener Arten von Figuren ergeben, auf die universelle Sprache des Kalküls zu reduzieren. Der direkte Vergleich von zwei Systemen geometrischer Eigenschaften, oder von zwei Geometrien, die in der analytischen Darstellung in eine verschmelzen, führt noch weiter, indem er dazu einladet, verschiedene Formen der Anschauung ineinander überzuführen.

III. Die moderne Reform der Logik

Auf die Frage, ob die nichteuklidische Geometrie, oder ob die mehrdimensionale Geometrie (unabhängig von der metaphysischen Möglichkeit, die jemand darin finden könnte) nichts als ein Schema algebraischer Formeln sei, kann man heute antworten, daß „unendlich viele Systeme geometrischer Eigenschaften der Gegenstände unseres euklidischen Raumes, als Interpretationen einer nichteuklidischen Geometrie oder auch einer Geometrie von mehr als drei Dimensionen aufgefaßt werden können". So spiegelt sich im Beispiel Beltramis die nichteuklidische ebene Geometrie wieder in der Geometrie der krummlinig begrenzten Figuren auf einer Fläche negativer Krümmung, wo die geodätischen Linien die Rolle der Graden übernehmen. Nach Klein ist das System der Geraden des gewöhnlichen Raumes das Bild einer vierdimensionalen Mannigfaltigkeit zweiten Grades im fünfdimensionalen linearen Raum.

Seit Klein und Lie hat die abstrakte Geometrie eine große Entwicklung erfahren, und sie wurde später (seit Segre) ein gewöhnliches Arbeitsinstrument der modernen italienischen Geometer. In der Tat ist nichts fruchtbarer als die Vervielfachung unserer intuitiven Kräfte, die man jenem Prinzip verdankt; es ist so, als ob zu den sterblichen Augen, mit denen man eine Figur aus gewissen Gesichtspunkten betrachtet, tausend geistige Augen hinzukommen, um eben so viele Verwandlungen zu sehen. Indes bleibt die Einheit des Gegenstandes in der so bereicherten Vernunft bestehen, und man kann mit Leichtigkeit von der einen zu der anderen Form übergehen.

Aber der Gebrauch dieses Prinzips erfordert eine strenge Übung unserer logischen Fähigkeiten, wenn er wirklich fruchtbar sein soll. Man geht von einem System A zu einem System B über, welche beide Interpretationen derselben abstrakten Theorie sind. Das bedeutet, daß gewisse Relationen a von A in gewisse Relationen b von B übergehen. Weiter geben alle logischen Konsequenzen der a Anlaß zu analogen logischen Konsequenzen der b, so daß wir a priori neue Kenntnisse über B erlangen. Um aber die Konsequenzen der *a* zu erforschen, betrachten wir die mit

23. Der Begriff der formalen Wissenschaft

A gegebenen Gegenstände, und wir müssen uns fragen, ob die so erkannten Eigenschaften eine neue Anschauung erfordern, zu der eine entsprechende in B fehlen könnte, oder ob sie tatsächlich durch logische Deduktion von a abhängen, ohne Zuhilfenahme irgendeiner Evidenz. Das Verfahren der abstrakten Geometrie beruht also auf einer steten Wiederholung der logischen Analyse der Prinzipien der deduktiven Theorien, im Hinblick auf verschiedene Begriffssysteme und verschiedene Formen der Anschauung. Gerade durch die Übung haben heute die Geometer den Sinn dafür, was logisch ist, bis zu einer Feinheit ausgestaltet, die andere nicht hätten erreichen können.

23. DER BEGRIFF DER FORMALEN WISSENSCHAFT UND IHRER VERSCHIEDENEN INTERPRETATIONEN IN DER ENGLISCHEN MATHEMATISCHEN LOGIK

Dem Begriff der abstrakten Geometrie, von dem bisher die Rede war, ist nahe verwandt der freie Begriff der formalen oder spekulativen Wissenschaft, den die englischen mathematischen Logiker in Gegensatz zu den Naturwissenschaften stellen.

„In den spekulativen Wissenschaften" — sagt Peacock in dem erwähnten Bericht von 1833[1]) — achten wir auf die Ergebnisse der Wissenschaft selbst und auf die logische Strenge der Überlegungen, mit denen man sie aus den angenommenen ersten Prinzipien gewinnt; alle unsere Schlußfolgerungen besitzen die notwendige Existenz unabhängig von ihrer genauen oder angenäherten Interpretation in der Natur der Dinge.

In den Naturwissenschaften begründen wir unsere Überlegungen gleichfalls auf angenommene erste Prinzipien und sind gleichfalls für die logische Strenge der Deduktionen besorgt. Aber sowohl bei diesen Prinzipien als bei den daraus gezogenen Schlüssen sehen wir auf die Außenwelt, die uns durch Interpretation entsprechende Prinzipien und Schlußfolgerungen liefert."

---
1) a. a. O., S. 187.

III. Die moderne Reform der Logik

„Da die ersten Prinzipien, die das Fundament unserer mathematischen Überlegungen in den Naturwissenschaften bilden, weder willkürliche Annahmen, noch notwendige Wahrheiten sind, sondern in Wirklichkeit einen Teil der Sätze bilden, welche die Wissenschaft ausmachen, so müssen die ersten Prinzipien an irgendeiner Stelle unserer Untersuchung mehr oder weniger Gegenstand der Prüfung oder Forschung sein ... Aber in den abstrakten Wissenschaften der Geometrie und Algebra sind die zugrunde liegenden Prinzipien auch die eigentliche Grenze unserer Forschung. Wenn auch irgendwie diese Wissenschaften mit den Naturwissenschaften zusammenhängen, so ist der Zusammenhang doch willkürlich und beeinflußt in keiner Weise die Wahrheit unserer Schlußfolgerungen, welche nur den Zusammenhang mit den Grundlagen betreffen, und verlangt nicht, sondern erlaubt nur die Hilfe einer physikalischen Deutung."

Jedermann sieht, wie man von diesem formalen Begriff der mathematischen Wissenschaft zu der Auffassung gelangt, daß ein und dieselbe abstrakte Theorie verschiedener Interpretationen fähig sei:

Diese Auffassung scheint (in einem nicht weniger weiten Sinn als im Beispiel der abstrakten Geometrie) zum ersten Male Gregory[2]) (1840) ausgesprochen zu haben, und zwar als ein Theorem der Algebra der Logik. Boole[3]) (1847) spricht sie folgendermaßen aus: „Wer mit dem gegenwärtigen Stand der symbolischen Algebra vertraut ist, weiß, daß die Geltung der Prozesse der Analysis nicht von der Interpretation der vorkommenden Symbole, sondern nur von den Gesetzen ihrer Verknüpfung abhängt. Jede Art der Interpretation, die nicht die Geltung der vorausgesetzten Relationen stört, ist gleich zulässig, und daher kann dasselbe Verfahren bei der einen Interpretation

---

2) „On the Real Nature of Symbolic Algebra" („Trans. of the Royal Society of Edinburgh", Bd. XIV).

3) G. Boole, The Mathematical Analysis of Logic..., Cambridge 1847. Introduction S. 3. [Zu der folgenden deutschen Übertragung mußte ich mich an die italienische Übersetzung von Enriques halten. B.].

die Lösung eines Problems der Zahlenlehre, bei einer anderen Interpretation die Lösung eines Problems der Geometrie, bei einer dritten die Lösung eines Problems der Dynamik oder Optik liefern usw."

Nachdem er noch die Wichtigkeit dieses Prinzips für die Analysis betont hat, bemerkt Boole, daß die Anwendung nicht auf den Fall beschränkt bleibt, wo die zu bestimmenden Elemente als Masse aufzufassen sind (wie es beim Plückerschen Prinzip ist).

In der Tat besteht eine schöne Anwendung, die Boole und andere Logiker nach ihm [4]) von der symbolischen Analysis gemacht haben, darin, daß sie einen **logischen Kalkül** der Ereignisse parallel zum **numerischen Kalkül** der Wahrscheinlichkeit entwickeln. Wenn $x, y, \ldots$ die zu untersuchenden Ereignisse sind und $p_x, p_y \ldots$ Zahlen sind und ihre Wahrscheinlichkeit bedeuten, dann lassen sich die Operationen mit p_x, p_y als logische Operationen mit x, y deuten, so daß der Wahrscheinlichkeit der verbundenen Ereignisse p_x und $p_y = p_x \cdot p_y$ das **logische Produkt**

$$x \text{ und } y \ (= x \times y)$$

entspricht, während der Wahrscheinlichkeit dafür, daß eins der beiden Ereignisse eintritt.

$$p_x \text{ oder } p_y = p_x + p_y$$

die **logische Summe**

$$x \text{ oder } y \ (= x + y)^5)$$ entspricht.

24. DER POSITIVISMUS UND DIE KRITIK DER AXIOME DER GLEICHHEIT

Die freie Vorstellung der formalen Wissenschaft, die wir bei den englischen Vertretern der mathematischen Logik fanden, entspricht genau dem Gebrauch, den die Physiker (Maxwell,

---

4) A. de Morgan (1847), Boole (1854), Peirce (1867). Vgl. P. Medolaghi, La logica matematica e il calcolo delle probabilita, („Bolletino dell'Ass. Attuari". Nov. 1907).
5) Vgl. die Betrachtung der symbolischen Logik im § 28.

118   III. Die moderne Reform der Logik

Lord Kelvin ...) von den mechanischen Modellen machten.

Wie wir schon erwähnten, liegt hier ein allgemeiner Einfluß des Positivismus vor, der sich direkt wie folgt in der Kritik der logischen Begriffe auswirkt.

Es gibt physikalische Theorien, in denen die sichtbaren Erscheinungen abhängig gemacht werden von Größen, die als Darstellung von Verborgenem angenommen sind. Für den, der das metaphysische Substrat beachtet, sind die Axiome, die sich auf auf solche Größen beziehen, ohne weiteres evident. Wer aber das hypothetische Fundament der Theorie beiseite läßt, um nur ihren positiven Inhalt zu beachten, sieht jene Axiome als allgemeine Tatsachen an, deren Bestehen eine Bedingung für die Anwendbarkeit der benutzten Begriffe auf eine gewisse Klasse von Erscheinungen ist. Diese Bemerkung wirft auf die Natur der Evidenz der logischen Prinzipien Licht: Durch sie erscheint insbesondere heute der Begriff der Gleichheit in einem neuen Licht.

Es scheint, daß Ernst Mach sich als erster mit der neuen Kritik auseinandergesetzt hat, über die wir hier berichten wollen. Was bedeutet die Aussage: „Zwei Massen, welche einer dritten gleich sind, sind untereinander gleich?"

Ein Galilei oder ein Newton, die sich die demokritische Hypothese zu eigen machten, wonach eine homogene Substanz die Atome bildet (die nur nach Form oder Volumen voneinander verschieden sind), haben keine Veranlassung zu jener Frage: Denn für sie bezeichnet „Masse" nichts anderes als „ein Quantum Materie", d. i. Gesamtvolumen der einen Körper bildenden Atome, und das vorstehende Prinzip reduziert sich bei seiner Anwendung auf Volumina auf ein evidentes geometrisches Axiom. Aber Mach lehnt die metaphysische Hypothese von der Einheit der Materie ab und will die Masse oder „die Massenbeziehung" durch wirkliche Versuche definieren, in welchen die zu messenden Massen paarweise in Beziehung treten: Wie kann man unter diesen Umständen a priori behaupten, daß die gemessenen Ver-

24. Der Positivismus und die Kritik der Axiome der Gleichheit

hältnisse unabhängig von der Wahl der Einheit sind oder daß ,,zwei Massen, die einer dritten gleich sind, auch untereinander gleich sind"?

Der positivistische Philosoph sieht scharf, daß hier keine logische (oder geometrische) Notwendigkeit vorliegt, sondern nur eine physikalische Tatsache, deren Verifikation eine Bedingung für die Möglichkeit des zu definierenden Massenbegriffes ist. Die Bemerkung von Mach über die Gleichheit der Massen geht auf das Jahr 1868[1]) zurück; andererseits will Clerk Maxwell, unabhängig von ihm, die gleiche Kritik für die ,,Temperatur" entwickeln, wie es scheint, Ende 1871.[2]) Wenn man die Gleichheit der Temperatur positiv durch einen Versuch über Wärmegleichgewicht definiert, so kann man auch hier nicht a priori behaupten, daß ,,zwei einer dritten gleiche Temperaturen untereinander gleich seien". Um mit Kant zu reden, ist jenes anscheinend ,,analytische" Urteil in Wahrheit ein ,,synthetisches".

Aber die Auffassung von Mach und von Maxwell erschließt den Weg für eine vertiefte Kritik der physikalischen und auch der geometrischen Gleichheit, die mit tiefem philosophischen Verständnis Hermann Helmholtz[3]) entwickelt.

Er gibt Kant darin Recht, daß der Raum eine Form a priori sein könne, aber er lehnt es ab, daß auch die Axiome a priori seien. Insbesondere betrachtet er die positive physikalische Bedeutung der geometrischen Gleichheit: physikalisch gleich sind, wie er gegen Land (1878) sagt, diejenigen Größen, an denen unter gleichen Bedingungen in gleichen Zeiten, gleiche physikalische Prozeße ablaufen können. Maß für die Bestimmung der

---

[1] Carls ,,Repertorium", Bd. 4, 1868. Vgl. ,,Erhaltung der Arbeit", 1872; ,,Die Mechanik in ihrer Entwicklung", 1. Aufl. 1883. Kap. II, V, (4. Aufl., 1901, S. 183).

[2] ,,Theory of Heat", 9. Aufl., London 1888. (1. Aufl. 1871). Vgl. Mach, Die Prinzipien der Wärmelehre, Leipzig 1896, S. 39.

[3] Vgl. seine Kritik der Grundlagen der Geometrie in den ,,Wissenschaftlichen Abhandlungen", Bd. II, 1866, 68, 78, S. 610—660, ,,Zählen und Messen, erkenntnistheoretisch betrachtet", ebenda, Bd. III, 1887, S. 356.

III. Die moderne Reform der Logik

Gleichheit ist in Wirklichkeit die Bewegung starrer Körper; trotzdem bekommt die Gleichheit zweier physikalischen Größen einen objektiven Sinn, auf Grund des Umstandes, daß die auf Grund einer gewissen Methode festgestellte Gleichheit, sich auch bei anderen Methoden bewährt. Hieraus ergibt sich die Auffassung der Geometrie als einer Naturwissenschaft.[4]

In einer späteren Arbeit kommt Helmholtz auf die physische Gleichheit zurück, und bemerkt, daß der Versuch durch Abstraktion verstandesmäßig eine Eigenschaft der Körper zu isolieren, indem man sie in gewisser Hinsicht miteinander vergleicht, um so eine „Gleichheit" zu gewinnen, dazu führt, daß die betrachtete physische Beziehung der Bedingung genügt:

Aus $a = c$ und $b = c$
folgt $a = b$.[5]

Dieses allgemeinste Postulat müßte, wie er bemerkt, in jedem einzelnen Fall vorausgesetzt werden, wenn man mit H. Grassmann[6] die Gleichheit definieren wollte, indem man das gleich nennt, von dem man dasselbe aussagen kann, oder allgemeiner, das, was in jedem Urteil (gegebener Art) einander vertreten kann.

Die vorstehenden Untersuchungen nehmen die allgemeine Kritik der kombinatorischen Eigenschaften der Relationen wieder auf, die De Morgan begründet hat.[7] Dieser nennt eine beliebige Relation dann transitiv, wenn aus ihrem Bestehen zwischen a und b und zwischen b und c auch ihr Bestehen zwischen a und c folgt. Die transitiven Relationen sind viel allgemeiner als die, welche man als „Gleichungen" ansehen kann.: Z. B. sind die Relationen „Vorfahre von", oder „Nachkomme von" oder auch die Größenrelation „größer als" transitiv, aber sie sind nicht wie die Gleichheit umkehrbar und symmetrisch: In der Tat,

---

[4] a. a. O., Bd. II, S. 648.   [5] a. a. O., Bd. III, S. 375ff.
[6] „Die lineale Ausdehnungslehre", 1844. 2. Aufl. 1878. Vgl. R. Grassmann, Die Formenlehre oder Mathematik, 1872.
[7] „On the Symbols of Logic" („Transactions of the Cambridge Philosophical Society", 1856, S. 104, vgl. X, S. 345).

24. Der Positivismus und die Kritik der Axiome der Gleichheit

wenn Titus Vorfahre von Cajus ist, so ist Cajus ein Nachkomme von Titus, aber nicht sein Vorfahre.

Und wenn a größer ist als b, so ist b nicht größer, sondern kleiner als a.

Die symmetrischen und transitiven Relationen (aus denen die folgt, die Vailati „reflexiv" genannt hat, und die $a = a$ in sich schließt), charakterisieren nun die Relation der Gleichheit: Denn man kann annehmen, daß die Gegenstände, welche durch eine gewisse Relation verknüpft sind, eine gewisse Eigenschaft gemein haben; diese gibt zu einem Begriff Anlaß, der eine logische Funktion derselben ist, die so durch Abstraktion definiert wird.

Der Gebrauch der Definitionen durch Abstraktion geht auf das fünfte Buch Euklids zurück, wo die Theorie der Proportionen nach Eudoxus von Knidos auseinandergesetzt wird. Hier ist in der Tat das Verhältnis ($\lambda\acute{o}\gamma o\varsigma$) zweier Größen nicht anders definiert als vermittels der „Proportionen" oder der „Gleichheit der Verhältnisse":

Das Verhältnis $a : b$ heißt dem Verhältnis $c : d$ gleich, wenn für die Multipla
$$ma, mc, nb, nd$$
der gegebenen Größen aus
$$ma > nb, ma = nb, ma < nb$$
respektive folgt, daß
$$mc > nd, mc = nd, mc < nd \text{ ist.}$$

In ganz ähnlicher Weise kann man, ausgehend von der reflexiven, symmetrischen und transitiven Relation des Parallelismus zweier Graden durch Abstraktion die „Richtung" definieren, die einem System paralleler Geraden gemeinsam ist usw. [8]

In den oben zitierten Fällen drückt die gewöhnliche Sprache die zwischen den Gegenständen a und b bestehende Relation

---

[8] Vgl. z. B. Vailati, „Scritti", S. 219. Burali-Forti, „Logica matematica", 1. Aufl. 1894, S. 140.

122 III. Die moderne Reform der Logik

dadurch aus, daß sie sagt, der abstrakte Begriff, eine logische Funktion von a, sei gleich der analogen logischen Funktion von b.

In der Tat sagt man:

Die Geraden a und b sind parallel, d. h.:
Richtung von a = Richtung von b.

Aber in anderen Fällen läßt die Sprache a und b als gleich gelten, ohne des abstrakten Begriffs Erwähnung zu tun, obgleich man zwei Sprechweisen ohne Unterschied verwendet: Z. B.:

Segment a = Segment b

oder Länge des Segmentes a = Länge des Segments b,
Polygon a = Polygon b (nach Form oder Größe) oder:
Form von a = Form von b,
Fläche von a = Fläche von b.

Im Einklang mit dieser zweiten Ausdrucksweise kann man die allgemeinere Definition der Gleichheit zweier Gegenstände a und b relativ zu einer Gruppe von Eigenschaften oder zu einer sie enthaltenden Klasse angeben:

Die Gegenstände $a, b, c \ldots$ einer Klasse (a und b und $c \ldots$) heißen gleich in bezug auf die Klasse, der sie angehören.

D. h. man kann sie hinsichtlich des abstrakten Begriffs der Klasse (a oder b oder $c \ldots$) durch einander ersetzen. Dieser Begriff ist gerade definiert vermittels der Zusammenfassung der genannten Gegenstände oder durch die zwischen ihnen festgestellte Gleichheit.

Diese Auffassung der Gleichheit und der Definition durch Abstraktion, die aus der Kritik der oben erwähnten Physiker entsprang, findet sich wesentlich wieder in der Analyse des Begriffs der Kardinalzahl, den Cantor und Frege (1884) aufstellten und die 1903 Russell und 1911 auch Enriques wieder aufnahm und weiterentwickelte.[9])

---

9) Die Vertreter der symbolischen Logik ziehen oft vor, der Gleichheit die absolute Bedeutung der Identität zu erhalten, und schreiben infolge-

25. DIE ANALYSIS DES UNENDLICHEN UND DIE AXIOME DER UNGLEICHHEIT

Während es einer strengen Kritik der Infinitesimalanalysis gelungen war, aus dieser Wissenschaft und damit anscheinend aus der Mathematik den Begriff des aktual unendlich Großen und des aktual unendlich Kleinen zu verbannen, indem sie die Theoreme auf die einfache Betrachtung von Variablen zurückführte, die unbegrenzt wachsen oder abnehmen, gelang es einer mehr philosophischen Betrachtung der Prinzipien der Arithmetik von einer anderen Seite her das Rätsel des Unendlichen zu lösen und die Schwierigkeiten und die Paradoxien zu überwinden, die seit dem Altertum das Denken auf seinem Wege aufgehalten hatten. Die Entwicklung der Ideen, welche zu diesem grundlegenden Ergebnis führte, soll jetzt in Kürze beschrieben werden.

Schon Galilei hat sich mit der paradoxen Beobachtung herumgeschlagen, daß die Gesamtheit der natürlichen Zahlen als ebenso zahlreich angesehen werden kann als einer ihrer Teile, da man doch einer jeden natürlichen Zahl diejenige gerade Zahl entsprechen lassen kann, die ihr Doppeltes ist oder aber ihr Quadrat usw. Aus diesem Paradoxon entnimmt Galilei (Op. VIII, S. 78) einfach, daß dem Unendlichen nicht die Eigenschaften „Größer", „Gleich" und „Kleiner" zukommen.

---

dessen $\psi(a) = \psi(b) = \psi(c) \ldots$ an Stelle von $a = b = c \ldots$ Aber die Funktion ψ muß dann wieder als primitiver logischer Begriff angesehen werden, der durch Verstandesoperationen definiert ist — statt der Vereinigung von a, b, c in ein- und derselben Klasse — ein Begriff, durch den man von der Klasse zu einem beliebigen ihrer Elemente übergeht. Auf anderem Wege kann diese Funktion nicht definiert werden. Durch diesen Umstand sind die Schwierigkeiten bedingt, welche einige Vertreter der symbolischen Logik in der Definition durch Abstraktion gefunden haben. Vgl. Peano, Formulaire de mathématiques, 1901, S. 8; Russell, The Principles of Mathematics, 1903, S. 219; Burali-Forti (Rend. Acc. Lincei 1912) und Logica-Matematica, 2. Aufl. 1912. Enriques-Burali-Forti, Polemica logico matematica in „Periodico die matematiche", Nr. 4, 5, 1921.

III. Die moderne Reform der Logik

Cauchy geht in den von Moigno 1868 herausgegebenen Vorlesungen weiter, indem er bemerkt, daß das Paradoxon lehre, daß es unmöglich sei, unendlich viele Objekte als ein Ganzes aufzufassen. Trotzdem meint er, das Axiom „das Ganze kann nicht einem echten Teil gleich sein", kann ohne Widerspruch nicht abgelehnt werden. Eine Erklärung im gerade entgegengesetzten Sinn hat Bernhard Bolzano versucht. Die Gestalt dieses Denkers und seine philosophischen Ansichten verdienen hier eine besondere Erwähnung. Bolzano[1]), der zu seiner Zeit durch seine Reform des Katholizismus viel von sich reden machte, greift die Ansichten des scholastischen Realismus auf und macht sie sich in einer Form zu eigen, die derjenigen sehr ähnlich ist, die man in der „Monadologie" von Leibniz findet. In seiner „Wissenschaftslehre"[2]) Bd. I, S. 77 definiert er die „Sätze an sich", die nicht gedacht sind, die vielleicht in der Untersuchung gar nicht ausgesprochen sind, die aber nach seiner Versicherung gleichwohl wahr oder falsch sind. Z. B. könnte man seiner Meinung nach den Satz „ein gleichseitiges Dreieck ist zugleich gleichwinklig" für „an sich wahr" halten, auch wenn ihn noch niemand gedacht oder begriffen hätte. Die „Sätze an sich" bedeuten nach Bolzano eine „Aussage", die den Gegenstand des Denkens oder der Unterhaltung bildet, die aber „überhaupt nichts Existierendes ist". „Immerhin ist diese Ansicht entsprechend der metaphysischen Unterscheidung zwischen „Sein" und „Wahrnehmbar" zu verstehen. Es unterliegt keinem Zweifel, daß Bolzano der Welt der Erscheinungen eine Welt platonischer Ideen überlagert.

Die „Paradoxien des Unendlichen", die Bolzano 1847 begann,

---

1) 1781—1848. Österreichischer Priester und Philosoph; lehrte an der Universität Prag, daß die katholische Theologie voll mit der Vernunft harmoniert, bis seine Lehre von der Kirche 1820 verdammt wurde.

2) „Wissenschaftslehre oder Versuch einer neuen Darstellung der Logik" in 4 Bänden, Sulzbach 1837 (2. Aufl., Leiprig 1914). Wegen des Einflusses, der den Logizismus Balzanos auf neuere Denker hat, vgl. Th. Ziehen, Lehrbuch der Logik, Bonn 1920, S. 173ff.

25. Die Analysis des Unendlichen und die Axiome der Ungleichheit 125

die aber erst nach seinem Tode veröffentlicht wurden³), enthalten die Ergebnisse langen Nachdenkens über das Problem des Unendlichen. Man merkt deutlich den Einfluß früher auseinandergesetzter logischer Ideen. Der Verfasser macht sich einen Gedanken von Leibniz⁴) zu eigen: ,,Ich bin so für das Aktualunendliche eingenommen, daß ich statt die gewöhnlich angenommene Abscheu der Natur vor ihm zuzugeben, vielmehr meine, daß sie es überall bevorzugt, um besser die Vollkommenheit des Schöpfers hervortreten zu lassen." Es scheint, daß diese Auffassung sich notwendig jedem aufdrängt, der dem Geist des Realismus entsprechend die Begriffe in der Folge abnehmender Allgemeinheit zu definieren sucht: denn der Begriff der Klasse, oder der Menge oder der endlichen Zahl ergibt sich dann als eine Spezialisierung eines summum genus, das auch die Menge oder die unendliche Zahl unter sich begreift.

Die philosophische Einstellung Bolzanos führt ihn dazu, so weit als möglich die Widersprüche des Unendlichen wegzuräumen, obwohl er zugeben muß, daß es ihm nicht vollständig gelungen ist ,,den Schein des Widerspruches als einen bloßen Schein zu erkennen" (a. a. O. § 1). Der Schluß, zu dem Bolzano gelangt, scheint trotz einiger Dunkelheit folgender zu sein: Es existieren Klassen von Gegenständen, für die man Gleichheit und Summe so erklären kann, daß die Summe von a und b niemals gleich a ist, und diese fallen unter den Begriff des Endlichen (§ 6).

Auf der anderen Seite existieren (gegen die Meinung Cauchys § 12) auch unendliche Folgen und Klassen: Der Zweifel an der Gegenständlichkeit des Unendlichen verschwindet, wenn man bemerkt, daß die ,,Menge der Sätze und Wahrheiten an sich" eben unendlich ist. Denn wenn A ein Satz ist, so ist auch ,,A ist wahr" ein neuer Satz und ebenso ,,es ist wahr, daß A wahr ist" usw. (§ 13). Bolzano bekämpft dabei die Meinung derjenigen, die eine Gesamtheit nur dann als gegeben ansehen, wenn jemand

---

3) Leipzig 1851.   4) Ed. Dutens, II, S. 243.

da ist, der sie denkt. ,,Ob an den Polen der Erde nicht auch sich Körper... befinden, Luft, Wasser, Steine u. dgl., ... auch wenn kein Mensch noch irgendein anderes denkendes Wesen da ist." Er bekämpft auch die Meinung derjenigen, die die ,,Denkbarkeit" als Fundament der möglichen Existenz annehmen: nach ihm muß im Gegenteil alles, was möglich ist, gedacht werden können (§ 14). Im Lichte dieser Kriterien prüft Bolzano die Frage des Unendlichen. Nachdem er dann auf verschiedene Weisen die merkwürdige Eigenschaft einer unendlichen Menge betrachtet hat, die es ermöglicht, sie eindeutig einem ihrer Teile zuzuordnen, (§ 20) erklärt er das Paradoxon und sagt, daß es durch den Unterschied zwischen den Begriffen Endlich und Unendlich bedingt ist (§ 22).

Weniger glücklich ist der Versuch, einen Kalkül des Unendlichen zu begründen (§ 28). Hier begeht Bolzano den Irrtum, für unendlich von verschiedener Mächtigkeit zu halten, was Cantor, nach ihm, als von der gleichen Mächtigkeit erkannt hat. Nichtsdestoweniger öffnen seine Untersuchungen den Weg für Cantor.

Georg Cantor geht auf dem von Bolzano eröffneten Wege weiter und nimmt als Ausgangspunkt gerade den Gedanken, daß die paradoxen Eigenschaften des Unendlichen nicht wirklich von einem inneren Widerspruch, sondern nur von dem Unterschied zwischen Endlich und Unendlich herrühren. So untersucht er ohne Vorurteil die Eigenschaften der Beziehungen, welche zwischen unendlichen Mengen bestehen können und gelangt so zu anderen merkwürdigen und gleichwohl sinnvollen Eigenschaften, so daß jeder Schein von Widerspruch, um mit Bolzano zu reden, nur wirklich als Schein erkannt ist. Das zwischen 1878 und 1883[5]) erreichte Resultat bedeutet einen Markstein in der Geschichte des menschlichen Denkens und ist wie schon die Analysis des Unendlichen in der Antike ein Ereignis, das die Interessen der Logik nahe berührt.

---

5) Vgl. z. B. ,,Crelles Journal" Bd. 84, ,,Acta mathematica" Bd. 2 und ,,Mathematische Annalen" Bd. 46, 49, 1895/97.

25. Die Analysis des Unendlichen und die Axiome der Ungleichheit 127

Dies Ereignis ist übrigens wichtiger als der Umstand, daß dieser Fortschritt durch eine realistisch philosophische Auffassung getragen ist, während die systematische Kritik der Infinitesimalrechnung durch die nominalistische Auffassung Cauchys getragen wurde. Realismus und Nominalismus oder Idealismus und Empirismus — nach der im wesentlichen äquivalenten Bezeichnung von Du Bois Reymond — sind zwei Geisteshaltungen, die geschichtlich besonders mit den Anfängen mancher mathematischer Theorien verknüpft sind, die aber immer die eine sowohl wie die andere, als verschiedene Interpretationen der formalen Lehren sich einstellen können. Das sieht man z. B. in dem Dialog Paul Du Bois Reymonds[6]) zwischen dem Idealisten und dem Empiristen. Trotzdem hätte man eine zu einseitige und beschränkte Vorstellung von der Mengenlehre Cantors, wenn man meinte, sie sei notwendig mit der realistischen Einstellung ihres Schöpfers verknüpft: im Gegenteil kann sie heute jeder als eine Erweiterung der Denkmöglichkeiten begrüßen.

Wir suchen nun die Hauptzüge der genannten Theorie darzulegen, indem wir uns auf die ausführliche Darstellung beziehen, die wir in dem Artikel über „Die reellen Zahlen" in Bd. I der „Fragen der Elementarmathematik"[7]) gegeben haben.

Man muß vom Zahlbegriff ausgehen. Die natürlichen Zahlen 1, 2, 3 ... haben eine doppelte Bedeutung, nämlich als Kardinalzahlen und als Ordinalzahlen je nachdem, ob sie „die Anzahl der Gegenstände einer Klasse" oder „die Nummer eines Gegenstandes in einer Reihe" angeben. Aber die beiden Arten von Zahlen entsprechen einander, da man nämlich die Klassen in einer bestimmten Reihenfolge durchlaufen kann, indem man zuerst die Klasse nimmt, die nur ein Element enthält, dann die, welche gerade zwei enthält und so fort.

Richten wir unser Augenmerk auf die Kardinalzahlen: die sie betreffenden Axiome stellen sich nun unter zwei Gesichtspunkten

---

6) „Die allgemeine Funktionenlehre", Tübingen 1882.
7) B. G. Teubner, Leipzig 1907.

III. Die moderne Reform der Logik

vor, nämlich als Assoziationsgesetze des Denkens ... oder als Träger der elementaren Eigenschaften der Klassen von Gegenständen. Hier erhebt sich sofort die Frage, ob sie a priori oder a posteriori sind. Sie kann auf die eine oder die andere Weise gelöst werden, je nachdem, ob man in der subjektiven oder in der objektiven Seite jener Prinzipien, die in Wirklichkeit übereinstimmen, das Fundament für die Anwendung der Logik sieht. So gehen z. B. die Axiome der Gleichheit von Zahlen, objektiv betrachtet, manche elementaren Operationen auf Gruppen von Gegenständen wieder, wo man zwei Gruppen sich Element für Element entsprechen läßt, indem man sie paarweise zusammennimmt. Ebenso erkennt man die Bedeutung der Axiome der Ungleichheit, wonach ,,Das Ganze größer ist als sein Teil": es ist unmöglich, eine eindeutige Beziehung zwischen einer Gruppe oder Klasse von Gegenständen und einem echten Teil derselben herzustellen. Aber diese Eigenschaft setzt voraus, daß die Menge, um die es sich handelt, endlich sei. Sie gilt also nicht von unendlichen Mengen: so kann die Menge aller natürlichen Zahlen (1, 2, 3) in eindeutige Beziehung mit der Menge der geraden Zahlen (2, 4, 6 ...) oder den Quadratzahlen (1, 4, 9) gesetzt werden, obwohl diese in jener enthalten ist. Muß vielleicht dieser Umstand, der den klassischen Paradoxien des Unendlichen entspricht, in dem Sinne interpretiert werden, daß der Begriff des Unendlichen innerlich widerspruchsvoll ist? Diese Folgerung ist unentrinnbar für denjenigen, welcher das Axiom ,,das Ganze größer als ein Teil" als ein logisches, rein analytisches Urteil ansieht. Dem ist nicht so für denjenigen, der die synthetische Bedeutung anerkennt, nämlich als Eigenschaft der betrachteten Menge. Das ist gerade die Deutung von Bolzano, die Cantor wieder aufnimmt. Sie erkennt also die logische Existenz unendlicher Kardinalzahlen an, die ohne Widerspruch denkbar sind. Sie stellen sich dar als ,,Mächtigkeiten von Mengen oder mathematisch gegebener Gesamtheiten". Mit der Endlichkeit hört die Möglichkeit umkehrbar eindeutiger Beziehungen nicht auf, wenn auch die spezifischen Eigenschaften

25. Die Analysis des Unendlichen und die Axiome der Ungleichheit

des „Endlichen" in Wegfall kommen. In der Tat, wenn wir noch als „äquivalent" zwei unendliche Mengen betrachten, die in umkehrbar eindeutige Beziehung zueinander gebracht werden können, und wenn man dann die entsprechenden Zahlen (Mächtigkeiten) „gleich" nennt, so darf man sagen, daß eine unendliche Menge einem ihrer Teile äquivalent ist, und daß daher dem ganzen und dem Teil gleiche Zahlen entsprechen!

Das hindert nicht, daß wesentlich verschiedene Unendlich vorkommen, von denen das eine im eigentlichen Sinn größer genannt werden kann als das andere; so ist es z. B. mit der Mächtigkeit des Kontinuums (Zahl der Punkte eines Intervalls) und der Mächtigkeit der natürlichen Zahlen (1, 2, 3 ...). Denn Cantor beweist, daß das Kontinuum nicht abzählbar ist, und daß es daher nicht einem seiner Teile äquivalent sein kann, wenn dieser der Reihe der natürlichen Zahlen zugeordnet werden kann. Aber die Menge der Punkte eines Intervalls und die Menge der Punkte eines Quadrates lassen sich trotz der scheinbar größeren Ausdehnung des letzteren in umkehrbar eindeutige Beziehung bringen und haben also gleiche Mächtigkeit.

Hier bleibt die Konstruktion Cantors nicht stehen. Er hat neben der Verallgemeinerung der Kardinalzahlen auch die Verallgemeinerung der Ordinalzahlen betrachtet, indem er den Ordnungstypus der Reihe der natürlichen Zahlen 1, 2, 3 ... vertiefte und daher die transfiniten Ordinalzahlen für wohlgeordnete Mengen

$$1, 2, 3, \ldots \quad \omega, \omega + 1, \ldots$$

definierte. Diese müssen der Forderung genügen, daß jede Teilmenge ein erstes Element besitzt: Daraus ergibt sich insbesondere die synthetische Bedeutung des Prinzips der vollständigen Induktion, das die wohlgeordneten Reihen ausschließt, welche transfinite Elemente enthalten und das also die kleinste unendliche Folge charakterisiert.

Aber es ist hier nicht der Ort, bei der Entwicklung dieser schönen Theorie zu verweilen. Es genügt, erwähnt zu haben,

III. Die moderne Reform der Logik

wie die Cantorsche „Analysis des Unendlichen" die relative Bedeutung des fundamentalen Axioms der Ungleichheit ins rechte Licht gestellt hat. So erscheint dieses heute trotz der ihm innewohnenden Evidenz, nicht als ein logisches Urteil, sondern als charakteristische Eigenschaft des „Endliohen" im Gegensatz zum „Unendlichen".

Wir fügen nur noch eine Bemerkung an, die sich auf die Grenzen der Mengenlehre bezieht. Wenn man auf der Leiter der verschiedenen Unendlich emporsteigt, und dabei versucht zu den größten, sei es Kardinalzahlen, sei es Ordinalzahlen, zu gelangen, so ergeben sich neue, und wie es scheint, unlösbare Widersprüche. Das passiert, wenn man die Menge aller möglichen transfiniten Zahlen betrachten will. Denn nimmt man diese einmal als gegeben an, so könnte man ihr eine letzte transfinite Zahl Ω entsprechen lassen. Hat man aber Ω, so könnte man in der Reihe ein folgendes Element $\Omega + 1$ betrachten (Paradoxon von Burali-Forti). Ebenso erweist sich der Begriff der „Gesamtheit aller Mengen, die sich nicht selbst als Element enthalten", als widerspruchsvoll. Denn man kann zeigen, daß diese Gesamtheit, wenn man sie als Menge ansieht, sich selbst enthält und daß sie sich nicht selbst enthält. (Paradoxon von Russell.) Diese Antinomien der Mengenlehre haben zu verschiedenen Deutungen Anlaß gegeben, die die realistisch-nominalistische Kontroverse Du Bois Reymonds wieder aufnehmen. Für uns bezeugen sie die Unzulässigkeit der Vorstellungen, die die realistische Auffassung in diesem Gebiet hervorgerufen hat. Sie lösen sich auf durch die grundlegende Auffassung, daß es sich hier immer und nur um Konstruktionen des Verstandes handelt.[8])

---

[8] Vgl. B. Russell, On some Difficulties ..., („Proc. of the London Math. Soc. "1906); Les paradoxes de la logique („Revue de mét." 1906, vgl. ebenda 1910, 1911).

H. Poincaré, Science et méthode Kap. IV, V.

L. Brunschvicg, Les étapes de la philosophie mathématique, Paris 1912. Kap. XVII.

F. Enriques, Sur quelques difficultés soulevées par l'infini mathé-

26. DIE LOGISCHE FORM DER POSTULATE IN DER MODERNEN KRITIK DER GRUNDLAGEN DER GEOMETRIE

Es genügt nicht, zu erkennen, daß die Evidenz der Grundlagen aus Annahmen synthetischen und objektiven Charakters entspringt. Die Kritik muß einen neuen, vielleicht schwereren, Schritt tun, indem sie lehrt, wie man den einer deduktiven Theorie zugrunde gelegten Postulaten eine logische Form geben kann. Der volle Wert dieser Forderung bewährt sich in der Geometrie besser als in der Arithmetik. Es ist um so wichtiger, dieser Betrachtung eine gewisse Ausführlichkeit zu widmen, als es — insbesondere unter der älteren Generation — hervorragende Mathematiker gibt, die die Bedeutung derselben noch nicht erfaßt haben.

Wenn ein Geometer, der den Untersuchungen von Riemann und Helmholtz oder auch denen von Klein in der projektiven Geometrie [1]) Rechnung tragen will, bestrebt ist, die Grundlagen seiner Wissenschaft mit aller Strenge festzulegen, so verlangt dies eine präzise Vorstellung von dem Aufbau einer deduktiven Theorie. Welche Kriterien wird er heranziehen müssen?

In diesem Punkte kann die Geschichte nicht helfen. Auf die sozusagen natürlichste Weise hat das Werk einiger französischer Kritiker wie Duhamel[2]) und Hoüel[3]) die Früchte jener Untersuchungen geerntet. Sie sind charakteristische Vertreter der Denkweise, die im allgemeinen den Meistern unserer Generation eigen ist.

Duhamel erkennt das Descartessche Kriterium der Evidenz als das einzige an, durch das die Wahrheit oder Falschheit einer Überlegung sicher gestellt wird. Er erkennt, daß das Gefühl der

---

matique („Atti del Congresso di filisofia matematica di Parigi 1914", veröffentlicht in der „Revue de Métaphysique").

1) Weitere Hinweise über diesen Gegenstand finden sich im Art. III, A. 1 von F. Enriques, Prinzipien der Geometrie in der „Enzyklopädie der math. Wissensch." 1907 (franz. Übers. 1911).
2) „Des méthodes dans les sciences de raisonnement", 2. Auf. 1875.
3) „Essai critique sur les principes fondamentaux de la géométrie" 1867.

Evidenz nicht untrüglich ist, aber er nimmt an, daß es Wahrheiten gibt, die jedem Verstand evident sind; diese müssen der Ausgang der wissenschaftlichen Entwicklung sein. Die deduktiven Methoden dienen dazu, andere von diesen abhängige Wahrheiten aufzudecken. Diese nehmen dann an dem gleichen Gefühl der Evidenz teil (a. a. O., S. 15 f.).

„Die Definition einer Sache besteht in der Angabe ihrer Beziehungen zu anderen bekannten Sachen." Aus diesem relativen Begriff der Definition folgt notwendig, daß es nichtdefinierte Dinge gibt, die man zufolge des Gefühls ihrer Evidenz annimmt. (S. 16—17.) Unter diesen Umständen wird eine theoretische Wissenschaft die Gesamtheit der notwendigen Folgerungen aus den über eine Sache angenommenen Angaben sein. Daher kommt es, daß eine Sache wohl bekannt ist entweder durch ihre Definition, die sie auf andere bekanntere zurückführt, oder durch Annahme einiger evidenter Eigenschaften, die zur exakten Bestimmung der Sache und daher auch aller ihrer Gesetze ausreichen (S. 29).

Duhamel erkennt hier, daß ein System von Prinzipien (Axiomen oder Postulaten) die Stelle der Definition der primitiven nichtdefinierten Begriffe einer deduktiven Theorie vertritt. Aber die scharfe Kritik, die er in dem zweiten Teil seines Werkes („Science de l'étendue") an Legendre und Euklid übt, lassen immerhin nicht vermuten, daß er auf die Erfordernisse der logischen Form bei der Formulierung der Prinzipien geachtet habe: Mögen nun jene Prinzipien Produkt einer intuitiven Evidenz oder eines erfinderischen Schauens sein, so bleiben sie doch für ihn ein Appell an ein gedachtes Experiment, daß in ihnen beschrieben wird.

Diese Auffassung erkennt man deutlich in den Prinzipien, auf denen Hoüel das Gebäude der Geometrie zu errichten vorschlägt. Schon nachdem er die Figur definiert hat als „eine Menge von Punkten, Linien und Flächen von unveränderlicher Form" führt er vier der Erfahrung entstammende Grundsätze an. Es sind folgende:

26. Die logische Form der Postulate in der modernen Kritik

1. Drei Punkte genügen im allgemeinen, um im Raum die Lage eine Figur festzustellen.

2. Es gibt eine Linie (die Gerade), deren Lage im Raum durch zwei beliebige ihrer Punkte bestimmt ist. Jedes Stück derselben kann auf jedes andere genau daraufgelegt werden, wenn es nur zwei Punkte mit ihnen gemein hat.

3. Es gibt eine Fläche (die Ebene), derart, daß jede durch zwei beliebige Punkte derselben gehende Gerade ihr vollständig angehört. Sie ist so beschaffen, daß jeder Teil derselben genau auf die Fläche selbst gelegt werden kann, und zwar sowohl direkt, als nach einer Umklappung.

4. Durch einen gegebenen Punkt kann man nur eine zu einer gegebenen Gerade parallele Gerade legen.

Diese Art der Begründung der Geometrie scheint auch Betti und Brioschi beachtenswert, so daß sie diese Prinzipien in ihrer Ausgabe der „Elemente" Euklids reproduzieren!

Hier fragt sich der nicht sachverständige Leser notwendig: es ist klar, daß die Postulate Hoüels Tatsachen oder Eigenschaften der betrachteten Gegenstände angeben, und zwar in Form eines Appelles an die Intuition oder an ein Gedankenexperiment; aber müssen sie nicht als synthetische Urteile gerade diesen Charakter besitzen? Oder, welche andere Form könnten sie haben?

Zum Verständnis ist es nötig, an den Begriff der abstrakten Geometrie zu erinnern. Wenn primitive Begriffe $A, B, C \ldots$ gegeben sind, so setzt ein Postulat eine gewisse Beziehung zwischen denselben: $\varphi(A, B, C \ldots)$.

Wir versuchen diese Relation zu übertragen, indem wir fragen, ob sie für andere Interpretationen von $A, B, C \ldots$ wahr oder falsch ist. Im allgemeinen hat die Übertragung keinen Sinn, wenn die gegebene Relation sich direkt auf die intuitive Bedeutung von $A, B, C \ldots$ bezieht. Wie soll man z. B. die Prinzipien von Hoüel übertragen, wenn man die

III. Die moderne Reform der Logik

spezifische Bedeutung der „Bewegung" in einer physischen auf die Figuren angewandten Operation sieht?

Die logische Form, die man den Postulaten geben will, ist genau die von Relationen, die eine Bedeutung besitzen, unabhängig von besonderem Inhalt der Begriffe, d. i. die von Relationen, die so allgemein sind: daß sie zwischen „abstrakten Dingen" bestehen können.

Die erste Arbeit, in der die Prinzipien der Geometrie zwar noch mit einen empirischen Inhalt behaftet sind, aber doch die Form rein logischer Beziehungen zwischen primitiven nicht definierten Begriffen besitzen, ist Moritz Pasch, Vorlesungen über neuere Geometrie (Leipzig 1882).

In diesem Werk findet sich auch zum ersten Male ein volles Bewußtsein für die Bedingungen, denen die logische Form einer deduktiven Theorie genügen muß. Solche Feststellungen bewähren auch ihren Wert gegenüber denjenigen, welche behaupten, daß — freilich ohne an Freges „Grundlagen" von 1884 heranzureichen — den logischen Anforderungen schon die kritische Systematik der Grundlagen der Arithmetik bei H. Grassmann (1844) und S. Peirce (1878) genügt. Da aber die Axiome der Arithmetik schon von sich aus als logische Relationen sich darbieten, so kann hier das Beispiel dieser Lehre nicht den entscheidenden Wert haben, den die Kritik von Pasch besitzt: So ist das, was wir von Duhamel und Hoüel sagten, geeignet, unsere Auffassung zu illustrieren.

Höchstens wäre es möglich, daß die arithmetische Theorie der Genannten, Grassmann und Peirce — die Peano 1889 aufnahm und in Begriffsschrift darstellte — es Peano erleichtert hat, die Bedeutung der wichtigen Neuerung von Pasch zu begreifen, die bis zu diesem Jahr 1889 tatsächlich den anderen Geometern entgangen zu sein scheint; wenn auch auf der anderen Seite der Einfluß dieser geometrischen Schrift sich in den Arithmetices Principia[4]) nicht fühlbar gemacht hat.

---

4) In der Tat führte die Theorie der Ordinalzahlen hier drei undefi-

26. Die logische Form der Postulate in der modernen Kritik

Wie dem auch immer sei, Giuseppe Peano, der ein Jahr vorher das Studium des Logikkalküls aufgenommen und diesen vertieft hatte, übersetzt im Jahre 1889 die genannten Prinzipien von Pasch (mit einigen Abänderungen) in die Symbole der mathematischen Logik.[5]) Aber gerade durch die symbolische Form war die Lektüre wenig bequem und so darf man sich den Einfluß des Werkes von Peano nicht als einen zu plötzlichen vorstellen, sondern die Verbreitung erfolgte erst später Schritt für Schritt.

Soweit man rückwärtsblickend urteilen kann, mußte wohl jeder dieser selben Generation angehörige kritische Mathematiker den Sinn der logischen Form als eine persönliche Eroberung ansehen. Gleichwohl kann man nicht unbedingt einen mehr oder weniger direkten allgemeinen Einfluß der Vorgänger ausschließen.

Man erkennt deutlich trotz einiger Dunkelheit des Denkens den Einfluß dieses „Logischen Sinns" in dem Werk von Giuseppe Veronese, Grundlagen der Geometrie, Padua 1891[6]), und noch deutlicher in den „Grundlagen der projektiven Geometrie" von Federigo Enriques[7]) (1894). Einige Noten von Giovanni Vailati[8]) und von Mario Pieri[9]), die an jene Untersuchungen wieder anknüpfen, und die die Symbolik Peanos benutzen, genügen, um zu zeigen, daß, trotz Verschiedenheiten der Darstellung, die Erfordernisse der logischen Form wesentlich in derselben Weise verstanden werden. Das gleiche kann man auch von den kritischen Bemerkungen sagen, die Alessandro Padoa zu dem Werk von Veronese gemacht hat.

Aber, wenn auch, wie wir sahen, diese Gedanken sich in Italien verbreitet hatten, so konnte doch, wie man zugeben muß,

---

nierte primitive Begriffe neben denjenigen ein, die logische Beziehungen bedeuten und gibt in dieser Hinsicht zu mehr als einem Bedenken Anlaß.

5) „I principi di Geometria logicamente esposti" Torino, 1889, Bocca.
6) Deutsch, Leipzig, B. G. Teubner.   7) „Rend. ist. Lomb." 1894.
8) „Rivista di matematiche" 1895.
9) „Atti dell Acc. di Torino" 3°, 1895, S. 607.

noch David Hilbert sie seinem eigenen Konto gutschreiben. Seine Arbeiten über die Grundlagen der Geometrie (in denen Probleme vom höchsten mathematischen Interesse gelöst werden) beginnen 1899 mit den „Grundlagen der Geometrie".[10]) Und hierin hat man überdies einen Beweis für die geringe Verbreitung, die die hier angeführten logischen Kriterien zu jener Zeit im Bewußtsein der Mathematiker besaßen: Es genügt, zu erwähnen, daß gerade die logische Form der Hilbertschen „Grundlagen" die Bewunderung, fast das Staunen, von Henri Poincaré erregt hat.

Von nun an scheint der Sinn der „logischen Beziehungen" und die ihm entsprechenden Anforderungen an die Formulierung der Prinzipien dem mathematischen Publikum bewußt geworden zu sein. Obwohl es nicht oft vorkommt, daß jemand explizit die Symbolik erlernt, so sind doch die zahlreichen Beispiele, die Kritiken und Polemiken geeignet, die Köpfe einer neuen Generation richtunggebend zu beeinflussen. Zu diesem Werk der Verbreiterung sind von verschiedenen Seiten Beiträge geliefert worden:

Die Schriften der Schüler von Peano (Vailati, Vacca, Padoa, Pieri ...) und besonders das „Formolario Matematico" in 5. Aufl. (1894—1906), das Sammelwerk der Schule.

Die Untersuchungen der Schüler Hilberts in Deutschland und in Amerika, von denen einige (z. B. Max Dehn) Probleme von höchster mathematischer Bedeutung behandeln;

die Sammlung der „Fragen der Elementarmathematik", die unter Mitarbeit zahlreicher Mathematiker Enriques herausgab. Sie wurden 1900 veröffentlicht mit zahlreichen Erweiterungen 1907/10 ins Deutsche übersetzt, und dann in der zweiten italienischen Ausgabe wesentlich erweitert unter dem neuen Titel „Questioni riguardanti le matematiche elementari".

Endlich die in Italien und in Amerika, z. B. von Halsted, veröffentl. Lehrbücher der Elementarmathematik, die die neue

---

[10]) 5. Aufl. Leipzig, B. G. Teubner.

logische Mentalität in den Unterricht tragen wollen, natürlich in der Form und in dem Umfang, der sich mit didaktischen Gesichtspunkten vereinigen läßt.

27. BEISPIELE AUS DEM LOGISCHEN SYSTEM VON PASCH

Der weniger sachkundige Leser wird es begrüßen, wenn wir in Kürze an einem Beispiel den Wert jener logischen Form der Prinzipien, die wir oben abstrakt definiert haben, erläutern. Wir wollen dabei Einzelheiten oder für unsere Absicht unwesentliche Dinge übergehen.

Wir wollen die Postulate der ebenen Geometrie betrachten, die Pasch auf den primitiven Begriffen von „Punkt", „gerade Strecke" (daher Gerade) „und ebene Oberfläche" (daher unbegrenzte Ebene) aufbaut. Zur Vereinfachung der Darstellung wollen wir noch die Begriffe „Gerade" und „Ebene" hinzunehmen und noch voraussetzen, daß für die Punkte der Geraden noch der Begriff der natürlichen „Anordnung" (auch als primitiver Begriff) gegeben sei, woraus sich die Definition der „Strecke" ergibt, als der Menge der Punkte, die zwischen zwei gegebenen liegen. Die folgenden ebenen Postulate kann man ohne Schwierigkeit als evident zulassen: 1. „Zwei willkürliche Punkte (in der Ebene) lassen sich durch eine wohlbestimmte Gerade verbinden, die ganz in der Ebene liegt." 2. „Eine in einer Ebene gezogene Gerade zerlegt sie in zwei Teile."

Sehen wir nun diese Aussagen etwas näher an.

In der ersten finden wir neben den primitiven nichtdefinierten Gedankendingen „Punkt", „Gerade", „Ebene" auch andere, die durch die Worte „zwei", „willkürlich", „in", „verbunden", „wohlbestimmt", „liegt" usw. bezeichnet sind. Einige dieser Worte scheinen mit der zufälligen grammatikalischen Form des Satzes zusammenzuhängen, oder können als überflüssig beseitigt werden, so z. B. „willkürlich", „vollständig". Das sind nur Füllworte, die wegbleiben können, wenn man z. B. sagt: Voraussetzung: A und B seien Punkte der Ebene. Behauptung:

Es gibt eine wohlbestimmte A und B verbindende Gerade, die in der Ebene liegt.

Andere Worte des oben angeführten Satzes, wie „zwei" erweisen sich sofort als mit logischem Sinn begabt. Andere lassen sich leicht als Bezeichnungen für logische Relationen erkennen, wenn man voraussetzt:

Die Gerade ist eine Punktmenge.

Die Ebene ist eine Punktmenge.

Alsdann bedeutet der Ausdruck „Punkt der Ebene" oder „in der Ebene", daß man einen Punkt betrachten will, der eines der Elemente der Menge „Ebene" ist.

Infolge dieser Voraussetzungen, d. h. dieser Postulate, die noch vor das erste von vorhin zu stellen sind, kann man auch die Worte „verbinden", „liegen" usw. jedes anschaulichen Inhalts entkleiden. Sie bezeichnen dann nur noch die logische Relation des Enthaltenseins der Punkte in der Menge „Gerade" und der Geraden in der umfassenderen Menge „Ebene". Kurz das Postulat 1 bedeutet jetzt nur noch eine logische Relation zwischen den Begriffen „Punkt", „Gerade", „Ebene", wofern man die Gerade und die Ebene als „Punktmengen" auffaßt. Bezeichnet dann das Wort Menge eine beliebige Gruppe von Gegenständen, so haben wir es nicht mehr mit den Punkten, den Geraden und der Ebene der anschaulichen Geometrie zu tun, sondern mit irgendwelchen Objekten, die man „Punkte" genannt hat und mit bestimmten Mengen derselben, die „Gerade" und „Ebene" genannt werden. Wegen der Willkürlichkeit solcher Mengen kommt man überein zu fordern, daß sie wirklich, wie die anschauliche Gerade und die anschauliche Ebene, beliebig viele Elemente enthalten, und weiter, daß die Ebene „Punkte" enthält, die nicht einer Geraden angehören. Mit dieser notwendigen Ergänzung besagt dann das Postulat 1, daß zwei „Punkte" einer Menge „Ebene" auch in einer Menge „Gerade" enthalten sind und zwar genau in einer, daß weiter die Elemente „Punkte" dieser Geraden auch Elemente der Ebene sind: der Zusatz, daß „die Ebene Punkte enthält, die nicht einer ihrer Geraden angehören", bedeutet, daß die Menge „Ebene" etwas anderes ist als die Menge „Gerade", daß sie nämlich umfassender ist.

Unsere ein wenig minuziöse Analyse des Postulates 1 könnte in der Hauptsache als eine bloße Pedanterie erscheinen, da es doch geläufig ist, daß jenes Postulat, abgesehen von der grammatikalischen Form und mit einigen geläufigen Interpretationen schon eine logische Relation zwischen den primitiven Begriffen ausdrückt.

Aber betrachten wir das Postulat 2. Was bedeutet es, „daß die Gerade die Ebene in zwei Teile zerlegt"? Die Bedeutung dieser Aussage ist klar, wenn man sich auf die anschauliche Zeichenebene bezieht: Dann bedeutet es, daß, wenn man zwei verschiedenen Teilen angehörige Punkte A und B verbindet, z. B. durch die gradlinige Strecke A, B, diese dann die zerlegende Gerade trifft, d. h. sie in mindestens einem Punkte schneidet. Aber diese Bedeutung ist fest an die Anschauung gebunden, auf die wir uns berufen haben. Wenn wir dem Wort „Teil" einen abstrakten Sinn gäben, so hätten wir eine Aussage folgender Art: in bezug auf eine Gerade der Ebene ist eine Einteilung der Punkte der Ebene in zwei Klassen („die beiden Teile")[11]) bestimmt. Was bedeutet nun diese Klasseneinteilung? Muß man vielleicht einen neuen anschaulichen oder der Erfahrung entstammenden Begriff den primitiven Begriffen „Punkt", „Strecke", „Ebene" hinzufügen? Oder braucht man einen Begriff, der sich mit Hilfe derselben definieren läßt?

In der Tat lassen sich die beiden Teile, in welche eine Gerade die Ebene zerlegt, so definieren: Wir sagen, daß zwei Punkte A und B der Ebene, die nicht der Geraden r angehören, auf der-

---

[11]) Um eine Vorstellung von der möglichen Willkür einer solchen Einteilung zu geben, bemerken wir: man wird zwei Teile der Ebene in bezug auf eine Gerade haben, wenn man die Punkte voneinander unterscheidet, je nachdem sie von der Geraden mehr oder weniger als einer gegebenen Länge entfernt sind oder wenn man weniger anschaulich die Punkte danach einteilt, ob ihre Entfernung von der Geraden mit einer gegebenen Einheit kommensurabel ist oder nicht usw.

selben Seite von *r* liegen, wenn die Strecke *A B* keinen Punkt mit der Geraden gemein hat, und wir sagen *A* und *B* gehören verschiedenen Seiten von *r* an, wenn die Strecke *A, B* die Gerade *r* trifft. Diese bekannte Definition enthält nur die primitiven schon eingeführten Begriffe und deren logische Relationen als Teilmengen. Sie gestattet, die beiden Teile der Ebene in bezug auf die Gerade *r* und einen außerhalb von *r* beliebig gewählten Punkt *A* zu definieren. Ist es erlaubt zu behaupten, daß diese Einteilung von der Wahl des Punktes *A* unabhängig ist?

Hier offenbart sich die wahre Bedeutung des Postulates 2. Denn dieses behauptet gerade diese Unabhängigkeit: es wird von Pasch explizit formuliert: Man betrachte die beiden folgenden Sätze: „Zwei Punkte *B* und *C* (außerhalb von *r*), die sich auf der *A* abgewandten Seite von *r* befinden, sollen sich umgekehrt auf derselben Seite von *r* befinden", und „wenn ein Punkt *C*, der in bezug auf *A*, auf der *A* abgewandten Seite von *r* liegt, sich auch in bezug auf *B* auf der *B* abgewandten Seite befindet, so liegt *B* auf derselben Seite wie *A*." Sollen diese beiden Aussagen gelten, so muß notwendig das Postulat von Pasch gelten: Wenn eine Gerade *r* keinen Punkt *A, B, C* enthält, aber in der Ebene derselben liegt, und wenn sie mit einer der drei Strecken *A B, B C, C A* einen Punkt gemein hat, d. h. eine dieser Strecken trifft, so trifft sie noch eine dieser Strecken, aber nicht die dritte.

In der geläufigen geometrischen Sprechweise werden wir sagen:

Eine Gerade, die der Ebene eines Dreiecks angehört, die durch keine Ecke geht, und die eine der Dreiecksseiten trifft, trifft auch noch genau eine weitere der drei Seiten.

So haben wir nun den wahren Sinn der Zerlegung der Ebene in zwei Teile vermittelst einer Geraden erfaßt. In der Form des Postulates 2 war er ein wenig verdunkelt und versteckt. Es ist klar, daß dieser Sinn sich auf eine beliebige abstrakte Interpretation unserer primitiven Begriffe übertragen läßt. Wir können wohl Interpretationen (von „Punkt", „Strecke", „Gerade", „Ebene") finden, für die etwas Wahres oder etwas Falsches herauskommt; aber wir können sie nicht so wählen, daß die Zerlegung der Menge „Ebene" in zwei Teile vermittels der Teilmenge „Gerade" und in bezug auf ein „Element" Punkt sinnlos wird: wir müssen dazu allerdings die Verknüpfungspostulate beibehalten, durch die „zwei Punkte eine Strecke bestimmen" usw.

Auch die Prinzipien der Gleichheit oder des Aufeinanderlegens durch Bewegung (Kongruenz), die schon Hoüel formulierte, müßten einer ähnlichen logischen Analyse unterworfen werden. Dies würde deutlich machen, daß der Begriff „Bewegung" die Idee einer besonderen „Korrespondenz": Transformation des „Raumes", d. h. dieser Punktmenge einschließt. Dieser Begriff, der sehr verschiedener Interpretationen fähig ist, ist rein logisch. Man kann dann jene Grundsätze formulieren, indem man entweder die Eigenschaften der so zwischen kongruenten Figuren gesetzten Relation postuliert (die Relation ist dabei als primitiv vorgestellt), oder indem man den Begriff der Transformation „Bewegung" als primitiv annimmt und die Eigenschaften des Systems dieser Transformationen postuliert. Z. B. drückt sich hier der transitive Charakter der Kongruenz darin aus, daß das System der Bewegungen eine Transformationsgruppe bildet (Sophus Lie): Man versteht darunter, daß die Transformation, die man erhält, wenn man zwei Bewegungen nacheinander ausführt, oder wie man sagt, wenn man ihr Produkt bildet, wieder eine dem System angehörige Bewegung[12]) ist.

28. LOGISCHE OPERATIONEN: SYMBOLISCHE UND PSYCHOLOGISCHE BETRACHTUNG

Die bisherigen Darlegungen drängen natürlich zu einer Kritik der „logischen Beziehungen". Eine Definition dieser Beziehung kann man zwar schon in der klassischen Analyse der Aussagen

---

12) Eine elementare Darstellung dieser Dinge findet man in den „Conferenze di geometria non Euclidea" von F. Enriques, die O. Fernandez ausgearbeitet hat (Bologna 1917). Vgl. auch den Art. 4 von A. Guarducci in den schon zitierten „Fragen".

III. Die moderne Reform der Logik

sehen, wo man ein „Subjekt" und ein „Prädikat" unterscheidet, die durch eine „Kopula" verbunden sind. Aber die subtilen Unterscheidungen der scholastischen Sprache und noch besser die paradoxen Konventionen, die sich mehr und mehr in den Formulierungen der mathematischen Theorien einbürgern, lassen das Unzureichende und die mangelnde Schärfe der gewöhnlichen Sprache erkennen, sofern es sich um eine eindringende Analyse des Denkens handelt. Daher entsteht der Gedanke, die sich der gewöhnliche Worte bedienenden Analyse durch eine symbolische Analyse zu ersetzen, indem man zu diesem Zwecke eine neue Sprache, vom Typus der Algebra, schafft.

Schon in § 15 haben wir dargelegt, wie dieser Gedanke schon in der Characteristica universalis von Leibniz sich zeigt und welches seine Vorgeschichte ist. Im § 19 haben wir weiter die Entwicklung angeführt, die er in der Leibnizschen Schule (Lambert, Segner ...) erfährt. Aber unabhängig davon taucht dieselbe Idee bei den englischen Logikern des 19. Jahrhunderts auf: Boole, De Morgan, Peirce. ... Endlich gesellen sich zu diesen — über Schröder[1]) — noch moderne

---

1) In Kürze einige bibliographische Angaben:
A. de Morgan, Formal Logic or the Calculus of Inference Necessary and Probable, 1847.
Artikel „Logik" in der „Enciclopedia Brittanica" 1860.
„Cambr. Phil. Trans." Bd. VII, VIII, IX, X, vgl. insbesondere im letztgenannten Band „On the Syllogism and on the Logic of Relations" 1860.
G. Boole, The Mathematical Analysis of Logic, 1847.
An Investigation of the laws of Thought, 1854.
W. S. Jevons, Pure Logic, 1864.
On the mechanical Performance of logical Inference („Phil.-Trans." 1870).
The Pricinples of Science, a Treatise. 2. Aufl. 1877.
S. Peirce, Three Papers of Logic („Proc. of the Am. Ac. of Sc." 1860/70). Vgl. insbesondere das dritte „Notations for the Logic of Relatives ..."
H. Mac Coll, The Calculus of equivalent Statements, 1878.
J. Venn, Symbolic Logic, 1881. — 2. Aufl. 1894 mit vielen historisch bibliographischen Angaben.
E. Schröder, Operationskreis des Logikkalküls, 1877.
Vorlesungen über die Algebra der Logik 1890, 1891, 1895.

28. Logische Operationen: Symbolische u. psycholog. Betrachtung

Fortschritte, die in interessanter Weise mit Leibniz wieder Fühlung nehmen.

Es ist nicht unsere Absicht, hier eine ins einzelne gehende Geschichte der symbolischen Logik einzuflechten, sondern wir wollen nur einen kurzen Überblick über sie geben, indem wir zeigen, in welchem Sinn es ihr gelingt, den wahren Sinn der logischen Beziehungen zu erfassen, und wir wollen dann die Einsicht mit einer direkten Prüfung der Denkprozesse zusammenhalten. Indessen sei der Leser darauf aufmerksam gemacht, daß die Lektüre dieses Paragraphen zum Verständnis der folgenden nicht unbedingt nötig ist.

Der bekannte Umstand, daß die Konstruktion einer symbolischen Sprache zweimal erfolgte, da die Denker nicht über das informiert waren, was andere schon vor ihnen versucht hatten, führt natürlich zu einem Vergleich der beiden Schulen. Hinsichtlich der benutzten Symbole kann man eine weitgehende Ähnlichkeit feststellen.[2]) Aber der Begriff der symbolischen Analysis selbst weist tiefgreifende philosophische Unterschiede auf, auf die wir schon früher beiläufig verwiesen haben (§ 19), die wir aber jetzt deutlicher auseinandersetzen wollen. Dieser Unterschied kann dargelegt werden, wenn man — im weitesten Sinn — die Namen der beiden kämpfenden Parteien der mittelalterlichen Scholastik verwendet: Realismus und Nominalismus.

Die realistische Grundmeinung, daß die Logik einer natürlichen Klassifikation der Dinge entspricht, ist, wie wir schon sahen (§ 15), bei Leibniz ausgesprochen, wenn auch die Klassifikation in seinem Denken nicht dazu gelangt, das Existierende zu bestimmen, sondern nur das Mögliche. Diese Grundansicht verrät andererseits eine Mentalität, die sich notwendig als deduktive Bewegung des Denkens, vom allgemeinen zum besonderen, offenbaren muß. Sie bevorzugt es daher in gewisser Weise, die Begriffe intensiv zu betrachten, d. h. ihrem Gehalt

---

2) Vgl. Venn, a. a. O. Kap. XX.

III. Die moderne Reform der Logik

nach, als Gesamtheit von Merkmalen oder Eigenschaften, statt extensiv, d. h. als Gesamtheit von Gegenständen.

Die genannte Tendenz weist immerhin keine eindeutige Verwirklichung auf: die symbolischen Bezeichnungen von Leibniz und die seiner Nachfolger weisen mancherlei Schwankungen auf. Z. B. definiert Leibniz extensiv die Gleichheit von Begriffen: so drückt
$$a = b$$
für ihn aus, daß die beiden durch a und b bezeichneten Klassen — gewöhnlich werden die beiden durch a und b bezeichneten Klassen durch verschiedene Eigenschaften definiert — dieselben Gegenstände enthalten. Aber, wenn er dann die logische Summe einführt, so interpretiert er die Bezeichnung intensiv:

$a + b$ ist der zusammengesetzte Begriff, dem sowohl die Eigenschaften oder Merkmale von a wie die von b zukommen[3]) (nicht die von den Gegenständen a und b gebildete Klasse, wie es die extensive Interpretation verlangen würde).

Auf jeden Fall aber scheint für die Feststellung der realistisch intensiven Auffassung bei Leibniz die Aufsuchung der einfachen Ideen entscheidend, durch deren Zusammensetzung — wie wir schon § 15 sahen — alle möglichen Begriffe entstehen sollen. Man muß bemerken, daß gerade eine solche Untersuchung der Auffassung der symbolischen Logik als Kunst des Forschens ihre wahre Bedeutung gibt. In klarer Form lebt hier der alchimistische Gedanke wieder auf, der in der Ars magna des Katalanischen Mystikers Raimundus Lullus (1235—1315) ausgesprochen ist, welcher nämlich nach willkürlicher Verteilung inhaltlicher oder formaler Begriffe auf drei beliebige Kreise um einen Punkt, daraus nach Belieben alle möglichen Kombinationen herstellt. Einzigartige Vermischung von Wahrheit und Unsinn! Wieviel von diesem Gedanken lebt wohl noch fort in dem Glauben, den moderne Vertreter der mathematischen Logik in die magische schöpferische oder heuristische Kraft der Symbole setzen?

---

3) Ed. Erdmann, Specimen demonstrandi, S. 94.

28. Logische Operationen: Symbolische u. psycholog. Betrachtung

Aber die englischen Logiker, Boole und de Morgan, sind Nominalisten, wenigstens in der Art des Konzeptualismus und des Terminismus. In der Tat halten sie die Symbolik nur für ein Instrument zur Analyse des Denkens, und im Denkprozeß legen sie namentlich auf die induktive Richtung, vom Besonderen zum Allgemeinen, Wert: so ist die von ihnen begründete Logik wesentlich eine extensive Logik.

Zur Bekräftigung und Klärung dieser Behauptung bemerken wir vor allem, daß sich August de Morgan an Condillac nicht weniger als an Kant hält. Die von ihm vertretene formale Logik ist das Studium der Gesetze der Denktätigkeit, unabhängig vom Inhalt (vgl. § 18). Eine vollkommene Analysis verlangt eine angemessene Sprache: Das gewöhnliche logische System ist unvollkommen und zum Teil willkürlich, da es vertrauensselig der gesprochenen Sprache folgt, ohne zu fragen, ob deren Grenzen denn auch wirklich die Grenzen des Denkens bedeuten. De Morgan geht daher auf die Kritik der Sprache ein, wo positive Namen ohne den entsprechenden negativen existieren, wo weiter Bindeworte verschiedenen Wert haben. Bald sind sie umkehrbar wie in den Urteilen der Gleichheit, bald gehört zu ihnen eine korrelative Kopula (§ 13 „Vater von" und „Sohn von") usw. So wird er zu seinem symbolischen System geführt, das er eben für geeignet hält, jene Fehler zu verbessern.

Auch George Boole[4]) betrachtet kritisch den Grund, aus dem die gewöhnliche Sprache kein vollkommenes Ausdrucksmittel des Denkens ist und gelangt von da zu einer allgemeineren Betrachtung der symbolischen Sprachen. Die Elemente einer jeden Sprache sind, wie er sagt, Zeichen oder Symbole. Die Worte sind Zeichen. Einige bezeichnen die Sachen, andere die Operationen, mit denen der Verstand die einfachen Begriffe von Sachen in zusammengesetzten Begriffen verbindet.

Das Zeichen ist eine willkürliche Marke mit fester Bedeutung und kann mit anderen Zeichen nach festen Gesetzen kombiniert

---

4) „Laws of Thought" 1854.

werden, die von ihrer wechselseitigen Interpretation abhängen (Op. cit., S. 25).

Alle sprachlichen Operationen können als Instrumente des Denkens mit Hilfe eines Systems von Zeichen durchgeführt werden, das sich aus folgenden Elementen zusammensetzt:

1. Buchstaben, x, y ..., die Sachen oder Gegenstände unserer Vorstellung bezeichnen;
2. Operationszeichen, wie $+$, $-$, $\times$, welche Verstandesoperationen bezeichnen, durch die die Sachbegriffe kombiniert oder getrennt werden, um so neue Vorstellungen aus diesen Elementen zu bilden.
3. Das Zeichen der Identität $=$ usw. (S. 27).

Die Operationszeichen sind bei Boole wie bei Leibniz, Lambert und Segner der Algebra entnommen. Lambert hatte noch die Zeichen $>$ und $<$ herausgezogen, um das Enthaltensein oder die Unterordnung der Begriffe zu bezeichnen, d. h. das Enthaltensein einer Klasse in einer anderen. Aber die formalen Gesetze jener Operationen fallen nur zum Teil mit denen der Algebra zusammen. Zwei andere charakteristische Zeichen hat Boole eingeführt, nämlich 0 und 1:

0, um die leere Klasse zu bezeichnen, d. h. die logische „Null";

1, um das „All" oder „das Ganze der Untersuchung" zu bezeichnen, d. h. die Menge aller begreifbaren Gegenstände;

für diese Zeichen kann man allgemeine Regeln aufstellen, nach denen man lange logische Rechnungen ausführen kann und die die formale Auflösung der logischen Gleichung

$$f(x) = 0$$

angeben.

Es hat für uns keinen Wert, das symbolische System Booles näher zu betrachten. Aber wir wollen wenigstens ein Schema der möglichen Interpretationen der algebraischen Operationen angeben (das in der Tat er selbst oder einer seiner Vorgänger angegeben hat). Dadurch wird zugleich eine interessante Dualität hervorgekehrt:

28. Logische Operationen: Symbolische u. psycholog. Betrachtung

Extensive Bezeichnung. $a + b$: Man liest a oder b, Vereinigung der beiden von den Gegenständen a und b gebildeten Klassen. $a \times b$: Man liest: a und b, Durchschnitt der beiden Klassen a und b. $a > b$: Die Klasse a schließt b ein. 0: leere Klasse von Objekten. 1: „Universum der Untersuchung", d. h. Klasse, welche alle möglichen Objekte enthält.

Intensive Bezeichnung. $a \times b$: Man liest: a oder b, Begriff definiert durch die Eigenschaften, die a und b gemeinsam sind. $a + b$: man liest: a und b, Begriff definiert durch die Gesamtheit der Eigenschaften, die a oder b zukommen.

$a < b$: Der Begriff a besitzt alle Eigenschaften von b.

1: Begriff, dem alle (nicht verträglichen) Merkmale zukommen.

0: Begriff ohne Eigenschaft, d. h. unbestimmtes Ding.

Hieraus folgt, daß die oben definierten logischen Operationen sich in einer doppelten Sprache ausdrücken lassen und daß das System der Beziehungen, das auf den übereinstimmenden Gebrauch der Zeichen $+$, $\times$, $>$, $<$, 0, 1 gegründet ist, zwei korrelative Interpretationen besitzt, deren eine aus einer extensiven Auffassung, deren andere aus einer intensiven Auffassung der Begriffe entspringt. Weil die korrelativen Operationen dieselben elementaren Eigenschaften besitzen, so folgt, daß „die formalen Eigenschaften des Logikkalküls und daher die logischen Sätze, unverändert richtig bleiben, wenn man darin $+$ mit $\times$, $>$ mit $<$, 0 mit 1 vertauscht". Das ist im wesentlichen das Gesetz der logischen Dualität von De Morgan (1858) und Peirce (1867).

Z. B. geht die distributive Eigenschaft, die die logische Multiplikation in bezug auf die Addition

$$a \times (b + c) = (a \times b) + (a \times c)$$

besitzt, in die duale Relation

$$a + (b \times c) = (a + b) \times (a + c)$$

über, die die distributive Eigenschaft der logischen Addition in bezug auf die Multiplikation ausdrückt.

III. Die moderne Reform der Logik

Der vorstehende kurze Überblick zeigt klar, daß man vom Symbolismus der Algebra in der Analysis der elementaren Denkoperationen einen entsprechenden Gebrauch machen kann. Aber die Absicht Booles, auf diese Weise eine Methode zur Rechnung oder Forschung zu schaffen, hat praktisch keinen Erfolg gehabt. Die symbolische Logik wurde vielmehr in der letzten Phase ihrer Entwicklung ein Instrument für die Kritik der Grundlagen der Mathematik. Gerade weil man ganze mathematische Theorien symbolisch schreiben will, wird es nötig, die algebraischen Zeichen durch ganz neue Zeichen zu ersetzen (eine ganz formale Abänderung, die es genügen mag zu erwähnen); man fügt dann noch andere Zeichen hinzu, deren formale Eigenschaften man genau festlegt.

Das angegebene Ziel wurde fast zu gleicher Zeit und unabhängig durch die Konstruktion zweier ideographischen Sprachen erreicht, von denen man die eine Gottlob Frege, die andere Giuseppe Peano verdankt.

Gerade um zu entscheiden, ob die Grundlagen der Arithmetik auf empirischen Tatsachen beruhen oder ob sie rein logischer Natur sind, hat Frege 1879 seine „Begriffsschrift" konstruiert. Es ist nützlich zu sagen, daß zu jener Zeit Frege von den Untersuchungen seiner Vorgänge keine Kenntnis hatte, abgesehen von Leibniz.[5]) Demselben kritischen Ziel sind die „Grundlagen der Arithmetik" gewidmet, die Frege 1884 veröffentlicht: in diesen betrachtet er die Ansichten vieler Mathematiker und Philosophen über den Zahlbegriff und kommt zu dem Schluß, daß es notwendig bleibt, die Grundlagen der Arithmetik in einer ideographischen Sprache auseinanderzusetzen.

Diese Aufgabe löst endlich Frege in „Grundsätze der Arithmetik, begriffschriftlich abgeleitet" (Jena 1893, 1903), wo sein erstes symbolisches System in wesentlich abgeänderter Form auftritt.

Peano beginnt seine Beschäftigung mit der symbolischen Logik in enger Anlehnung an Schröder in der Einführung in

---

5) Vgl. Jourdain, Quarterly Journal Bd. 43, S. 238.

28. Logische Operationen: Symbolische u. psycholog. Betrachtung 149

den „Calcolo geometrico secondo l'Ausdehnungslehre di Grassmann preceduto dalle operazioni della logica deduttiva" (Torino 1888) und gibt im folgenden Jahr in den „Arithmetices principia novo methodo exposita" eine vollständige symbolische Behandlung der Zahlentheorie. Er zieht Nutzen aus der Theorie von R. Dedekind[6]) und gibt aber vor allem die Auffassung von H. Grassmann und S. Peirce[7]) wieder, aus der er den systematischen Gebrauch der vollständigen Induktion entnimmt, um die Eigenschaften der Operationen sicherzustellen. Im gleichen Jahre veröffentlicht er „I principi die geometria logicamente esposti", die die Übersetzung der Geometrie der Lage von Pasch ins Symbolische geben und dabei einige formale Vereinfachungen vornehmen. Das System Peanos erscheint hier schon abgeschlossen und erfährt in späteren Veröffentlichungen nur wenige und unwesentliche Abänderungen.[8])

(Verblüffend ist die Geberde einer fast gewollten Ignoranz, die die Schule gegenüber den Darlegungen und der raffinierten Kritik Russells zur Schau trägt.)

---

6) „Was sind und was sollen die Zahlen" 1888.

7) „American Journal" 1878.

8) Die wichtigsten Darstellungen, auf die wir uns bezogen haben, finden sich in der „Revista di Matematica", Bd. I, Torino 1891 (nach dem Bd. VI wird der Titel „Revue de Mathématiques" und von Bd. VIII an „Revista de Mathematica" und in den Einführungen zum „Formulaire de Mathématiques", in 5. Aufl. 1894, 1897, 1899, 1902, 1905, die letzte Ausgabe mit dem Titel „Formulario mathematico"). An Arbeiten aus der Schule Peanos erwähne ich die folgenden:

G. Vailati, Scritti, Firenze 1911. Die Artikel über die mathematische Logik und ihre Geschichte tragen die Nummern 1, 2, 4, 5 (1891—94) 27, 39 (1898—99), 88 (1901), 102 (1903), 136, 137 (1905), 197 (1908).

C. Burali-Forti, Logica matematica, Hoepli, Mailand 1894. 2. umgearb. Auflage 1919.

A. Padoa, Essai d'une théorie algébrique des nombres entiers précédée d'une indroduction logique á une théorie deductive quelconque („Atti del Congr. int. di Filosofia, Paris 1900").

La logique déductive dans sa dernière phase de développement („Revue de metaphysique" 1912).

III. Die moderne Reform der Logik

Kompetente Kritiker wie Russell und Jourdain haben ihr Urteil dahin ausgesprochen, daß die Symbole Freges eine im Vergleich zu denen Peanos viel feinere logische Analyse zum Ausdruck bringen. Aber die Bezeichnungen sind dunkel, während demgegenüber die ideographische Sprache Peanos ökonomischen Anforderungen an Einfachheit genügt. Daher wird sie in der Praxis der mathematischen Logik bevorzugt. Daher mag auch unser kurzer Überblick auf dieses System beschränkt bleiben.

Der Ausgangspunkt für die logische Analysis Peanos, und auch Freges, liegt nicht wie bei Boole in dem Kalkül der Klassen, sondern im Kalkül der Urteile oder Aussagen. In der Tat hatte schon Boole (und Lambert vor ihm) bemerkt, daß die Zeichen für Operationen und für Relationen zwischen Klassen als Relationen und Operationen gedeutet werden können, die auf Aussagen angewendet werden, ohne dabei ihre wesentlichen Eigenschaften einzubüßen. Es ist nützlich, daran zu erinnern, daß Mac Coll (1877) versucht hatte, eine unabhängige Darstellung der symbolischen Logik zu geben, die auf dieser zweiten Interpretation beruhte.

Peano geht von den Aussagen aus: Er schreibt $a \, \varepsilon \, b$, um die elementare Aussage zu bezeichnen „a ist b" oder besser „a ist ein b", d. h. die Zugehörigkeit eines Individuums zu der Klasse der b. Weiter erklärt er das Zeichen — als Negation und die Zeichen $+$, $\times$, $>$ zwischen Aussagen, indem er ihnen die folgende Bedeutung beilegt:

$p + q =$ Behauptung von p oder q
$p \times q =$ gleichzeitige Behauptung von p und q
$p > q =$ aus p folgt q (oder p zieht q nach sich).

(Diese Zeichen werden oft durch $\cup$, $\cap$, $\supset$ ersetzt, sowie die Zeichen 0 und 1 von Boole durch $\vee$ und $\wedge$ ersetzt werden, die in der Logik der Aussagen herangezogen werden, um das Wahre und das Falsche oder das Absurde zu bezeichnen: die Abänderung entspringt dem Umstand, daß es zweckmäßig ist, die logischen Operationen nicht mit den arithmetischen zu verwirren, wenn man die arithmetischen Theorien ideographisch schreibt.)

28. Logische Operationen: Symbolische u. psycholog. Betrachtung

Die für die Aussagen definierten Zeichen bekommen ohne weiteres auch für die Klassen einen Sinn, dank der Bemerkung, daß eine konditionale Aussage $x \, \varepsilon \, a$ eine Klasse von Individuen a definiert, die sie befriedigen:

durch die Schreibweise $x \, \varepsilon \, a + x \, \varepsilon \, b$ und daher $a + b$ wird die Vereinigung der x bezeichnet, die a oder b sind. Ebenso wird $a \times b$ den Durchschnitt der beiden Klassen darstellen. Ähnlich stellt das Symbol der Implikation zweier Aussagen das Enthaltensein der Klassen dar.

So kann man systematisch dem Kalkül der Aussagen in den der Klassen übersetzen. Man findet so die früher betrachtete extensive Bezeichnung wieder. Dabei gibt es nun eine Ausnahme, insofern nämlich ,,die Implikation einer Aussage" eine Aussage liefert, während das Enthaltensein einer Klasse a in einer anderen b: $a < b$, auch eine ,,Aussage" und keine ,,Klasse" liefert.

Bemerken wir noch, daß Peano anscheinend wenig Wert darauf legt, daß der Aussagenkalkül dem Klassenkalkül vorausgeht. Denn im Bd. 2 des ,,Formulario" wird die Reihenfolge umgekehrt, in dem gerade vom Klassenkalkül ausgegangen wird.[9]) Immerhin beginnt die Betrachtung der Zeichen noch mit dem Symbol ε und die elementare Aussage: x ist ein a, wird als primitiv angenommen. Peano und seine Schüler betonen dabei, daß gerade die Einführung des neuen Zeichens $\sim$ eine vollständige Analyse der Logik und damit die symbolische Darstellung der mathematischen Theorien gestattet.[10])

Dieser Punkt bleibt um so dunkler, als die gewöhnliche Sprache keinen klaren Unterschied zu machen scheint zwischen der durch ε bezeichneten Zugehörigkeitsbeziehung und der Beziehung des

---

9) Dieselbe Reihenfolge benutzt Padoa in seiner Darstellung von 1912; sie drängt sich jedem auf, der die Logik wirklich nach einer extensiven Auffassung betrachten will.

10) Mit großer Schärfe sieht Jourdain (a. a. O. ,,Quarterly" Bd. 43, S. 299), daß jener praktische Erfolg (der Systeme von Peano und von Frege) wesentlich der Einführung von Aussagen in die Logik entspricht, welche Variable enthalten.

Enthaltenseins zweier Klassen, die, solange kein Mißverständnis zu befürchten ist, durch das arithmetische Zeichen $<$ bezeichnet werden kann. So konnte es geschehen, daß man (z. B. Schröder) den Unterschied der beiden Zeichen verkannte. Hierauf antwortet Peano, indem er einige formale Eigenschaften angibt, die beide unterscheiden. Z. B. hat die durch ε bezeichnete Beziehung keinen transitiven Charakter: Hierdurch sind einige Sophismen bedingt, bei denen die Kopula im sensus divisi der Scholastiker oder auch im sensus compositi genommen wird.[11]) Eine viel klarere Antwort kann man geben, indem man zeigt, wie das Zeichen ε sich mit Hilfe der oben eingeführten: $=$, $<$, 0 definieren läßt (das Zeichen $<$ ist dabei im eigentlichen, die Gleichheit ausschließenden Sinne gemeint). In der Tat, die Zugehörigkeit eines Individuums a zu einer Klasse b bedeutet, daß die Klasse a in b als kleinste enthalten ist, so daß gleichzeitig die beiden Relationen
$$a < b; \text{ wenn } c < a, \text{ so ist } c = 0$$
bestehen.

Ohne die Betrachtung des Peanoschen Systems weiter zu führen, kann man nun sehen, welche Antwort es auf die Frage nach der Definition der logischen Beziehungen gibt. Die Antwort ist, daß diese Beziehungen vermittels der Symbole

---

11) Z. B. das Sophisma der Apostel, das Peano in „Aritmetica generale" (S. 3) erwähnt:

Peter und Paul sind Apostel. Die Apostel sind zu zwölft.
Also sind Peter und Paul zu zwölft.

Peano erklärt dieses Sophisma, indem er bemerkt, daß die Kopula „sind" in den beiden Prämissen den senso divisi hat, und daß sie daher von der Kopula unterschieden werden muß, die z. B. im Syllogismus Barbara auftritt und dort das Symbol des Eingeschlossenseins bedeutet. Aber es leuchtet jedem auch ein, daß in Wahrheit der Fehler an der Doppelsinnigkeit des terminus medius liegt, der einmal als abstrakter Begriff, das andere Mal als Klasse genommen wird.

Erinnern wir uns, daß der Begriff der Sophismen im sensus divisi (πάρα τήν διαίρεσιν) und compositi (πάρα σύνθεσιν) auf Aristoteles zurückgeht („Elenchi Sophistici" Kap. IV., Kap. XX), obwohl die einzelnen Stufen nicht ganz deutlich sind.

28. Logische Operationen: Symbolische u. psycholog. Betrachtung 153

ε, I, >, <, =, +, ×, —, 0, 1

bezeichnet werden können, welche gewisse formale Eigenschaften besitzen.

Hier haben wir nun den Eindruck, uns recht weit von der Denkweise Booles entfernt zu haben, der vermittels Symbolen die Analysis des Denkens in Angriff nahm. Dieser Eindruck ergibt sich in der Tat aus der ganzen formalistischen Behandlung, welche die Logik in der Schule Peanos gefunden hat: dort wird der Gebrauch der ideographischen Sprache ganz so gelehrt, wie man eine lebende Sprache oder die Stenographie erlernt. Aber es wird nicht explizit und tiefgründig untersucht, was die Symbole bezeichnen können. Ist es immer noch erlaubt, zu behaupten, daß sie wie bei Boole die Operationen unseres Verstandes zum Ausdruck bringen?

In diesem Falle ist die Abneigung der ganzen Schule gegen jeden Versuch psychologischer Klärung unverständlich; ebenso unverständlich ist es auch, daß die Symbole nicht mehr Hilfsmittel sein sollen, sondern daß sie eine selbständige fundamentale Bedeutung haben sollen; gerade als ob sie einen mystischen Sinn in sich trügen.

Was dieser neue Sinn sein kann, von dem anscheinend die obengenannten Schriftsteller nur eine unklare Vorstellung haben, werden wir aus der neueren Entwicklung erkennen, die die symbolische Logik durch Bertrand Russell erfahren hat.

Russell hat die symbolische Logik in einem wahrhaft philosophischen Sinn[12]) einer feinsinnigen und tiefgründigen (vielleicht manchmal zu subtilen) Kritik unterzogen. Ein Denker, den der praktische Geist der Darstellung Peanos befremdet, findet hier reichen Anlaß der Befriedigung. Er entwickelt die Voraussetzung

---

12) B. Russell, Sur la théorie des relations („Revue de Math." de Peano 1902), The Principles of Mathematics, Band I, Cambridge 1903. Band II zusammen mit Whitehead. Man vgl. zahlreiche referierende Aufsätze in „Mind", „Proc. of the Lond. Math. Soc.", „Amerc. Journal of Math.", „Revue de metaphysique". Vgl. L. Couturat, Les principes des mathématiques, Paris 1905.

III. Die moderne Reform der Logik

des Systems Peanos entsprechend seiner eigenen realistischen Mentalität, und findet über Cantor und Bolzano wieder enge Berührung mit Leibniz. Er zeigt, wie die Auffassung des Symbolismus sich von der pyschologischen Darstellung Booles entfernt und wieder zur Aristotelischen Position zurückstrebt.

Das Vorausgehen des Kalküls der Aussagen vor dem Kalkül der Klassen, das im System Peanos sozusagen eine beiläufige Bedeutung hatte (das aber schon eine gewisse realistische Tendenz verrät) wird für Russell ein gedankliches Vorausgehen: für ihn ist also der Begriff der Aussage ein primitiver, der Begriff der Klasse ein abgeleiteter Begriff. In Verfolg dieser Auffassung kann sich der Philosoph nicht mit Peanos Definition des ε begnügen, welche die Aussagen als Angehörigkeit eines Individuums zu einer Klasse auffaßt. Im Gegenteil will er die Klasse durch die Konditionale Aussage p definieren, indem er nach Bedarf das Zeichen $ɜ$ (das Inverse des von Peano allein benutzten ε) verwendet, das vor p gesetzt, bedeutet:

„Die Gesamtheit derjenigen X, welche die gegebene Aussage richtig machen."

Aber die Aussage ist ihrerseits für Russell nur ein Spezialfall eines allgemeineren primitiven Begriffs, nämlich der Relation. Schon Peirce und Schröder (nach de Morgan) haben die Relationen untersucht, die in verschiedener Weise gewisse Paare von Gegenständen x, y verbinden können; aber für sie ist die Relation extensiv als Gesamtheit der Paare (x, y) definiert, die ihr genügen. Dieser Begriff befriedigt Russell nicht, weil er die Möglichkeit erkennt, Relationen, die dasselbe Definitionsgebiet haben, verschiedene Bedeutung zu geben (so, wie Begriffe, die durch verschiedene Merkmale definiert sind, denselben Umfang haben können — z. B. gleichseitiges und gleichwinkliges Dreieck). Dazu kommt aber vor allem noch der Grund, daß die durch eine Relation verbundenen Paare geordnet sind, und daher sind sie keine Klassen: die Ordnung stiftet sogar, nach Russell, eine gewisse Relation zwischen den Elementen einer Klasse. Russell schreibt daher $x R y$, um allgemein eine Relation zu bezeichnen,

28. Logische Operationen: Symbolische u. psycholog. Betrachtung 155

der ein Gebiet (x) und ein gewisses zugehöriges Gebiet (y) entspricht, die beide zusammen das Feld (x, y) bilden, in dem R einen Sinn hat. So begründet er eine Logik der Relationen, die sich gerade als Verallgemeinerung der Logik der Aussagen ergibt. Nach dem Urteil Couturats[13]) ist dies der originellste und neueste Teil am Werke Russells.

Es ist nicht unsere Absicht, die Erörterung weiterzuspinnen. Wir wollen uns bloß fragen, welche Bedeutung hiernach für Russell die logischen Relationen bekommen. Die Antwort ist, daß sie nur die allgemeinsten Relationen ausdrücken, welche zwischen den Gegenständen der ganzen Welt vorkommen können. Mit anderen Worten, ihre eigentliche Bedeutung bezieht sich nicht auf die Analysis unseres Denkens, sondern auf die Wahrheit eines metaphysischen Universums, dem alles Wahrnehmbare untergeordnet ist.

Ausdrücklich lehnt Russell die Tendenz der psychologischen Kritik ab, und schon in den „Principles of Mathematics" (S. 4) erwähnt er, „the totally irrelevant notion of mind". Diese Behauptung wiederholt und erläutert er oft, z. B. sagt er in einem Aufsatz im „Hibbert Journal":[14])

„Für alles, was die Logik und die Mathematik angeht, ist die Existenz eines menschlichen Geistes oder eines anderen Geistes völlig irrelevant. Die geistigen Prozesse untersucht man vermittels der Logik. Aber der Gegenstand, welcher den Inhalt der Logik bildet, setzt keine geistigen Prozesse voraus. Die Logik wäre ebenso wahr, wenn es keine geistigen Prozesse gebe. Es ist wohl wahr, daß wir in diesem Falle nichts von Logik wüßten; aber unsere Erkenntnis darf man nicht mit der Wahrheit verwechseln, die wir erkennen."

Welche Bedeutung solcher Realismus hat, sieht man gut an der Entwicklung, die die Metaphysik Russells durch die Kritik von

---

13) „Les principes des mathématiques", Paris 1905, S. 27. Deutsche Übers. von C. Siegel, 1908.
14) Juli 1904, S. 812.

III. Die moderne Reform der Logik

Leibnizens System genommen hat.[15]) Diese Kritik ist äußerst scharfsinnig, und indem er sich an ihren scholastischen Aspekt hält, gelingt es ihm, das wahre historische Fundament der Leibnizschen Monadologie aufzufinden: obwohl wir es vorziehen, andere fruchtbarere Ansichten des Philosophen zu betrachten, so müssen wir auch, glücklicherweise, jenen Prämissen widersprechen. In Kürze würde nach Russell gleich jeder gesunden Philosophie, die von Leibniz ihren Ausgang von einer Analyse der Aussagen nehmen. (Es lebe Aristoteles!) Nachdem er bemerkt hat, daß sich jede logische Relation auf die Zuweisung eines Prädikates zu einem Subjekt reduziert, hatte Leibniz gefolgert, daß alle unveränderlichen Subjekte, denen, ohne daß sie selbst Prädikate sein können, mit der Zeit verschiedene Prädikate entsprechen können, d. h. mit Leibniz die Substanzen, keine logischen Relationen untereinander haben können: denn „die Monaden haben keine Fenster". Nur im Widerspruch gegen solche Prämissen ist Leibniz zu Relationen gekommen, die sich nicht auf prädikative Urteile reduzieren lassen. Und nur so hat er sich der später von Kant vertretenen Lehre genähert, die den Relationen eine geistige Bedeutung zuschreibt. Aber Russell ist weit davon entfernt, die Entwicklung dieser Gedanken zu verfolgen (was auch deren Ursprung sein mag). Er kehrt zu der primitiven scholastischen Position des kritisierten Philosophen zurück und korrigiert nur die Unzulänglichkeit der logischen Analyse, indem er, wie geasgt, nichtprädikative Relationen nachweist. Für ihn gibt es daher keine Substanzen im Leibnizschen Sinne mehr, sondern es gibt eine Welt von Relationen, die weder der Erfahrung noch dem Verstande angehören, sondern sie bilden die Welt der Universalien: durch Interferenz der einfachen passend gewählten Relationen erhält man die a priori-Wissenschaft von allen Möglichkeiten.[16])

---

15) „A Critical Exposition of the Philosophy of Leibniz —" Cambridge 1900. Vgl. „The Problems of Philosophy" London, Williams and Norgate.
16) Unter den bemerkenswerten Folgerungen der antikritischen Posi-

28. Logische Operationen: Symbolische u. psycholog. Betrachtung

In einem Sinn, der ganz entgegengesetzt ist zu der Tendenz, welche ihren klarsten Ausdruck in dem Realismus Russells gefunden hat, geht die von F. Enriques[17]) angestellte Untersuchung der Logik vor. Für ihn ist, wie für Boole — dessen Stellung er sich in unabhängiger Weise nähert — die Logik, die Gesamtheit der Gesetze, die einen Denkprozeß regeln, und sie kann nur fiktiv in der statischen Form eines Symbolismus dargestellt werden: Erkenntnis der logischen Beziehungen bedeutet also Erkenntnis der Denkoperationen, die sie bezeichnen sollen. Wenn diese These so ausgedrückt wird, daß man sagt, die Logik sei eine Teil der Psychologie, so weiß der Leser, wie der Ausdruck in einem rationalen Sinn zu verstehen ist, in einer Weise, daß die Einwände Kants gegen eine solche Behauptung vermieden werden (vgl. § 19).

Aber die psychologische Analyse der Logik beginnt mit der Erkenntnis der Gegenstände oder Individuen, welche das Denken als unabänderlich setzt, damit das Elementarurteil der Identität oder der Verschiedenheit zweier Objekte einen von der Zeit unabhängigen Sinn habe: die Bedingungen, die man bei dieser Betrachtung antrifft, übersetzen sich in logische Prinzipien (der Identität, des Widerspruches, des ausgeschlossenen Dritten). Der Verstand kombiniert die logischen Objekte vermittels assoziativer Operationen. Mehrere Objekte $a, b, c \ldots$, können zu einer Klasse vereinigt (a und b und $c \ldots$) oder zu einer Reihe geordnet werden (geordnete Klasse $a\,b\,c\ldots$). Dann wird die Vereinigung von zwei oder mehr Klassen, und auch die Korrespondenz definiert, die man vermittels eines gewissen assoziativen Prozesses zwischen den Elementen zweier Klassen herstellen kann.

---

tion Russells erwähnen wir nur seine Rechtfertigung der absoluten Bewegung als Bewegung in bezug auf den Raum. ,,Principles'' Kap. LVIII.

17) ,,Probleme der Wissenschaft'' 1906, Kap. III. ,,Die Probleme der Logik'' in ,,Enzyklopädie der philosophischen Wissenschaften'' von Windelband und Ruge, Bd. I, 1912, S. 219.

III. Die moderne Reform der Logik

Aus der Umkehrung der angegebenen Operationen entspringt nicht nur der Durchschnitt zweier Klassen, sondern auch die Abstraktion: in der Tat ist der abstrakte Begriff des Elementes einer Klasse (a oder b oder c...) das Resultat der Operation, die invers ist zu derjenigen, durch die a, b, c... zu einer Klasse vereinigt werden; natürlich ist der Rückgang von der Klasse zu ihren Elementen nicht eindeutig, und daher ist das Abstrakte ein neuer Gegenstand des Denkens, der „ein beliebiges der Elemente darstellt, die in der Klasse vereinigt sind, und das ersetzbar durch jedes andere (gleich jedem anderen) gedacht wird".

Die logischen Beziehungen zwischen gewissen Begriffen, (Klassen, Reihen...) werden als Ausdruck der logischen Operationen angesehen, die es gestatten, jene Begriffe, ausgehend von den tatsächlich gedachten oder nur möglichen Objekten oder Individuen zu konstruieren. Dieser Zusatz gewinnt an Wert durch die Bemerkung, daß in Wirklichkeit die von uns verwendeten Begriffe, Klassen (wie die Gerade) einführen, in denen unendlich viele Gegenstände (Punkte) vereinigt werden, so daß es wirklich nicht angängig ist, zuerst diese Elemente, eines nach dem anderen, zu denken und sie dann zum ganzen zu vereinen; die Gerade ist eine Klasse von Punkten nur in dem Sinn, daß sie die Annahme unendlich vieler möglicher Punkte erlaubt, die — durch eine Bestimmung a priori — vereinigt gedacht werden müssen. Insbesondere ordnet sich gemäß dieser Auffassung der Begriff der Aussage — der in der neuen Entwicklung der symbolischen Logik als primitiv angenommen wird — dem Begriff der vorhin genannten Operationen (Konstruktion von Klassen usw.) unter und dem der Urteile der Identität oder der Verschiedenheit von Gegenständen (Elemente jener Klassen usw.).

Enriques hat seine Theorie nicht bis zur systematischen Erörterung aller logischen Beziehungen durchgeführt. Aber der Vergleich mit der symbolischen Logik ermöglicht leicht den Nachweis, daß seine Theorie die Grenzen Booles überschreitet und völlig erschöpfend ist. Die dynamische Auffassung des logischen Prozesses, an Stelle der statischen Darstellung durch Symbole, gibt sogar dem Begriff der „geordneten Reihe" sein volles Recht wieder, unter den logischen Begriffen, sich neben — eigentlich vor — den Begriff der Klasse zu stellen, welch' letzterer in Wahrheit durch Abstraktion entspringt, indem man verschieden geordnete Reihen vergleicht. So zeigt sich, daß die von Russell im Begriff der Ordnung angetroffene Schwierigkeit, die ihn dazu nötigt, den primitiven, nicht anders erklärten Begriff der Relation einzuführen, nur an dem Aspekt liegt, unter dem die symbolische Ausdrucksweise den logischen Prozeß erscheinen läßt.

29. DAS HYPOTHETISCH-DEDUKTIVE SYSTEM

Nun fragt man: Wohin gelangt nun die durch die Kritik der mathematischen Grundbegriffe, insbesondere durch das Werk von Pasch herangereifte Reform der Logik? Welches ist der neue Begriff der beweisenden Wissenschaft oder des Aufbaus einer deduktiven Theorie, der aus diesen Untersuchungen sich ergibt?

Im logischen Sinne gibt es, wie wir sahen, keine Sachdefinitionen sondern nur Wortdefinitionen. Da diese aber einen relativen Charakter haben, so gelangt man zu nichtdefinierten primitiven Begriffen, die explizite angeführt werden müssen.

In durchaus analoger Weise läßt die Deduktion die Sätze einer jeden Theorie von gewissen Prämissen oder Grundsätzen abhängen. Der Logiker hat nicht zu prüfen, ob diese Gründe der Evidenz entspringen, oder ob sie der Erfahrung entstammen, oder ob sie im Hinblick auf irgendein höheres Ziel als Hypothesen angenommen wurden, und in diesem Sinne unterscheidet er nicht mehr zwischen „Axiomen" und „Postulaten". Er hat sich nur zu überzeugen, daß alle Postulate als solche angeführt sind und zwar in der Form rein logischer zwischen den Grundbegriffen angenommener Beziehungen.

Das System der Postulate enthält die implizite Definition der nicht explizit definierten Begriffe, derart, daß ein System

III. Die moderne Reform der Logik

von Gleichungen ausreicht, die vorkommenden Unbekannten zu definieren, indem es ihren Variabilitätsbereich einschränkt. (Vergleich von Gergonne.)

Da wird mancher sagen: Wie geht das zu? Ich finde in der Geometrie die Grundbegriffe von „Punkt", „Gerade", „Ebene" usw., die mit $a, b, c \ldots$ bezeichnet werden, und finde ihre logischen Beziehungen, die in einem System von Postulaten zum Ausdruck gebracht sind: Behauptet ihr nun, daß diese Postulate wirklich $a, b, c \ldots$ definieren? Ist da nicht ein Widerspruch zwischen dieser Behauptung und der abstrakten Bedeutung, die ihr mit aller Sorgfalt den „logischen Beziehungen" habt geben wollen? Gerade weil es möglich sein soll, eurem System eine zweite Interpretation zu geben (bei der aus einem „Punkt", z. B. ein „Kreis" einer Ebene, aus einer „Geraden" ein „Büschel von Kreisen" wird), leb wohl Definition der Begriffe! Sonderbar, daß die Definition (die so schön als implizite qualifiziert wird) von ihrer Hauptaufgabe, d. h. der Bestimmung der Gegenstände, von der sie handelt, entbunden wird! Und unser Kritiker wird noch weiter den abstrakten Geist der Mathematiker lästern und predigen, daß, wenigstens bei den Grundbegriffen der Wissenschaft, keine andere Rettung ist, denn die Rückkehr zur Sachdefinition.

Aber, zu seinem Glück, wollen wir ihn nicht beim Wort nehmen, ihn nicht dazu herausfordern, diese Sachdefinition der geometrischen Gegenstände zu geben: er könnte sie nicht geben, wenn er sich nicht auf Beobachtungen und Experimente beziehen will, die ihm doch nur physikalische Gegenstände liefern würden, die von denen der theoretischen Geometrie doch reichlich verschieden sind. Auf seine Einwendungen aber wollen wir wie folgt antworten.

Wozu ist die Definition der Grundbegriffe einer deduktiven Wissenschaft da? Offenbar für den Aufbau jener Wissenschaft; und in diesem Sinne ist alles, was wir von der realen Bedeutung der Begriffe nötig haben, in ihren Beziehungen enthalten, und diese müssen wir daher explizite postulieren. Dem Zweifel, ob

29. Das hypothetisch-deduktive System

ein System von Postulaten in diesem Sinne vollständig sei, kann man in jedem einzelnen Falle antworten, indem man prüft, ob zwei Systeme von Gegenständen, die dem System genügen, in umkehrbar eindeutige Beziehung gebracht werden können, derart, daß die Eigenschaften des einen sich in völlig homologe Eigenschaften des anderen umsetzen lassen, d. h. so, daß sie in dem hier gemeinten Sinne als gleich erscheinen: z. B. sind die Systeme von Postulaten, durch die wir, wie üblich, entweder die projektive oder die metrische Geometrie des Raumes bestimmen, vollständig. Denn sie definieren die projektiven Räume so, daß zwischen denselben eine projektive Beziehung hergestellt werden kann, und sie definieren die metrischen Räume so, daß man von einem zum anderen durch eine Transformation gelangen kann, welche auch die Beziehungen der Kongruenz aufrecht erhält.

Aber, sagt nun wieder unser Kritiker, in der Wirklichkeit der Erfahrung oder der Anschauung bezeichnet der Raum immer etwas viel Bestimmteres als ihr behauptet, mit einem System von Postulaten definiert zu haben, mögen auch eure Postulate im angegebenen Sinne vollständig sein. Es kommen nicht nur die Beziehungen der Punkte untereinander oder zu den Geraden und Ebenen usw. in Betracht, sondern auch Relationen, die den geometrischen Entwicklungen fremd sind: z. B. Beziehungen zur Materie, zur Bewegung usw. usw.

Nun wohl, antworten wir, die implizite Definition des Raumes (oder der in ihm zusammengefaßten Begriffe), die wir in der Geometrie geben, hat nicht die Absicht, den Gegenstand unserer Betrachtungen über das Gebiet der Geometrie hinaus zu bestimmen; aber niemand verbietet, die Geometrie in ein weiteres Gebiet der Mechanik oder Physik zu verfolgen, indem man andere Grundbegriffe den eigentlich geometrischen anfügt und mit diesen durch neue Postulate verbindet. Auch diese Erweiterung oder Ausdehnung einer theoretischen logisch geordneten Wissenschaft empfängt notwendig Anregungen von jeder ihrer Deutungen oder Anwendungen in der Welt der Wirklichkeit: daher wird man

III. Die moderne Reform der Logik

die Grundbegriffe angenähert realen Gegenständen entsprechen lassen, die ihrerseits in einem vom logischen verschiedenen Sinne definiert sind, vermittels Beobachtungen und Experimenten, in Beziehung zu möglichen Handlungen oder Überlegungen, die durch Worte besser suggeriert als angegeben werden. Denn eine besondere Eigenschaft der Vernunft ist diese: jede Realität durch ein System abstrakter Begriffe darzustellen, geeignet, auf die Erkenntnis einer ausgedehnteren und sozusagen wirklicheren Realität abzuzielen, um so das System einem unbeschränkten Fortschritt zuzuführen.

Aber, kehren wir nun zu dem Wissenschaftssystem zurück, in welchem die Begriffe implizite, wie wir sagten, durch ihre logischen Beziehungen definiert sind. Dann bemerken wir, daß es keine natürliche Ordnung der Deduktion gibt, von der die Auswahl der Grundsätze abhängt, die man als Postulate annehmen muß. Ebensowenig gibt es eine notwendige Reihenfolge der Definitionen, vermöge deren gewisse Begriffe vor anderen als primitive zu figurieren haben. So haben sich bei den Grundlagen der Geometrie verschiedene Anordnungen ergeben. Z. B. kann man, wie Lobatschefsky die Gerade und die Ebene vermittels der Kugel definieren, oder man kann umgekehrt diesen Begriff sowie die sich daran anschließenden Begriffe von Kongruenz und Bewegung auf die vorangestellten Begriffe von Gerade und Ebene zurückführen.

Es scheint, daß der Erfolg dieser Gesichtspunkte im Geiste der Logiker die Niederlage der aristotelischen Ontologie unmittelbar zur Folge haben muß. Aber schon sind wir gezwungen zu erkennen, daß diese Niederlage nicht definitiv ist, und der Geist des Realismus überlebt und erneuert sich in anderer Form. Was insbesondere die primitiven Begriffe anlangt, so findet sich der Gedanke von Leibniz, eine kleine Zahl einfacher Begriffe an die Spitze zu stellen (die alchimistische Auffassung der Logik des Raimundus Lullus), bei vielen Denkern wieder, und zwar — wie wir schon sahen — bei ganz modernen Vertretern der mathematischen Logik. Lambert, der an Wolf, und damit

29. Das hypothetisch-deduktive System

indirekt an Leibniz, bei der Aufsuchung der Grundsätze anknüpft, sagte, daß die Grundlehre mit einfachen Begriffen beginnen müsse, denn sonst hätte das Definieren und das Beweisen kein Ende.[1]) „Danach machen die einfachen Dinge in dem Systeme der Sacherklärungen und ihre Namen im Systeme der Worterklärungen den ersten Anfang aus, und dienen den übrigen zum Grunde" (Op. c. S. 24). Aber es ist verwunderlicher, daß man den gleichen Gedanken in der ersten Fassung des Peanoschen Denkens findet. In einer Besprechung der „Grundsätze der Arithmetik, begriffschriftlich abgeleitet" von Frege[2]), sagt Peano genau folgendes: „Die mathematische Logik besteht nicht aus einer Reihe willkürlicher Verabredungen, die nach der Laune des Verfassers abgeändert werden können, sondern gerade in der Unterscheidung der Gedanken und Aussagen in primitive und in abgeleitete. Und diese Einteilung ist nur auf eine Weise möglich." „Die verschiedenen Ideographien, die man entwerfen kann, müssen, wenn sie zur Darstellung aller Aussagen gleich geeignet sein sollen, schließlich untereinander übereinstimmen, abgesehen höchstens von der Form der benutzten Zeichen."

Es scheint aber doch, daß Peano seine Meinung in diesem Punkte rasch geändert hat. Denn im „Formulaire de Mathématiques", Bd. 2, 1897, schreibt er: „Aber die Einteilung der Gedanken in primitive und in abgeleitete ist ein wenig willkürlich. Denn wenn man vermittels a das b definiert, und wenn man vermittels b das a definiert, so wird man als primitiven Gedanken sowohl a wie b nehmen können" (S. 27). Wir haben — so fügt er hinzu — die Auseinandersetzung gewählt, welche uns als die einfachste erscheint, aber wir wollen die Bezeichnung (Df) ein-

---

1) „Anlage zur Architektonik oder Theorie des Einfachen und des Ersten in der philosophischen und mathematischen Erkenntnis", Riga, 1779, S. 19.
2) „Rivista di matematiche" Torino, Bd. 5, 1895, S. 123. Vgl. auch die Erwiderung von Frege am 29. 9. 1896 („Revue de Mathématique", Bd. 3, S. 53).

führen, um die Definitionen zu bezeichnen, welche beim Wechsel des Systems der Grundsätze möglich werden.

Eine offene Anerkennung der logischen Willkür beim Aufbau eines deduktiven Systems findet sich bei Vailati. Unter den vielen Darstellungen, die er für diesen Gedanken gegeben hat, geben wir die folgende[3]) wieder: „Die Vertreter der mathematischen Logik sehen den Unterschied zwischen den Grundsätzen und den anderen Sätzen nicht mehr darin, daß die Grundsätze eine besondere Eigenschaft haben, welche dieselben „an sich" annehmbarer, evidenter, weniger anfechtbar usw. macht, sondern sie sehen in den Postulaten Sätze wie alle anderen, deren Auswahl anders ausfällt, je nach den Zielen, die man bei der Darstellung verfolgt.

...... Wenn die Beziehungen zwischen den Postulaten und den daraus abgeleiteten Sätzen zunächst mit den Beziehungen verglichen werden könnten, die in einem autokratisch oder aristokratisch regierten Lande zwischen dem Monarchen oder der privilegierten Klasse auf der einen und dem Rest der Bevölkerung auf der anderen bestehen, so ist die Arbeit der mathematischen Logiker in gewisser Weise ähnlich der von Männern, die ein konstitutionelles oder demokratisches Regime einführen, bei dem die Auswahl oder die Wahl der Regierung wenigstens ideell von der anerkannten Fähigkeit abhängt, zeitweise bestimmte Funktionen im Interesse der Öffentlichkeit auszuüben.

Die Postulate haben also auf jene Art von Gottesgnadentum verzichten müssen, auf das sich der Anspruch ihrer Evidenz stützte, und sie mußten an Stelle der Herren, die servi servorum werden, die einfachen Angestellten der großen Gesellschaft der Sätze, die in Wahrheit das Geäst der Mathematik ausmachen."

Man kann sicher sein, daß man im Sinne des Verfassers handelt — und er hat seine Meinung bei verschiedenen Gelegenheiten klar ausgesprochen —, wenn man die vorstehenden Sätze erneut liest und dabei die Worte „Postulate" und „davon abhängende Sätze"

---

3) „Scritti" 1906, S. 690.

29. Das hypothetisch-deduktive System

durch „Grundbegriffe" und „vermittels derselben definierte Begriffe" ersetzt.

Wenn man einmal den Standpunkt einnimmt, daß jede wissenschaftliche Theorie (um die Worte Pieris zu gebrauchen) auf ein hypothetisch-deduktives System herauskommt, in dem die Prinzipien mehr oder weniger willkürlich sind — so z. B. in der Schule von Peano im Hinblick auf eine logische Kritik, und in der Schule von Hilbert im Hinblick auf ein höheres mathematisches Interesse — so kommt man dazu, eine immer freiere Auswahl der Grundbegriffe und der Postulate zu treffen. Und es ist merkwürdig, daß gerade in der logisch-symbolischen Schule der Gedanke einer Aufsuchung der einfachen Begriffe aufgegeben wurde, und die Auffassung entstand, Begriffe an die Spitze zu stellen, die zwar kompliziert erscheinen mögen, deren Anzahl aber dafür möglichst klein ist. Aus diesem Grunde wird von diesen Logikern das System von Pieri als ein großer Fortschritt gerühmt. Denn es hat die Zahl der Grundbegriffe und der entsprechenden typographischen Zeichen auf zwei reduziert, während es im arithmetischen System Peanos drei waren! Es scheint nicht, daß irgendein Glied dieser Schule bemerkt hätte, welche geringe Bedeutung an sich eine solche Reduktion hat; gerade als ob irgendein Mathematiker darauf verzichten würde, die Definition des Rationalitätsbereiches ($\sqrt{2}$, $\sqrt{3}$, $\sqrt{5}$) dadurch zu vervollkommnen, daß er die drei ihn definierenden Irrationalitäten durch eine einzige aus ihnen zusammengesetzte ersetzte.

Aber diese und andere Kritik, die man an die Adresse der Schule hinsichtlich der Anwendung der Ideen in der Mathematik richten kann, richten sich doch schließlich gegen die Ablehnung jedes außerlogischen Kriteriums, dem die logische Willkür zu unterwerfen wäre. So haben die Übertreibungen und die Fehler in jedem Falle einen erläuternden Wert für die Logik. So bei dem oben beschriebenen Übergang von der Aufsuchung der einfachsten Begriffe zu der Aufstellung komplizierter von möglichst geringer Zahl. Für die reine Logik gibt es keinen Mittelweg. Die Einfachheit verliert wie jedes andere Erfordernis in ihren Augen an Wert, sobald man bemerkt, daß sie keinen absoluten Wert besitzt. Wie die Menge bei Manzoni: wenn sie erst einmal überzeugt ist, daß jemand nicht verdient, gehängt zu werden, so braucht es nicht vieler Worte, um sie zu überzeugen, daß er im Triumph getragen werden muß!

30. UNABHÄNGIGKEIT UND VERTRÄGLICHKEIT DER PRINZIPIEN

Die am Ende des achtzehnten und am Anfang des neunzehnten Jahrhunderts angestellten Versuche, das Euklidische Parallelenpostulat zu beweisen, haben das Problem entstehen lassen, „ob und wie man die Unabhängigkeit eines Satzes oder einer Hypothese von den anderen zugrunde gelegten Postulaten erkennen könne". Die nichteuklidische Geometrie löst das Problem für das genannte Parallelenpostulat, indem sie zeigt, daß es sich nicht aus einem System von Postulaten ergibt, durch das sich die gewöhnlichen Begriffe der Geraden, der Ebene, der Kongruenz usw. so charakterisieren lassen, daß sie die 27 ersten Sätze Euklids zur Folge haben. Sie gehen dem 28. voraus, in welchem gerade von jenem Parallelenpostulat Gebrauch gemacht wird.[1])

Auf welche Weise wird dies paradoxe Resultat erzielt, durch das es gelingt, die Unmöglichkeit eines Beweises zu beweisen?

Man beweist, daß der Satz x sich nicht als Folge aus einem System von Prämissen $a, b, c \ldots$ gewinnen läßt, indem man die Kohärenz oder die Verträglichkeit des Systems der Hypothesen $a, b, c \ldots$ non-x ersichtlich macht.

In dem vorliegenden Falle gelangt man genau zu folgendem Ergebnis: Man bezeichne mit x die Euklidische Parallelenhypothese und mit $a, b, c \ldots$ die anderen zugrunde gelegten Postulate. Das hypothetisch-deduktive System, welches $(a, b, c \ldots$ non-$x)$ zur Basis hat, kann man abstrakt mit Hilfe von Gegenständen

---

1) Eine einfache Darlegung dieser Unabhängigkeit findet man in den schon erwähnten Vorträgen über nichteuklidische Geometrie von F. Enriques, die O. Fernandez redigiert hat.

30. Unabhängigkeit und Verträglichkeit der Prinzipien

des gewöhnlichen euklidischen Raumes interpretieren. Daher müßte jeder Widerspruch, der sich eventuell bei Entwicklung des Systems ($a, b, c \ldots$ non-x) ergeben könnte, auch auf das System ($a, b, c \ldots x$) zurückwirken. Also ist die Annahme, daß x von $a, b, c \ldots$ abhänge, absurd, wofern man voraussetzt — und das ist eine wesentliche Voraussetzung, — daß das System $a, b, c \ldots$ verträglich sei.

So wird die Frage nach der Unabhängigkeit der Postulate auf die der Verträglichkeit reduziert: Daran hätte man vielleicht nicht gedacht, wenigstens nicht im Falle der evidenten Grundsätze, um die es sich in der Geometrie handelt.

Aber wie können wir auf logischem Wege dies neue Problem der Verträglichkeit eines Systems von Hypothesen lösen?

Es handelt sich in der Tat um den Nachweis, daß die auf gegebenen Prämissen beruhende deduktive Entwicklung niemals zu einem Widerspruch führen kann. Wir sahen schon, daß sich Leibniz und Saccheri mit einem solchen Problem herumschlugen. Sie wollten es dadurch lösen, daß sie einfache Ideen an die Spitze stellten. Dabei nahmen sie a priori an, daß sich einfache Ideen nicht untereinander widersprechen könnten, und daß der Widerspruch sich nur am Zusammengesetzten zeigen können.

Auch Lambert nimmt denselben Standpunkt ein: „möglich ist, was keinen Widerspruch enthält", „was ist, das ist an sich möglich", sagt er in der erwähnten „Anlage zur Architektonik" (S. 16). Und er fügt noch einiges hinzu, was dazu dient, a posteriori die Möglichkeit mit Hilfe von Experimenten zu finden, aber die Experimente und die Beispiele allein zeigen nicht ohne weiteres, wie weit die Möglichkeit sich erstreckt. Hier ist es nötig, a priori die Möglichkeit der Zusammensetzung der Begriffe zu fordern. In der Tat, „der Widerspruch erfordert mehr als ein Stück: die einfachen Begriffe widersprechen sich nicht".

Unter den Denkern, die neuerdings über dies Problem nachdachten, das, wie gesagt, aus der Entwicklung der nichteuklidischen Geometrie entstand oder durch sie wieder aufgefrischt wurde, haben sich zwei Tendenzen gezeigt. Die einen sind der Meinung, daß die Verträglichkeit eines Systems von Hypothesen nur a posteriori dadurch erwiesen werden könne, daß man für das System irgendeine Interpretation im Gebiete der Erfahrung findet. Die anderen suchen (nach dem Vorgang von Weierstrass, Kronecker usw.) die abstrakte Bedeutung des Systems auf eine arithmetische Interpretation zu reduzieren, so daß dann alles auf den Begriff der natürlichen Zahl gegründet erscheint. Deren Möglichkeit nimmt man auf Grund der Denkgesetze a priori an.

Aber gegen den empirischen Standpunkt, den Vailati vertreten hat, kann man einen schwerwiegenden Einwand machen. Nehmen wir mit Lambert an, daß „was ist, möglich ist", d. h. frei von Widersprüchen ist. Damit die Erfahrung a priori Sicherheit geben kann, daß „etwas ist" in dem durch die Fragestellung geforderten Sinne, ist es nötig, daß sie zu vollkommen exakten Urteilen führt, die nichts nur näherungsweise Richtiges enthalten. Aber gerade dieser Forderung kann man unmöglich genügen, wenigstens solange es sich darum handelt, im Kontinuum zu experimentieren: nur Experimente im Diskreten können exakte Geltung beanspruchen. Wenn man, wie das bei mathematischen Denkern oft vorkommt, die es wenig lieben, sich in den philosophischen Gehalt ihrer Meinung zu vertiefen, wenn man also zur erfahrungsmäßigen Wirklichkeit auch die Welt der Anschauung (z. B. der geometrischen Anschauung) rechnet, indem man mehr oder weniger explizit annimmt, daß diese einen allgemeinen Zwang der Erfahrung wiedergibt, der in langer geistiger Entwicklung herausgearbeitet wurde, dann erhöht sich der Wert der empirischen These. Denn dies bedeutet, daß die Verträglichkeit gewisser Begriffe nicht allein durch die historische Entwicklung der Wissenschaft erprobt wurde, sondern auch in ihrer eigenen psychologischen Konstitution. Hieraus erkennt man eben den Einfluß der logischen Forderung, Widersprüche auszuschließen.[2])

---

2) Vgl. Enriques, Probleme der Wissenschaft, Kap. IV.

30. Unabhängigkeit und Verträglichkeit der Prinzipien

Die These der Rationalisten, welche den Beweis einer jeden Verträglichkeit auf die Kohärenz der Arithmetik zurückführt, ist meiner Meinung nach in der Tat der beste Weg zur Lösung des Problems. Die Basis des Beweises ist jetzt möglichst klein geworden, denn sie besteht in der Annahme einer unendlichen Reihe von Gegenständen, wie es die natürlichen Zahlen sind. Man kann eine solche Reihe auf Grund eines einfachen Gedankenexperimentes, nämlich der Wiederholbarkeit der Denkakte konstruieren. Das kommt im **Prinzip der mathematischen Induktion** zum Ausdruck. In diesem Sinne können wir uns der Auffassung **Poincarés** anschließen, daß das Prinzip der vollständigen Induktion ein synthetisches Existenzurteil enthält, auf das sich alle anderen mathematischen Lehren reduzieren. Indessen haben sich die Versuche als eitel erwiesen, jenes Prinzip dadurch zu beweisen, daß man es auf die logischen Axiome zurückführt, die die Gesetze der Assoziation des Denkens ausdrücken.

Das Problem der Verträglichkeit der Prämissen eines hypothetisch-deduktiven Systems wird durch die Zergliederung des Denkprozesses beleuchtet, die **Enriques**[3]) entwickelt hat. Dabei wird der Leibnizsche Gedanke der „Einfachen" in neuer Form wieder aufgenommen, und von der intensiven Logik des Realismus auf die extensive übertragen.

Suchen wir die Bedeutung sich widersprechender Sätze tiefer zu erfassen, indem wir den eigentlichen Wert der **logischen Prinzipien** der Identität, des Widerspruchs und des ausgeschlossenen Dritten erforschen. In der Geschichte des Denkens gibt es zwei verschiedene Arten zu ihrer Erklärung. Die eine läßt sich an die antike eleatische Philosophie anknüpfen, die andere entspricht der **Kant**schen Art zu philosophieren. Die erste betrachtet die logischen Prinzipien als Eigenschaften der realen Welt, die andere als subjektive Bedingungen des Denkens. Wenn man die realistische Auffassung der logischen Prinzipien genau nimmt, so führt sie zu metaphysischen Konsequenzen, wie

---

3) „Probleme der Wissenschaft", Kap. III.

man bei den alten Systemen Platos oder der Megariker sehen kann.

Die Auffassung der logischen Prinzipien als Denkgesetze ist in Wahrheit älter als Kant: schon Leibniz bemerkt, daß sie sich aus der Verallgemeinerung der Erfahrung zu ergeben scheinen, aber der Beweis setzt sie voraus, so daß sie die Vorbedingung jeden Denkens und jeder Erkenntnis zum Ausdruck bringen. Es ist andererseits wahr, daß die Verbreitung der Kantschen Lehre zur Annahme jener Auffassung beigetragen hat. Neukantianische Logiker, wie W. Hamilton sagen deutlich, daß die logischen Prinzipien Grundgesetze sind, die durch die Natur des denkenden Subjektes bestimmt sind, daß sie also Bedingungen des Begreiflichen sind. Stanley Jevons untersucht die Frage in seinem großen Werk über Logik[4]) gründlich: die Wissenschaft (so sagt er in der Einleitung) entspringt aus der Entdeckung der Identität und der Verschiedenheit, in dem Schauspiel des unendlichen Wechsels und des unendlichen Neuen, das die Natur unseren Sinnen bietet. Die drei Prinzipien, welche er Gesetze der Identität, des Widerspruchs und der Dualität nennt, drücken für ihn „die wahre Natur und die Fähigkeit des Verstandes aus, darin zu unterscheiden und zu identifizieren". „Sind es Gesetze des Denkens oder der Dinge? Gehören sie dem Verstande an oder der materiellen Natur?" so fragt er daher auf S. 6 des erwähnten Werkes. Hier gerade bringt er die oben erwähnte Bemerkung von Leibniz vor. Inzwischen hat er die psychologische und empirische Behandlung der Logik durch Stuart Mill bereits kritisiert. — Und so gibt er Spencer recht, daß dieselben Prinzipien auch objektive Gesetze (oder allgemeinste Tatsachen) ausdrücken können. Er fügt noch hinzu, daß es in jedem Falle angebracht ist, zwischen der Konstitution des Verstandes und der Anhäufung der Erkenntnisse zu unterscheiden.

Die Auffassung von Enriques widerholt in dieser Hinsicht,

---

4) „The Principles of Science" „A Treatise on Logic and Scientific Methods", Macmillan 1873. 2. Auf. 1877.

30. Unabhängigkeit und Verträglichkeit der Prinzipien

dieselbe Ansicht: Die logischen Prinzipien drücken die Invarianz der Gegenstände des Denkens aus, welche — willkürlich — bei der Überlegung als fest angenommen werden, und daher geeignet sind, die „logischen Individuen" zu definieren. Wenn nun a, b, c logische Individuen sind, die ausdrücklich als unterschieden gedacht werden, so wird bei allen Operationen des logischen Denkens weder passieren können, daß sie sich so verändern, daß sie sich so verwirren, daß man als identisch nimmt, was verschieden ist und umgekehrt, noch können sich die neuen durch solche Operationen erzeugten Gegenstände (wie z. B. die Klassen (ab), (ac), (bc)) zugleich als identisch und verschieden ergeben. Mit anderen Worten, der logische Prozeß kann ausgehend von einer endlichen Zahl von verstandesmäßig gesicherten Individuen nie zu einem Widerspruch führen. Das entspricht der These von Leibniz über die „Einfachen", wenn man sie in die extensive Logik überträgt. Hier verstehen wir unter einfachen Gegenständen nicht mehr die allgemeinsten Begriffe, sondern im Gegenteil die Individuen des Denkens, d. h. die Gegenstände irgendwelcher Natur, die abstrakterweise als unzerlegbare Elemente des Denkens angenommen werden. Hier kann es keinen Widerspruch geben, wenn man z. B. im Denken mehrere Punkte a, b, c, ... zusammennimmt; denn die bloße Zusammenstellung dieser Elemente des Denkens besteht in der Erkenntnis ihrer Identität oder Verschiedenheit, und das Resultat dieser Zusammenstellung bleibt erhalten, wenn man jene logischen Gegenstände unverändert läßt.

Aber wie wir bereits bemerkten, läuft der logische Prozeß in Wirklichkeit nicht an Begriffen ab, die ausgehend von endlich vielen vom Denken tatsächlich gesetzten logischen Individuen konstruiert sind, sondern er entwickelt sich vielmehr an gegebenen Begriffen, deren logische Beziehungen die Möglichkeit einer gewissen Konstruktion voraussetzen, nämlich der Darstellung der genannten Begriffe als Klassen usw., ausgehend von gewissen hypothetisch annehmbaren Individuen: es entstehen im allgemeinen unendlich viele solche Individuen, so daß die tatsächliche Rekonstrukion unmöglich ist. Die Frage, ,,ob die als implizite Definition unserer Begriffe ausgesprochenen logischen Beziehungen verträglich seien", bezieht sich eben auf die Rechtfertigung der Hypothesen, welche den Begriffen selbst ihre ,,angenommene Existenz" gibt, als möglich Produkte des Denkens. Die Grundsätze, welche die angenommenen Beziehungen zum Ausdruck bringen, sind eigentliche Postulate, insofern sie die Annahme jener logischen Existenz fordern, die jeden Widerspruch in der darauf gegründeten deduktiven Entwicklung ausschließt.

Auf diese Weise wird die Hobbessche Schwierigkeit der willkürlichen Wahrheit der Mathematik gelöst: die Postulate einer abstrakten Theorie, sind nicht selbst willkürlich, obwohl sie die implizite Definition willkürlicher Begriffe enthalten; denn sie müssen der Bedingung der logischen Existenz der definierten Begriffe genügen, deren Wert früher erklärt worden ist.

Kehren wir zur Frage der Unabhängigkeit der Grundsätze zurück, um noch einige Bemerkungen anzufügen.

Wenn es sich um ein System von Postulaten $a, b, c, \ldots$ handelt, so kann man entweder ihre absolute Unabhängigkeit, oder ihre ,,geordnete" Unabhängigkeit definieren: in diesem zweiten Falle meint man, daß b keine Folge von a sei, daß c nicht aus a und b folgt usw. Dabei schließt man also nicht aus, daß a aus $b, c, \ldots$ folgen kann. Nun hat Beppo Levi[5]) dazu bemerkt: wenn ein System von Postulaten $a, b, c, \ldots$ mit geordneter Unabhängigkeit gegeben ist, so kann man stets ein neues System von absolut unabhängigen Postulaten konstruieren. Zu diesem Zwecke genügt es, das System $a, b, c, \ldots$ durch ein System zu ersetzen, das aus den folgenden Sätzen besteht:

$a' = a$; $b' = $,,b gilt für alle der Bedingung a genügenden Gegenstände"; $c' = $,,c besteht für alle den Bedingungen a und b genügenden Gegenstände" usw.

---

5) ,,Memorie dell'Accademia di Torino", 1904.

30. Unabhängigkeit und Verträglichkeit der Prinzipien

Es ist kaum nötig zu erwähnen, daß diese Bemerkung nur einen rein formalen Wert hat. Im allgemeinen hat es bei der praktischen Betrachtung eines hypothetisch-deduktiven Systems nur Zweck, die geordnete Unabhängigkeit der Postulate a, b, c, ... zu verlangen. Denn die absolute Unabhängigkeit hat keinen Sinn, wenn es eine Hierarchie von Begriffen gibt, bei der die folgenden Begriffe nur als Spezialisierungen der vorhergehenden erscheinen, und wo daher die letzten Postulate den Begriffen untergeordnet sind, die in den früheren auftreten. Wenn man z. B. die metrisch-projektive Systematik der Grundlagen der Geometrie betrachtet, hängen die metrischen Begriffe von den graphischen ab, so daß es keinen Sinn hätte, irgendeines der Postulate der Kongruenz oder der Bewegung vor die Axiome der Verknüpfung von Geraden und Ebenen zu stellen oder vor die Postulate, welche die linearen und die Flächeneigenschaften zum Ausdruck bringen.

Bei der Betrachtung der Unabhängigkeit der Postulate a, b, c, ... muß man auch noch folgendes beachten. Es kann z. B. sein, daß c zwar nicht als Folgerung aus a und b allein gewonnen werden kann, daß aber aus a und b ein Teil der Aussage c folgt. Hieraus ergibt sich die Forderung, als Postulate nur **einfache Sätze** zu nehmen, d. h. Sätze, die sich nicht als gleichzeitige Behauptung zweier anderer Aussagen auffassen lassen, die zusammen genommen gleichwertig sind.

Aber Padoa, der im Lichte der extensiven Auffassung der Logik seine Untersuchungen darüber anstellte, welche Bedeutung die einfachen Aussagen bekommen können, hat bemerkt, daß jede einfache Aussage sich auf die Form

a ist verschieden von b

bringen läßt, wo a und b zwei logische Individuen sind: jede andere Aussage kann in der Tat, theoretisch, in unendlich viele derartige Urteile der Verschiedenheit zerlegt werden. Z. B. enthält die Behauptung, daß ein gegebenes Element einer Klasse angehöre, die Aussage, daß es von allen den Elementen verschieden sei, die außerhalb dieser Klasse gedacht werden können.

Doch läuft die Einfachheit der Postulate auf eine völlig relative Norm hinaus, der nur eine ästhetische Bedeutung zukommt. Was die bereits früher erwähnte Frage der teilweisen oder vollständigen Unabhängigkeit eines Postulates c von anderen Postulaten a und b anbetrifft, so muß gesagt werden, daß diese noch nicht kritisch vertieft ist.

Neben die Frage der Postulate, kann man die nach der **Unabhängigkeit der Grundbegriffe** stellen. Wenn in ein gegebenes hypothetisch-deduktives System die Grundbegriffe A, B, C, ... eingehen, die ohne Definition angeführt sind, so kann man fragen, ob nicht ein oder der andere derselben explizite durch die übrigen definiert werden kann: z. B. C durch A und B. Aber diese Frage hat keinen Sinn, so lange man nicht das System der Postulate a, b, c, ... präzise angegeben hat, durch das die implizite Definition von A, B, C, ... gegeben wird. Wenn aber weiter angenommen wird, daß dieses System von Postulaten gegeben ist, so kann die Unabhängigkeit des C von A und B, d. h. die Unmöglichkeit, C in der betrachteten Theorie durch A und B zu definieren, bewiesen werden, indem man zwei konkrete Interpretationen der Theorie angibt, in denen A und B ihre Bedeutung behalten, in denen aber die Bedeutung von C verschieden ist, doch so, daß gleicherweise alle Postulate a, b, c, ... erfüllt sind, daß aber eine gewisse Behauptung x sich in der ersten Interpretation als wahr erweist, während sie in der zweiten falsch ist. In dieser Weise ist es möglich, die **Irreduzibilität** eines Systems von Grundbegriffen in bezug auf ein System von Postulaten zu beweisen.[6]

---

6) Vgl. Padoa, Essai d'une théorie algébrique ..., 1900 (a. a. O. Nr. 16).

IV. ANHANG

VON DER INDUKTIVEN LOGIK ZUR LOGIK DER WISSENSCHAFTLICHEN SYSTEME

Die Vorstellung von der logischen Ordnung einer wissenschaftlichen Theorie, die sich im Gefolge der kritischen Mathematik des 19. Jahrhunderts herausgebildet hat, kann in ihrer wahren Bedeutung nicht voll erfaßt werden, wenn man nicht zu gleicher Zeit die — in gewisser Weise entgegengesetzte — Entwicklung betrachtet, welche die sogenannte induktive Logik im gleichen Jahrhundert genommen hat, und die übrigens gleichfalls mit dem Fortschritt der im weitesten Sinne genommenen mathematischen Wissenschaften zusammenhängt.

Einerseits gelangt die Untersuchung zu einer völlig formalen und inhaltsleeren Auffassung des hypothetisch-deduktiven Systems; andererseits wird das System mit der Wirklichkeit der Beobachtungen und der Experimente verglichen, zu deren Darstellung es sich eignet, und im Hinblick auf den Ursprung und auf die Verifikation der Hypothesen betrachtet, d. h. in einer aufsteigenden Linie des Denkens, so daß schließlich die Vereinigung der beiden Betrachtungsweisen zu einer Logik der wissenschaftlichen Systeme führt.

31. DIE POSITIVISTISCHE LEHRE VON A. COMTE

Die logischen Untersuchungen, welche sich mit der Frage der wissenschaftlichen Wahrheit befassen, kann man einerseits mit Auguste Comte in Verbindung bringen, welcher im Jahre 1830 den ersten Band seines „Cours de philosophie positive" veröffentlichte und andererseits mit John Frederik William Herschel, dessen Abhandlung „On the Study of natural Philosophy" dem gleichen Jahre angehört.

Comte hat die Frage der Methode nicht eigentlich gründlich untersucht, aber er hat nichtsdestoweniger versucht, durch eine systematische Betrachtung der verschiedenen Gebiete des Wissens, den Begriff der wissenschaftlichen Erklärung selbst zu definieren. Bekanntlich kommt er so dazu, die ganze Wissenschaft auf den bloßen Inhalt an Tatsachen zu reduzieren, die sie beschreibt und in einer möglichst geringen Zahl von Formulierungen sammelt, indem sie sorgfältig jede Betrachtung vermeidet, welche über die Erscheinungen hinausgeht: ,,die Grundeigenschaft der positivistischen Philosophie ist es — so sagt er am Ende der ersten Vorlesung des ,,Cours" --, alle Erscheinungen unter dem Gesichtspunkt zu betrachten, daß sie unabänderlichen Naturgesetzen unterworfen sind, deren präzise Entdeckung neben ihrer Reduktion auf eine möglichst kleine Zahl das Ziel aller unserer Anstrengungen ist. Dabei ist für uns die Untersuchung dessen, was man Ursachen nennt, seien sie unmittelbar oder mittelbar, völlig zweck- und sinnlos". Diese Auffassung wird unmittelbar erläutert, und zwar zunächst durch das Beispiel der Newtonschen Gravitation und dann durch das Beispiel der Theorie von Fourier. Er sagt, daß die Erscheinungen des Universums so weit als möglich durch das Newtonsche Gesetz erklärt sind, weil dieses uns einerseits lehrt, die ungeheure Fülle der astronomischen Tatsachen als eine einzige allgemeinste Tatsache zu betrachten, die von verschiedenen Seiten gesehen wird, und daß andererseits diese allgemeine Tatsache sich als Erweiterung der Erscheinung der Schwere darbietet, die wir wegen ihrer Vertrautheit und nur deswegen als vollkommen bekannt ansehen. Die Fouriersche Theorie der Wärme wird von Comte hauptsächlich deswegen angeführt, weil sie die Kontroverse zwischen den Verfechtern eines Wärmestoffes und denjenigen, welche in der Wärme nur einen Schwingungszustand sehen, als völlig belanglos zur Seite schiebt. Im weiteren Verlauf des ,,Cours" wird der allgemeine Sinn der Physik von Comte im selben Geiste erklärt. Er lehnt die Annahme metaphysischer Hypothesen über den Äther, über Fluida usw. ab, die von den mathematischen Physikern seiner Zeit ihren Theorien zugrunde gelegt wurden.

Es dürfte nicht unangebracht sein, diese Auffassung derjenigen gegenüberzustellen, die Newton über die Methodik geäußert hat. Seine Erklärungen bilden gerade das Vorbild für positivistische Philosophie. Der Erfinder der universellen Gravitation sagt, daß bei den schwierigen Angelegenheiten der Physik die analytische (induktive) Methode den Vorzug vor der synthetischen (deduktiven) verdient und fährt dann fort[1]):

„Die analytische Methode besteht darin, Experimente zu machen, Erscheinungen zu beobachten und schließlich daraus durch Induktion allgemeine Schlüsse zu ziehen, und gegen diese keine Einwendungen zuzulassen, die nicht aus Experimenten oder aus anderen sicheren Wahrheiten abgeleitet sind. Denn Hypothesen sind in der experimentellen Naturforschung wertlos. Und obwohl man aus Beobachtungen und Experimenten durch Induktion nichts Allgemeines beweisen kann, so ist doch diese Methode der Forschung die beste, die die Natur der Dinge zuläßt. Und das Ergebnis muß für um so sicherer gehalten werden, je allgemeiner die Induktion ist. Wenn aus den Erscheinungen nichts hervorgeht, was dagegen gehalten werden kann, so kann die Schlußfolgerung für allgemein gehalten werden. Und wenn hinterher beim Experimentieren etwas zum Vorschein kommt, was für das Gegenteil spricht, dann kann die Schlußfolgerung nicht ohne diese Ausnahmen behauptet werden. Durch diese Analysis kann man aus zusammengesetzten Dingen durch Überlegung einfache gewinnen; aus den Bewegungen die bewegenden Kräfte ... aus den Wirkungen die Ursachen erschließen; aus speziellen Ursachen die allgemeinen gewinnen; so wird man schließlich zu den allgemeinsten kommen. Und gerade das ist die analytische Methode. Der synthetischen entspricht es, die untersuchten und richtig befundenen · Ursachen als Prinzipien zu nehmen und mit ihrer Hilfe die aus ihnen entspringenden Erscheinungen zu erklären, und diese Erklärungen dann zu beweisen."

Kehren wir nun zu Comte zurück, so werden wir anerkennen,

---

[1]) Isaaci Newtoni, Optices liber III, Patavii 1749, S. 165. Deutsche Übers. in „Ostwalds Klassiker" Bd. 96 u. 97.

daß die Aufgabe der wissenschaftlichen Erklärung von ihm in der zweiten Vorlesung seines „Cours" gut definiert ist. Dort gibt er als Ziel der Wissenschaft die Voraussicht an, indem er die Beziehung zwischen Wissenschaft und Technik präzisiert: **Wissenschaft gibt Voraussicht, Voraussicht ermöglicht das Handeln.** Und doch sucht die Comtesche Philosophie im Wissen noch vor der Macht die Befriedigung eines intellektuellen Bedürfnisses. Eine wesentliche Seite dieses Bedürfnisses ist für Comte das Gefühl der Ordnung (ein offenbarer Reflex seiner früheren Beschäftigung mit moralischen und sozialen Dingen). Diesem will er durch eine hierarchische Einteilung der Wissenschaften genügen. Er nimmt an, daß in Wirklichkeit der Gegenstand unserer Forschung ein einheitlicher sei, und daß wir ihn zerlegen, um die Schwierigkeiten zur verteilen, damit wir sie besser überwinden können. Er will die Einteilung der Wissenschaft nicht für willkürlich halten, wie einige meinen, und gibt allenfalls zu, daß die Einteilungen ein wenig künstlich sind. Wahrscheinlich ist es ein eitles Beginnen, zu versuchen, die Erklärung der Erscheinungen des Universums auf eine Formel zu bringen. Das lehrt auch der viel vernünftigere Versuch, den Laplace in dieser Richtung gemacht hat, indem er an das allgemeinste positive Gravitationsgesetz anknüpfte. Aber der positiven Philosophie genügt die **Einheit der Methode.**

Die Gedanken Comtes über die Logik sind in der erwähnten ersten Vorlesung gut dargestellt: Die intellektuellen Funktionen — so sagt er — kann man statisch betrachten, indem man die organischen Bedingungen bestimmt, von denen sie abhängen. Sie hängen so mit Anatomie und Physiologie zusammen. Man kann sie aber auch dynamisch betrachten. „Wenn man sie dynamisch betrachtet, so kommt alles darauf hinaus, den Gang zu untersuchen, den der menschliche Geist bei seiner Tätigkeit wirklich nimmt, indem man die Verfahren untersucht, die zur Gewinnung der schon erreichten verschiedenen exakten Erkenntnisse tatsächlich verwendet wurden; das ist die allgemeine

Aufgabe der positiven Philosophie. ..." „Mit einem Wort, wenn man alle wissenschaftlichen Theorien als ebensoviele große logische Tatsachen ansieht, so kann man sich nur durch die vertiefte Betrachtung dieser Tatsachen zur Erkenntnis der logischen Gesetze erheben." Und nachdem er dann diese beiden einzigen Wege der trügerischen Psychologie gegenüber gestellt hat, fügt er hinzu: „Die Methode kann nicht getrennt von den Forschungen untersucht werden, bei denen sie verwendet wurde; wenigstens ist das nichts weiter als eine tote Untersuchung, die unmöglich den Geist befruchten kann, der sich ihr hingibt." Sie kann ja nur zu vagen Allgemeinheiten führen.

„Wenn man in logischen Sätzen schön festgestellt hat, daß alle unsere Erkenntnisse auf Beobachtungen beruhen müssen, daß wir bald von den Beobachtungen zu den Prinzipien, bald von den Prinzipien zu den Beobachtungen übergehen müssen, und wenn man noch einige ähnliche Aphorismen ausgesprochen hat, dann kennt man die Methode viel weniger gut, als jemand, der in einer ein weniger gründlicheren Weise eine einzige positive Wissenschaft studiert hat, selbst wenn er dabei keine philosophische Absicht verfolgte. Diesen wesentlichen Umstand haben unsere Psychologen verkannt, wenn sie dazu kamen, ihre Träumereien für Wissenschaft zu halten, oder wenn sie glaubten, die positive Methode zu erfassen, wenn sie die Vorschriften Bacons oder die Untersuchung Descartes gelesen hatten." Immerhin hält es Comte nicht für ausgeschlossen, daß es später möglich werden könnte, a priori eine wahre Anweisung über die Methode zu geben. Aber ein solches Ergebnis könnte nur durch das Studium der positiven Philosophie erreicht werden, wenn diese das große Resultat erzielt hätte, genau die allgemeinen Regeln erkennen zu lassen, durch die man mit Sicherheit zur Erforschung der Wahrheit gelangen könnte.

Dieser Auffassung der Logik scheint Comte im wesentlichen auch in der letzten mystischen Periode seines Lebens treu geblieben zu sein, als er im Jahre 1856 den ersten Band von „La synthése subjective" schrieb, der nachher der einzige geblieben

180   IV. Anhang

ist, und der als Untertitel trägt: „Système de logique positive ou traité de philosophie mathématique."[2]) Daraus ist aber immerhin die Wichtigkeit zu erwähnen, welche den Gefühlen und den Vorstellungen beigemessen wird; sie führt ihn dazu, die Logik zu definieren als[3]): „normalen Wettstreit der Gefühle, der Vorstellungen und der Zeichen, um uns die Auffassungen nahe zu legen, welche unseren moralischen, intellektuellen und physischen Bedürfnissen angemessen sind".

Eine andere Stelle desselben Werkes (S. 45) beschreibt uns die allgemeine Ansicht Comtes über die Methode: „die universelle Methode ist aus drei Bestandteilen zusammengesetzt: die Deduktion, die Induktion und die Konstruktion, deren Reihenfolge ihrer Einteilung nach Wichtigkeit und wachsender Schwierigkeit entspricht. Wir können unmittelbar deduzieren, wenn die Überlegungen hinreichend einfach sind, um ihre Prinzipien spontan zu erfassen. Je nach der Kompliziertheit der Erscheinungen überwiegt die Induktion, wenn die Feststellung der Ausgangspunkte wertvoller und reichhaltiger ist, als die Entwicklung der Konsequenzen". Aber wir werden weiter unten Gelegenheit haben, zu ermessen, inwieweit diese Auffassung sich mit der Untersuchung der in der fortschreitenden Wissenschaft tatsächlich benutzten Prozesse verträgt.

32. DIE ABHANDLUNG ÜBER NATURPHILOSOPHIE VON J. F. W. HERSCHEL

Die vorhin erwähnte Studie von J. F. W. Herschel nimmt das Problem der wissenschaftlichen Methode in Angriff und verfolgt es in einem dem Comteschen ganz ähnlichen Geiste, obwohl sie den positivistischen Forderungen nicht bis zu einer Kritik der metaphysischen Hypothesen nachgibt, welche den Konstruktionen der Gelehrten zugrunde liegen.

Der Verfasser ist der Sohn des Fürsten der Astronomen und ist selber in der Astronomie berühmt, besonders durch seine

---

2) 2. Aufl., Paris 1900.   3) a. a. O. S. 27.

32. Die Abhandlung über Naturphilosophie von J. F. W. Herschel

vollständige Revision des ganzen Werkes seines Vaters. Er besitzt eine weitreichende Kenntnis der verschiedensten wissenschaftlichen Theorien und das lebhafte Empfinden eines Gelehrten, der selbst erfolgreich an der Erforschung der Wahrheit gearbeitet hat. Gerade aus der Geschichte einiger berühmter Beispiele, wie der Optik von Fresnel, schöpft er die Ansicht, „wie groß der Anteil der reinen Vernunft bei der Erforschung der Natur sei" (Nr. 23), aber andererseits erklärt er „die Erfahrung ... für erhaben und sie schöpfe allein aus der Kenntnis der Natur und ihrer Gesetze". Er erklärt, er wolle „nicht die Erfahrung eines einzigen Menschen oder einer einzigen Generation betrachten, sondern die von der ganzen Menschheit in allen Zeiten aufgehäufte Erfahrung, die in Büchern niedergelegt oder die durch Tradition überliefert ist" (Nr. 67).

Aber wie erklärt Herschel die Beziehung zwischen dem rationalen Element und dem empirischen Element des Wissens?

Er hebt (Nr. 14) eine abstrakte Wissenschaft hervor. Ihre Gegenstände sind „in erster Linie jene primären Wesenheiten und Relationen, deren Nichtsein wir keinesfalls begreifen können, wie z. B. Raum, Zeit, Zahl, Ordnung usw. und in zweiter Linie jene künstlichen Formen oder Symbole, die das Denken aus eigenem nach Belieben schaffen kann, und die es mit Hilfe des Gedächtnisses als Repräsentanten an Stelle der Kombinationen dieser primären Gegenstände und seiner eigenen Vorstellungen setzen kann". Dahin gehören z. B. die Sprache, die Bezeichnung und „jene Art feinerer Logik, die man erlernt, um den Verstand auf die vorteilhafteste Weise zur Erforschung der Wahrheit zu verwenden; die die sicheren Kennzeichen für die Erreichung der Wahrheit angibt und welche die Quellen des Irrtums erforscht und die Schlupfwinkel zeigt, in denen sich das Trügerische zu verbergen pflegt, die uns zu rechter Zeit auf die Gefahr aufmerksam macht, und die uns zeigt, wie man sie vermeiden kann".

Immerhin gestattet diese Art höherer Logik, die Herschel als rational zu bezeichnen vorschlägt (im Gegensatz zur verbalen Logik) nicht, die Natur zu erraten, denn die Untersuchung der Natur ist von der Idee der Ursache beherrscht, die nicht in die abstrakte Wissenschaft eingeht (Nr. 66). Auch die Dunkelheit, die über den Fällen direkter Verursachung liegt, von denen wir ein unmittelbares Bewußtsein haben (willkürliche Bewegung), zeigt, wie geringe Hoffnung wir haben können, zur Erkenntnis der Endursachen zu gelangen: es ist daher angebracht, sich auf die Untersuchung der Gesetze zu beschränken und auf die Auflösung der zusammengesetzten Erscheinungen in einfache, die wir gerne für Ursachen halten, da sie anscheinend keine weitere Zerlegung gestatten (Nr. 78).

Doch wird sich uns ein Naturgesetz in einer doppelten Gestalt zeigen (Nr. 91) nämlich

1. als allgemeine Aussage, die in abstrakten Ausdrücken eine ganze Gruppe von Einzeltatsachen angibt, hinsichtlich des Verhaltens der Naturkräfte unter gewissen gegebenen Verhältnissen; oder

2. als Aussage, welche anzeigt, daß die Individuen einer ganzen Klasse, welche in einer gewissen Eigenschaft übereinstimmen, auch in einer anderen Eigenschaft übereinstimmen.

Die Untersuchung dieser Gesetze führt Herschel dazu, von der Induktion zu sprechen. Er beginnt dabei mit der ersten Stufe derselben, d. h. der Feststellung der nächsten Ursachen und der Verifikation der Gesetze von der größten Allgemeinheit (Nr.137 f.). Zu diesem Zwecke untersucht er die Beziehung zwischen Ursache und Wirkung (Nr. 145). In ihr erkennt er den unveränderlichen Zusammenhang eines Vorausgehenden (Ursache) und eines Folgenden (Wirkung) derart, daß die Abwesenheit der Ursache das Verschwinden der Wirkung zur Folge hat. Es sei denn, daß diese auch die Wirkung einer anderen Ursache sein kann und daß die Vermehrung oder die Verminderung der Ursache eine entsprechende Veränderung der Wirkung mit sich bringt und zwar eine proportionale Änderung in allen Fällen einer direkten unbehinderten Einwirkung usw.

Aus dieser Untersuchung folgen die Regeln für das Philosophieren (Nr. 146), d. h. die Methoden der induktiven Forschung. Diese sind für Herschel die Methode der Konkordanz (die Ursache erschlossen aus der gemeinsamen Vorgeschichte ähnlicher Wirkungen), die Methode der Diskordanz, welche lehrt, auch die negativen Versuchausfälle neben den positiven für die Erforschung der Ursachen auszunutzen (Nr. 150), und endlich die Methode der Residuen (Nr. 158). Alle diese Methoden werden an zahlreichen Beispielen erläutert.

Nichtsdestoweniger erheben die von Herschel vorgeschlagenen Untersuchungsmethoden nicht den Anspruch, die Strenge eines Beweises zu erreichen. Vielmehr mahnt Herschel, man solle die Induktion nicht zu skeptisch kritisieren, sondern sie als einen provisorischen Weg annehmen und sich auf die Verifikation berufen (Nr. 170f.). Letzten Endes besteht doch der Wert einer, wenn auch komplizierten Theorie darin, Tatsachen der Erfahrung vorauszusagen (Nr. 115).

Und auf dieses Beweiskriterium gründet sich die Möglichkeit, durch sukzessive Verallgemeinerungen zu den höchsten Induktionen der Wissenschaft zu gelangen.

„Die sicherste Methode — sagt er in Nr. 217 — ist es, durch fortgesetzte Induktion aus den Gesetzen wie aus den Tatsachen sich von den Gesetzen zu anderen Gesetzen zu erheben, indem man während des Fortschreitens beobachtet, wie die Gesetze, welche wir für unzusammenhängend hielten, besondere Fälle voneinander oder von einem noch allgemeineren werden, um schließlich vollständig in dem Gesichtspunkt sich zu vereinigen, unter dem wir die Gesetze zu betrachten lernen."

33. DIE „GRUNDIDEEN" IN DER LOGIK VON W. WHEWELL

Aus der Untersuchung des induktiven Verfahrens der Wissenschaft, über die wir vorhin berichtet haben, entspringen einige philosophische Probleme, die — um der Wahrheit die Ehre zu geben — Herschel nicht hinreichend gründlich betrachtet zu haben scheint. In der Tat hat er nicht kritisch untersucht, wie die Vernunft gegenüber der Erfahrung zur Geltung gebracht werden kann, noch auch auf welcher Grundlage die abstrakte

IV. Anhang

Wissenschaft beruht, durch deren Vermittlung wir die experimentellen Daten interpretieren[1]) oder die Idee von Ursache und Wirkung selbst, die wir als ein Merkmal der induktiven Methode angenommen haben. Die Art, diese Idee zu betrachten, benutzt wohl die Spekulationen der älteren kritischen Philosophen, insbesondere von David Hume, von dem der positive Begriff des Kausalzusammenhangs als „unveränderliche Aufeinanderfolge" stammt, bewahrt aber immerhin zu gleicher Zeit manches von der dogmatischen Tradition. In jedem Fall mußte die Vereinigung von zwei anscheinend einander widersprechenden Anforderungen in der wissenschaftlichen Ansicht Herschels auf diesem Gebiete der Logik eine breitere Diskussion hervorrufen. William Whewell und John Stuart Mill verkünden und repräsentieren die entgegengesetzten Tendenzen.

Whewell hat, angeregt von der Kantschen Philosophie, der induktiven Logik der Geschichte und der Wissenschaft verschiedene grundlegende Arbeiten gewidmet:

„History of Inductive Sciences..." 1837

„The Philosophy of Scientific Ideas", London 1840, deren zweiter Teil später unter dem Titel „Organum renovatum" neu gedruckt wurde.

„History of Scientific Ideas", London 1858 usw.

Der Verfasser unterscheidet bei jeder Erkenntnis zwei untrennbare und nichtreduzierbare Elemente: Tatsachen und Gedanken. Die Wissenschaft hat die Aufgabe, durch Gedanken die Erscheinungen zu verbinden, aber die „Grundgedanken" sind nicht empirischen Ursprungs, sondern finden sich als „Formen" in der Wahrnehmung: das ist ein metaphysisches Element, das aus der Kritik des Erkennens und aus der Geschichte der Wissenschaft entspringt. Die Ideen sind zusammenfassende Formen

---

[1]) Wenigstens in der oben erwähnten Untersuchung. Später — in einem anonymen Artikel in der „Quarterly Review" vom Juni 1841, der in seinen Essays wieder abgedruckt ist — kritisiert Herschel die Lehre von Whewell und setzt rein empirische Ansichten im Sinne von Stuart Mill auseinander.

33. Die „Grundideen" in der Logik von W. Whewell

des Denkens, die wir auf die Erscheinungen anwenden; die Begriffe sind besondere Modifikationen solcher Ideen: so z. B. der Kreis im Raum. Die Erklärung der Begriffe und die Beobachtung der Tatsachen bereiten das intellektuelle und empirische Material der Wissenschaft vor; die Induktion nimmt es in Arbeit. Die Induktion ist das wahre Band der Tatsachen vermittelst exakter und angemessener Begriffe. Sie ist also nicht eine bloße Summe von Tatsachen, noch die Idee, welche sie verbindet, sondern die Tätigkeit, durch die der Geist in die zerstreuten und unterschiedenen Tatsachen das sie einende intellektuelle Element einführt.

Die Untersuchung der Induktion beruht auf einer eindringenden Kritik des Kausalbegriffes, wegen dessen wir uns hauptsächlich auf das letzte der vorhin zitierten Werke beziehen (Bd. I, Buch III). Der Verfasser erklärt, daß die Idee der Ursache nicht der Erfahrung entstammt, denn sie enthält eine universelle Behauptung: jedes Ereignis muß eine Ursache haben. Die Ursache ist etwas mehr als ein bloß Vorausgehendes oder ein Anlaß, denn sie wird als eine Macht aufgefaßt, die eine tatsächliche Funktion ausübt (S. 176). Nachdem Whewell die Meinungen der Philosophen erörtert hat, und die von der Lehre Humes hervorgerufene Debatte beleuchtet hat, macht er sich die Auffassung Kants zu eigen und erläutert sie (S. 180): Die Idee der Ursache ist untrennbar von den Bedingungen der Möglichkeit aller Erfahrung: diese Idee gehört wie die Grundidee von Raum und Zeit zu den aktiven Mächten unseres Geistes (S. 183). Er kommt dann zur Erläuterung ihrer Bedeutung durch Angabe der Axiome der Kausalität (Notwendigkeit der Ursache, Proportionalität von Ursache und Wirkung wenigstens in dem Falle, wo es sich um summierbare Elemente handelt; Wirkung gleich Gegenwirkung S. 185—188) im Hinblick auf die Prämissen der Newtonschen Mechanik und durch eingehendere Betrachtung der physikalischen Theorien, die sich als Anwendung oder Ausdehnung dieser Mechanik auffassen lassen. An die Spitze jeder dieser Theorien stellt der Verfasser eine Grundidee, an die sich die ersten Voraussetzungen der Theorie selbst knüpfen, die man zweckmäßig mit expliziten Hypothesen bezüglich der zu betrachtenden Experimente vervollständigt und erläutert: so hängt z. B. die Optik von der Grundidee eines Mediums ab, in dem sich die Lichtschwingungen ausbreiten (S. 293).

Whewell kehrt dann, wie gesagt, zur Betrachtung der Grundlagen der Newtonschen Mechanik zurück, und zeigt sich als ein in der Tat getreuer Interpret des Kantschen Denkens. Aber gerade durch die Darstellung seiner Kritik hat er den Mangel der Philosophie Kants in helles Licht gestellt. Am deutlichsten zeigt sich dieser da, wo der Interpret in seinem Eifer sogar die Fernwirkung zu rechtfertigen sucht. Er vertritt dabei die Meinung, daß keine ersichtliche Notwendigkeit vorliegt, die Kontinuität der Kausalwirkung in Raum oder Zeit anzunehmen (S. 277). Wer streng am a priori festhält, durfte bei einem für die Erfordernisse unserer Erkenntnis so wichtigen Punkte nicht den zu leicht gewonnenen Erklärungen der Newtonianer nachgeben, selbst auf die Gefahr eines Verbleibens bei der Position von Leibniz.

Aber diese entgegenkommende Haltung des Philosophen ist in gewisser Weise durch die Kantsche Lehre des a priori selbst bedingt. Wenn man auf der einen Seite annimmt, daß es eine fertige Wissenschaft gibt (wie die Physik Newtons) und auf der anderen Seite sagt, daß die Möglichkeit der Wissenschaft von der Annahme gewisser notwendiger Prinzipien abhängt, die Produkte der Ordnungstätigkeit sind, denen der Geist die experimentellen Daten unterwirft, so entspringt daraus logisch die Konsequenz, daß die Prinzipien der Wissenschaft, wenn man sie als definitives Wissen auffassen will, ohne weiteres mit den geistigen Anforderungen zusammenstimmen müssen. So empfangen sie eine absolute und universelle Rechtfertigung: denn ohne dieses Zusammenstimmen würde jene Wissenschaft zerstört.

Es zeigt sich hier die ganze Gefahr, die die regressive Methode der Kantschen Kritik darbietet, durch die er sich bemüht, eine Rechtfertigung de jure für den beiläufigen und notwendig auch empirischen und angenäherten Erfolg zu geben, denn eine wissenschaftliche Theorie, die historisch geworden ist (und sei es selbst die von Euklid oder die von Galilei-Newton) de facto errungen haben kann: das so verstandene a priori dürfte vielleicht nicht mehr jener unbequeme Anspruch sein, der im Wettbewerb und selbst im Widerspruch mit der Entwicklung der Erfahrung die Autorität der Vernunft durchsetzen will; aber dafür wird es jetzt als eine unnötige Bestätigung von dem erscheinen, das auf andere Weise seine Rechtfertigung durch den Erfolg der experimentellen Prüfung erhält. Und ihm könnte das Schicksal bevorstehen, das den Diener eines Herrn trifft, der in seiner Dummheit zu gefällig war, und so schon im vorhinein den neuen Herrn beleidigt, der über ihn urteilen soll.

Daher mußte die Entwicklung, die Whewell der Kantschen Philosophie gegeben hat, im Lichte der geschichtlichen Betrachtung der wissenschaftlichen Lehren natürlich als Reaktion eine empirische Auffassung auslösen, die allen Rationalismus ablehnt. Sie kommt in der oben erwähnten Kritik von Herschel und besonders in der Logik von Stuart Mill zum Ausdruck.

34. DIE INDUKTIVE LOGIK VON STUART MILL

Das Werk von John Stuart Mill „A System of Logic ratiocinative and inductive...", das zuerst 1843 erschien und dann in verschiedenen weiteren Auflagen und Übersetzungen veröffentlicht wurde[1]), verdankt seinen großen Erfolg der bewundernswerten Klarheit der Gedankenführung und der Darstellung und auch der Einfachheit der empirischen Auffassung, die der Verfasser sauber durchführt.

Die Methodologie von Herschel wird hier in einer sehr schematischen Form wieder aufgenommen, mit dem gleichen Ziel der Aufstellung einer Logik der (objektiven) Wahrheit, während die Logik der Folgerung — die sich auf das innere Zusammenstimmen des Denkens bezieht — nur als ein zu diesem

---

[1]) Ich habe besonders die französische Übersetzung von Peiße gesehen (Paris 1866), die nach der sechsten englischen Auflage von 1865 hergestellt ist. Eine deutsche Übersetzung ist als Bd. 2 und 3 der Gesammelten Werke von J. St. Mill 1872 und 1873 in Leipzig erschienen.

Zwecke notwendiges Hilfsmittel angesehen wird. Wenn es auch der Verfasser nicht unterläßt, hierauf bezügliche Fragen zu untersuchen, wie z. B. den Ausdruck der Gedanken durch die Sprache, die Natur der Definition usw., so zeigt sich doch in diesen Entwicklungen vielleicht der glückliche Einfluß, den auf ihn Gergonnes Vorlesungen über Logik ausgeübt haben, die er, wie er selbst in seiner Autobiographie erzählt, angehört hat.

Logik der Wahrheit bedeutet für Mill nicht nur Logik der Untersuchung, sondern auch Logik des Beweises; und das Fundament dieser liegt ausschließlich in der Erfahrung ohne Heranziehung von Prinzipien a priori. Der Kampf gegen diese Heranziehung wird streng geführt, durch eine genaue Betrachtung der sogenannten deduktiven Wissenschaften. Vor allem gibt es nicht eigentlich eine Deduktion, die vom Allgemeinen zum Besonderen schreitet, im Gegensatz zur Induktion, die vom Besonderen zum Allgemeinen vorgeht, weil in Wirklichkeit jede Überlegung durch Analogie vom Besonderen zum Besonderen geht. Wie schon Sextus Empiricus gegen die aristotelische Logik bemerkt hat, kann in der Tat der Major des Syllogismus

Alle Menschen sind sterblich
Sokrates ist ein Mensch
also ist Sokrates sterblich

nicht für wahr gehalten werden, bevor man nicht auch die Wahrheit der Schlußfolgerung kennt. Daher ist der Syllogismus weit davon entfernt, den Elementartyp der Überlegung zu bilden, sondern er ist nur ein Schema oder ein Probierstein dafür (Buch II Kap. II, III).

Weiter beruhen die mathematischen Wissenschaften nicht tatsächlich auf notwendigen Wahrheiten, sondern nur auf Hypothesen und solchen Axiomen, die Verallgemeinerungen der Erfahrung darstellen (Kap. V, VI): die Hypothesen sind für Mill Umbildungen der wirklichen Gegenstände, wobei einige Umstände beiseite gelassen oder übertrieben werden (z. B. Linien ohne Breite usw.). Die Axiome hingegen (z. B. zwei gerade Linien

34. Die induktive Logik von Stuart Mill

können keinen Raum einschließen) sind Weiterführungen induktiver Wahrheiten, die auf der Grundlage der Erfahrung ruhen und mit einem Grenzübergang verknüpft sind. Die Induktion ruht auf einem Prinzip der Gleichförmigkeit der Natur, das als eine allgemeinste Tatsache aufgefaßt wird, die durch eine primitive Induktion auf Grund einfacher Aufzählung gewonnen wird, und die so geeignet ist, die Eigenschaften der besonderen Induktionen zu stützen, mit denen wir die Wissenschaft konstruieren. Genauer besteht die Gleichförmigkeit in einem Gewebe teilweiser Regelmäßigkeit der Erscheinungen, dessen Fäden die regelmäßigen und unbedingten Aufeinanderfolgen sind, die wir Beziehungen von Ursache und Wirkung nennen (Buch III, Kap. III, IV).

Die verstandesmäßige Zerlegung zusammengesetzter Erscheinungen in ihre Elemente ist der erste Schritt der induktiven Forschung (Kap. VII) und führt Mill dazu, mit größerer Genauigkeit die Methoden Herschels festzulegen und allgemeine Vorschriften zu formulieren (Kap. VIII). Diese Methoden zerfallen in ihrer vier:

1. Die Methode der Konkordanz.
2. Die Methode der Diskordanz.
3. Die Methode der Residuen.
4. Die Methode der zusammengehörigen Variationen.

Um sie aufzustellen, reflektiert der Verfasser über das Schema der Erscheinungen, die, wie schon gesagt, in ihre Elemente ABC, ADE, ... abc, ade, ... zerlegt sind: Wenn z. B. abc auf ABC folgt und ade auf ADE folgt, so schließt man, daß A Ursache von a ist (Methode der Konkordanz) usw. Die herangezogenen Beispiele sind mit Vorliebe wenig entwickelten wissenschaftlichen Theorien entnommen (Kap. IX). Insbesondere wird Herschel das Beispiel der Erklärung des Taus von Wells entlehnt, das seitdem in zahlreichen Darstellungen der Logik reproduziert wird und so in diesen analytischen Übungen berühmt geworden ist, viel berühmter, als es tatsächlich in der Wissenschaft ist!

IV. Anhang

Nachdem er die induktiven Methoden betrachtet hat, geht Stuart Mill dazu über, die Vielfachheit der Ursachen und die Übereinanderlagerung der Wirkungen zu bedenken (Kap. X), und hier findet er die Rechtfertigung der deduktiven Methode. Der Prozeß der Deduktion besteht für ihn aus drei Schritten:

1. vor allem aus einer direkten Induktion, um die Gesetze der getrennten Ursachen zu ermitteln,
2. dann aus Schlüssen, die aus den einfachen Gesetzen in komplizierten Fällen gezogen werden,
3. endlich in der Verifikation, durch spezifische Experimente (Kap. XI).

Später (im Kap. XIV desselben Buches III) wird dieser Prozeß noch durch den Vergleich mit den physikalisch-mathematischen Theorien erläutert, bei denen die Anwendung der deduktiven Methode auf Hypothesen oder auf hypothetischen Darstellungen der Erscheinungen beruht (z. B. die Wellenoptik Fresnels). Hier wiederholt der Verfasser das alte aristotelische Argument, daß wahre Folgerungen aus falschen Prämissen gezogen werden können (§ 4), so daß die Wahrheit der Schlußfolgerung im allgemeinen nicht die Hypothesen rechtfertigt. Hinsichtlich der zur Erklärung herangezogenen Hypothesen schließt er sich an das positivistische Urteil von Auguste Comte an, das ihnen die Eigenschaft wahrer wissenschaftlicher Erklärung abspricht.

35. DEDUKTION UND INDUKTION WERDEN IN DEM SCHLUSSVERFAHREN VON STANLEY JEVONS VEREINIGT

Wenn wir von dem letzten Punkte absehen, auf den wir später zurückkommen, so muß gesagt werden, daß die Auffassung und die Wertung der deduktiven Methode bei Mill einen Geist offenbaren, der durch die Mathematik nicht ausreichend geschult ist.[1]

---

[1] Was der Denkweise des Verfassers fehlt, um logisch mathematische Strenge zu erreichen, sieht man z. B. an seiner Analyse des Beweises des fünften Euklidischen Satzes (Gleichheit der Basiswinkel eines gleichschenkligen Dreiecks): Vgl. Buch II, Kap. IV, § 4.

35. Deduktion u. Induktion werden in d. Schlußverfahren vereinigt

Zunächst würde ihn ein gründliches Studium der Methoden dieser Wissenschaft gelehrt haben, daß die Deduktion nicht notwendig vom Allgemeinen zum Besonderen vorgeht, und daß daher in dieser Hinsicht die traditionelle Unterscheidung zwischen deduktiver und induktiver Methode der Begründung entbehrt. Und vor allem hätte ihn der Sinn der mathematischen Exaktheit davor bewahrt, für strenge Beweismethoden jene Methoden der Gegenüberstellung und der Verallgemeinerung der Erfahrung durch Analogie zu halten, die in Wahrheit geistige Prozesse bedeuten, die vom Schließen verschieden sind, und die Herschel nur als heuristische Methoden wertete.

Und wenn er sich davon Rechenschaft gegeben hätte, daß jede derartige Operation immer nur wahrscheinlich und angenähert richtig ist, so hätte Mill auch gesehen, daß die induktiven Ergebnisse nichts weiter sind als Vermutungen, deren Wahrscheinlichkeit sich vergrößern und der Sicherheit annähern läßt, nur vermittelst einer ausgedehnteren Prüfung, zu der das deduktive Schließen führt. Er hätte so den wahren Wert dieser Schlußweise bemerkt, die schon für Kepler und Galilei nach Überwindung des schwerwiegenden aristotelischen Urteils über die Unmöglichkeit, die Folgerungen für Beweise der Prämissen zu halten, ein integrierender Bestandteil des induktiven Verfahrens der Erkenntnis geworden war. Besser noch hätte ihm die Betrachtung der großen wissenschaftlichen Theorien die Rolle der negativen Verifikationen offenbart, welche dazu dienen, einen Teilfehler der Prämissen zu korrigieren und an ihre Stelle allgemeinere Folgerungen zu setzen.

Im ganzen bekommt doch die Auffassung Mills, die er Telesio und Bacon entlehnt, wonach die Wissenschaft ein Fortschreiten vom Besonderen zum Allgemeinen ist, durch solche Betrachtungen eine bestimmtere Bedeutung. Sie enthält eine strenge Betonung des induktiven Charakters des Wissens, im Gegensatz zu dem alten Ideal der deduktiven Ordnung und stellt so ein Problem, das nicht mehr in dem alten aristotelischen Sinn gelöst werden kann, der noch Newton in der im § 31 zitierten Stelle der Optik

192 IV. Anhang

nahe zu stehen scheint: welche Stelle nehmen wechselweise Deduktion und Induktion in der Wissenschaft ein? Die wahre Vereinigung dieser beiden Methoden, d. h. ihre Erklärung als Teile des wissenschaftlichen Prozesses, wird von W. Stanley Jevons gegeben: er war ein Landsmann von Mill, und vertrat wie er die Nationalökonomie, in die er immerhin (nach Cournot) die mathematische Methode eingeführt hat. Jevons beschreibt gerade das Schlußverfahren[2]), indem er die vier Momente der vorläufigen Beobachtung (die durch ein Experiment ersetzt werden können, dem eine Überlegung vorausgeht) der Hypothese, der Deduktion, und der Verifikation unterscheidet. Es ist bemerkenswert, daß in der gleichen Weise die experimentelle Methode von Claude Bernard beschrieben wird in seiner mit Recht berühmten „Introduction à la médicine expérimentale".

36. DAS WILLKÜRLICHE IN DER ERFORSCHUNG DER URSACHEN

Wie Vailati[1]) richtig bemerkt, drücken die erwähnten Werke von Jevons und Bernard die Tendenz aus, in gewisser Weise die konstruktive und voraussehende Tätigkeit des menschlichen Intellektes wieder zu rehabilitieren, gegenüber der rein rezeptiven und sozusagen registrierenden und klassifizierenden

---
2) „The Principles of Science, A Treatise on Logic and Scientific Method" 1873. Der Verf. kritisiert in dem Vorwort (S. XXII der 2. Aufl.) die psychologische und philosophische Behandlung der Logik durch Mill. An diesem Beispiel kann man die Verschiedenheit der Auffassung der beiden Autoren exemplifizieren, indem man die Erklärung der logischen Prinzipien vom Widerspruch und vom ausgeschlossenen Dritten bei beiden einander gegenüberstellt: für Mill drücken sie einfach die psychologische Erfahrung aus, daß Glaube und Unglaube psychische Zustände sind, die sich einander ausschließen und daß man bei allen nicht sinnlosen Fragen stets entweder glauben oder nicht glauben muß (a. a. O. Buch II, Kap. VII, § 4.) Für Jevons dagegen sind die logischen Prinzipien Bedingungen, denen die Gegenstände unseres Schließens genügen müssen, wie wir schon § 30 hervorgehoben haben.
1) „Scritti" S. 238. Vgl. von demselben Verf. „Il metodo deduttivo come strumento di ricerca" 1898 in „Scritti" S. 118.

36. Das Willkürliche in der Erforschung der Ursachen

Tätigkeit, der man zunächst einen zu bedeutenden und vor allem zu exklusiven Anteil an den geistigen Prozessen zuerteilen wollte, die auf die Erforschung und Sicherung der Wahrheit gerichtet sind.

Diese aktivistische Auffassung der Wissenschaft betätigt sich immermehr unter dem Einfluß einiger allgemeiner Motive und nach Richtlinien, die wir in Kürze darlegen wollen.

Vor allem muß ein konsequenter Empirismus notwendig den Begriff der Gleichförmigkeit der Natur und daher das Postulat der Kausalität, das Mill der induktiven Methode zugrunde legte, in eine fragmentarische Auffassung des Wirklichen auflösen.

Wie schon gesagt, zerbricht für Mill die Gleichförmigkeit der Natur in ein Gewebe teilweiser Regelmäßigkeit, das von den regelmäßigen und unbedingten Aufeinanderfolgen der Erscheinungen gebildet wird, die als Kausalzusammenhänge aufgefaßt werden. Von dieser Auffassung leitet sich eben die Möglichkeit ab, die Erscheinungen selbst als Vereinigungen einfacher Elemente darzustellen, gemäß dem von Mill in seiner Behandlung verwendeten Schema. Aber diese Auflösung der Erscheinungen in ihre Elemente ist relativ und willkürlich: die Begleitumstände einer Erscheinung sind weit davon entfernt, sich durch endlich viele Angaben festlegen zu lassen. Es sind deren in Wirklichkeit unendlich viele und unter ihnen finden sich permanente Bedingungen der Natur (oder der Erdgebundenheit), die bei vielen physikalischen Erscheinungen unter den Ursachen figurieren können, und zwar mit demselben Recht wie jene unveränderlichen Antezedenzen, die man gerne mit diesem Namen auszeichnet. Und in der Tat ist es in den fortgeschritteneren Theorien der Physik, wie z. B. in der Mechanik, nicht am Platze, von Ursache und Wirkung zu reden, sondern vielmehr von der inneren **Abhängigkeit** der verschiedenen Besonderheiten der Erscheinungen voneinander. Gerade diese Auffassung hat **Ernst Mach** seit 1872 entwickelt.[2]) Anstatt in einer unbestimmten Sprechweise

---

2) ,,Die Geschichte und die Wurzel des Satzes der Erhaltung der Arbeit'', Prag 1872, Caboe.

zu sagen, ein gewisses Phänomen oder eine gewisse Eigenschaft eines Phänomens sei Ursache eines anderen, drückt die mathematische Sprache ihre Beziehung aus, indem sie sagt, das eine sei eine Funktion des anderen; so wird ein Phänomen im allgemeinen durch eine gewisse Zahl von Funktionen einer gewissen Zahl von veränderlichen Größen bestimmt, von denen eine jede als Ursache in Erscheinung treten kann.

Daraus folgt, daß die Ursachen und die Wirkungen die Verknüpfung der Phänomene in den uns wichtigsten Hinsichten zum Ausdruck bringen. Die Idee der Notwendigkeit von Ursachen ist eine psychologische Tatsache, die Mach in einem schon von Hume vorgeschlagenen Sinne aufzufassen sucht, indem er an die willkürlichen Bewegungen wieder anknüpft.[3] „Was wir Ursache und Wirkung nennen" — sagt Mach in der Abhandlung „Ökonomische Natur der physikalischen Forschung"[4] — „sind hervorstechende Merkmale einer Erfahrung, die für unsere Gedankenbildung wichtig sind." Und er fügt hinzu, daß die Frage des „Warum" über das Ziel hinausschießen kann und in Fällen gestellt werden kann, wo es gar nichts zu begreifen gibt.

Eine präzisere Darstellung des Machschen Gedankens, wonach die Beziehung von Ursache und Wirkung durch eine funktionale Abhängigkeit ersetzt wird, die imstande ist, eine eindeutige Bestimmung der Phänomene zu liefern, findet sich in dem Aufsatz von I. Petzoldt: „Das Gesetz der Eindeutigkeit."[5] Aber vor allem haben diese Gedanken Anerkennung bei den Vertretern der Nationalökonomie gefunden, denen die Anwendung mathematischer Methoden gestattet hat, einen exakteren und geschlosseneren Begriff von der Solidarität der sozialen Erscheinungen

---

[3] Vgl. „Die Mechanik in ihrer Entwicklung" (1. Aufl., Leipzig 1883, Kap. IV, V.
[4] „Populärwissenschaftliche Vorlesungen" 3. Aufl., S. 277.
[5] „Vierteljahrsschrift für Phil." XIX, 1895. Vgl. desselben Verfassers „Einführung in die Philosophie der reinen Erfahrung", Leipzig 1900 (Darstellung der Philosophie von Avenarius).

36. Das Willkürliche in der Erforschung der Ursachen

zu gewinnen, um so in einer höheren Synthese die Teilerklärungen der älteren Nationalökonomen und Soziologen zu einen. Ich erwähne besonders Karl Pearson und Vilfredo Pareto.

Pearson kam ausgehend von biometrischen und statistischen Untersuchungen zu allgemeinen Reflexionen über die Theorie der Wissenschaft, die in dem bedeutenden philosophischen Werke „The Grammar of Science"[6]) (1892) gesammelt sind. In seiner allgemeinen Absicht scheint es von der Kritik Cliffords beeinflußt, besonders aber von dem Denken von Mach (den der Verf. wiederholt zitiert).

Die Ursache nennt Pearson jenen „Fetisch", der sich „in den stillen Heiligtümern der Wissenschaft findet". „Ist diese Kategorie", sagt er in dem Vorwort der dritten Auflage seines Werkes, „etwas anderes als ein Grenzbegriff der Erfahrung, der in der Vorstellung keine andere Basis hat, als die, welche als statistische Annäherung zum Vorschein kommt?" Aber im weiteren Verlauf des Werkes sind die Gedanken des Verfassers in charakteristischer Weise entwickelt. „Das Universum — sagt er im Kap. V § 5 — ist von unendlich vielen Dingen gebildet, deren jedes wahrscheinlich ein Individuum ist, und deren jedes wahrscheinlich unbeständig ist; alles, was der Mensch ausrichten kann, ist die Klassifikation dieser Gegenstände in Klassen ähnlicher Individuen gemäß ihren charakteristischen Eigenschaften. Dank dieser Klassifikation kann man zur Feststellung von Veränderungen in den Klassen kommen. Das Grundproblem der Wissenschaft ist es, zu erforschen, wie die Veränderung in einer Klasse der Veränderung in einer anderen entspricht oder ob sie nicht mit ihr zusammenhängt." Und etwas weiter (§ 8). „Das Universum ist eine Summe von Erscheinungen, von denen einige zufälliger sind, andere weniger zufällig, im Hinblick auf irgendwelche andere; das ist meine Auffassung, die weiter ist als die der Kausalität, die wir nun aus unserer erweiterten Erfahrung entnehmen können."

---

6) 3. Aufl. 1911.

IV. Anhang

Mit dieser Auffassung ist der Gedanke nahe verwandt, den Henri Poincaré im Kap. XI von „Wert der Wissenschaft" 1905 ausgesprochen hat. Er untersucht dort die Frage des Zufalls und des Determinismus und schließt, daß sich die Kausalität auf eine Klassifikation des Aufeinanderfolgens reduziert.

In „Wissenschaft und Methode" (1907) macht der Verfasser von der Auffassung der Ursache als funktionaler Beziehung zweier Elemente eine interessante Anwendung, bei der es sich darum handelt, den Zufall zu definieren (Kap. IV). Vor allem ist es klar, daß der erwähnte Kausalitätsbegriff die Möglichkeit ausschließt, das Axiom von Herschel, Whewell und Mill aufrecht zu erhalten, wonach „die Ursachen den Wirkungen proportional sein sollen": wenn das Element y vom Element x durch eine gewisse Funktion abhängt, $y = f(x)$, so liegt a priori kein Grund vor, daß f sich auf eine lineare Funktion der Form $ax + b$ reduziert! Immerhin, wenn man annimmt, daß f eine stetige Funktion ist, und daß es eine endliche von Null verschiedene Ableitung besitzt, so hat man für hinreichend kleine h in erster Annäherung

$$f(x + h) = f(x) + h \cdot f'(x),$$

und daher sind die kleinen Änderungen der Ursache x im allgemeinen proportional zu den kleinen Änderungen der Wirkung y.

Es kann aber geschehen, daß f' verschwindet oder unendlich wird. Im ersten Falle entspricht kleinen Variationen der Ursache keine merkliche Änderung der Wirkung, im zweiten aber sehr kleinen Änderungen der Ursache große Wirkungen: hier tritt dann die Erscheinung des Zufalls ein. Ein Beispiel hierfür liefert das Roulettespiel. Denn ob dieses auf weiß oder schwarz stehen bleibt — das ist gerade die für den Spieler wichtige Änderung der Wirkung — das hängt von minimalen und unmerklichen Änderungen des Stoßes ab, durch den das Instrument in Bewegung versetzt wurde. Auch das Zusammentreffen verschiedener Kausalreihen — der Ziegelstein, der auf den Kopf des Passanten fällt (das ist die von Cournot vorgeschlagene Definition des Zufalls) —

wird von Poincaré auf denselben oben erklärten Begriff zurückgeführt.

Wir könnten noch manche andere Seite der Ansicht von der Willkür in der Auswahl der Ursachen erwähnen.

Vailati (1903) macht darauf aufmerksam, daß das Interesse, von dem die Auswahl der Ursachen unter den bestimmenden Bedingungen abhängt, den Einfluß des Gefühls in den historischen Wissenschaften hervortreten läßt.[7]

Auch Enriques (wenn auch in etwas anderer Absicht als die schon erwähnten Autoren) nimmt Gelegenheit zu erwähnen, wieviel Willkür in der Bestimmung der Ursachen liegt, indem er die Bedeutung erwähnt, die sie für jemanden haben, der experimentell eine gegebene Erscheinung reproduzieren will: diese Untersuchung beleuchtet insbesondere auch das juristische Problem der Verantwortlichkeit, wo man als Ursachen die menschlichen Handlungen ansieht, die bei der Verursachung des Schadens eine Rolle spielen, und die besonders zu verhindern sind.[8]

37. WERT DER BEGRIFFE: DIE ÖKONOMISCHE WISSENSCHAFTSLEHRE

Der Unmöglichkeit, die Kausalreihen in der Verwicklung der innerlich voneinander abhängenden Naturerscheinungen voneinander zu trennen, entspricht die Unmöglichkeit einzeln die Hypothesen oder Prinzipien einer Theorie zu verifizieren, die man einer experimentellen Prüfung unterzieht, so daß wir in den Fällen, wo die Verifikation nicht gelingt, nicht imstande sind, zu sagen, welche der eingeführten Hypothesen durch die Erfahrung abgelehnt wird. Doch konnte Mach auf diese Weise die Ansichten Mills über die Induktion beurteilen[1]: ,,Ich meine, das muß jeder moderne Naturforscher fühlen, der z. B. die Millschen Ausführungen über die Methoden der experimentellen

---

7) ,,Scritti" S. 463.
8) ,,Probleme der Wissenschaft" 1906, Kap. III, B.
1) ,,Analyse der Empfindungen" 1886, Kap. V.

Forschung in Augenschein nimmt. Er würde beim Versuche der Anwendung nicht über das Vorläufigste hinauskommen."

Aber nicht allein das Urteil von Mill, sondern auch das Schlußschema von Jevons und von Bernard muß infolge der Erkenntnis von der „Solidarität eines Komplexes von Faktoren bei der Bestimmung der Erscheinungen" abgeändert werden. Statt das zweite Moment als Hypothesen zu bezeichen, die von „vorläufigen Beobachtungen oder Experimenten" abgeleitet sind, wird es zweckmäßig sein, darauf abzustellen, daß es in der „Vermutung eines Begriffes oder eines Systems von Begriffen besteht, das hypothetisch geeignet ist, die beobachteten Daten darzustellen".[2])

Man kehrt so zu dem Prinzip Demokrits zurück:

ἔννοια κριτήριον ζητήσεος.

Die Frage der Kausalität wird so wieder mit einem allgemeineren Problem in Verbindung gebracht: welchen Wert haben die Begriffe, durch die wir die Wirklichkeit darstellen wollen?

In der Tat hatte bereits Berkeley dies historische Problem im nominalistischen Sinne gelöst, bevor Hume zu seiner berühmten Untersuchung der Kausalität gekommen war; und zu der Position Berkeleys und der älteren Nominalisten mußten die Denker zurückkehren, die die Bedeutung der wissenschaftlichen Erklärung tiefer erfassen wollten. Hier muß neben Mach auf I. B. Stallo, The Concepts and Theories of modern Physics 1882[3]) verwiesen werden, dessen Ergebnisse Mach selbst im Kap. VIII von „Erkenntnis und Irrtum" (1905) zusammenfaßt, indem er dabei die Ähnlichkeit mit seinen eigenen Auffassungen hervorhebt.

Die Übereinstimmung dieser beiden Denker wirkt um so instruktiver, weil sie — bei dem gleichen Ziel der Vernichtung der mechanischen Metaphysik und bei beiden auf eine ausgedehnte Betrachtung wissenschaftlicher Theorien gestützt — doch ihr Thema in recht verschiedener Weise behandeln. Der eine stützt sich nämlich

---

2) Enriques, Probleme der Wissenschaft, Kap. II.
3) Deutsche Übers. mit Vorwort von Mach, 2. Aufl. 1911.

37. Wert der Begriffe: die ökonomische Wissenschaftslehre

auf eine biologische Auffassung der Wissenschaft, während der andere eine Kritik der Philosophen seiner Zeit liefert (Mansel, Whately, Hamilton, Stuart, Mill usw.).

Gemeinsame Prämisse ist, wie wir schon sagten, die nominalistische These: wirklich sind nur die Erscheinungen. Aber diese These geht nicht bis zu dem Extrem von Roscellino, wonach die Begriffe nur „flatus vocis" sind: sie sind Konstruktionen des Verstandes, deren Bedeutung und Geltung festgestellt werden muß.

Das Denken — sagt Stallo[4]) — besteht im Feststellen und Erkennen der Relationen zwischen den Phänomenen, und die Grundbeziehungen, welche allen andren zugrunde liegen, sind die der Identität und der Verschiedenheit[5]): aus ihnen leiten sich in der Tat das Ausgeschlossensein und das Eingeschlossensein, Ursache und Wirkung usw. ab. Die Gegenstände werden als verschieden wahrgenommen, aber als identisch aufgefaßt durch die Aufmerksamkeit, welche der Geist auf ihre Übereinstimmungen und gemeinsamen Eigenschaften richtet.

Dieser Abstraktionsprozeß führt uns dazu, die Gegenstände unserer Erkenntnis gemäß einer begrifflichen Ordnung zu klassifizieren, welche von den „infimae species" zum „summum genus" aufsteigt. An der begrifflichen Fassung haften einige traditionelle Irrtümer, welche die alten Metaphysiker dem „sensus communis" entnehmen, nämlich:

1. Jeder Begriff entspricht einer objektiven Realität, und so gibt es ebensoviele Sachen als Begriffe.

2. Die allgemeineren Begriffe existieren vor den besonderen oder mehr als diese.

3. Die Beziehungen des Aufeinanderfolgens der Begriffserzeugung sind Beziehungen der Aufeinanderfolge der Dinge.

4. Die Dinge existieren unabhängig von ihren Beziehungen.

---

4) a. a. O. Kap. IX.
5) Diese Auffassung wird in der ganzen englischen Psychologie breit entwickelt (Bain, Lewes, Spencer usw.).

IV. Anhang

Solchen Irrtümern stellt Stallo die Auffassungen gegenüber, welche sich aus seiner Untersuchung ergeben:

1. Das Denken beschäftigt sich nicht mit den Dingen, wie sie an sich sind, sondern nur mit den Darstellungen, die unser Denken davon gibt, d. i. mit den Begriffen.
2. Die Gegenstände sind uns nur durch ihre Beziehungen zu anderen Gegenständen bekannt.
3. Ein Akt des Denkens schließt nie die volle Gesamtheit der erkennbaren Eigenschaften eines Objektes in sich, sondern nur die zu einer gewissen Klasse gehörigen Beziehungen.

Ich habe schon gesagt, daß die Untersuchung Machs zu ganz ähnlichen Schlußfolgerungen kommt. Er kommt in seinen Hauptwerken sehr oft auf die Lehre zurück, daß die Begriffsbildung einer biologischen oder ökonomischen Tendenz entspricht.[6]

Der Begriff — sagt er in „Erkenntnis und Irrtum" — entspricht nicht „einem repräsentativen, intuitiven, konkreten, aktuellen Inhalt, welcher seinen Sinn völlig erschöpft". Man darf ihn auch nicht als „flatus vocis" betrachten. Er ist tatsächlich eine psychologische Bildung, nicht ein Augenblicksgebilde, wie eine sinnliche Vorstellung, sondern hat oft eine recht lange Bildungsgeschichte. Der Mensch bildet die Begriffe in der gleichen Art wie das Tier durch das biologische Interesse, gewisse Merkmale ganzer Klassen von Erscheinungen festzuhalten, wird aber durch die Sprache und die Beziehungen zu seinen Genossen unterstützt. In der Tat ist das Wort eine sinnlich allgemein faßbare Etikette des Begriffes, auch wenn die typische Vorstellung unzureichend wird. Die überwiegende Mehrheit der Menschen, welche den Sprachgebrauch festlegt, achtet nur auf „eine geringe Anzahl

---

[6] Vgl. „Die Mechanik" Kap. IV, V; „Analyse der Empfindungen" (4. Aufl. S. 249—55); „Prinzipien der Wärmelehre" (2. Aufl. 1900, S. 177—80); „Erkenntnis und Irrtum" (2. Aufl. S. 126—143). „Ökonomische Natur der physikalischen Forschung" (Popularwiss. Vorlesungen, 3. Aufl. 1905, S. 277.

37. Wert der Begriffe: die ökonomische Wissenschaftslehre 201

biologisch wichtiger Reaktionen, und dadurch wird der Gebrauch der Worte wieder stabilisiert". Wenn endlich die gemeinsamen Merkmale der Gegenstände, die unter den Begriff fallen, nicht wirklich anschaulich vergegenwärtigt werden „mit dem Gefühl der Reproduzierbarkeit, so muß die potenzielle Anschaulichkeit hier die aktuelle Anschaulichkeit ersetzen".

Diese Umstände machen den Begriff sehr präzis und geeignet, im Denken große Klassen von Gegenständen symbolisch darzustellen. Hier greift die wunderbare ökonomische Ansicht von Mach ein.

Das Denken ist eine Funktion des lebendigen Organismus, in dem man die Tendenz zur Erhaltung des Lebens und zur Ersparnis von Lebensenergie erkennen muß, die im allgemeinen allen psychologischen Funktionen zukommt. Gerade weil die begriffliche Darstellung nicht umfassend ist, sondern nur die wichtigsten Umstände berücksichtigt, die zur Auswahl maßgebend sind, so bedeutet der Besitz allgemeiner Begriffe die Fähigkeit, künstlich alle die Eigenschaften zu vernachlässigen, die für ein bestimmtes Ziel nicht interessieren.

Andererseits ist die Wissenschaft eine Tätigkeitsform, nicht des einzelnen Menschen, sondern der menschlichen Gesellschaft, die denselben ökonomischen Gesetzen unterliegen muß, wie alle Arten von Arbeit. Die Biologie und die Ökonomie beleuchten also im Wetteifer die Natur der wissenschaftlichen Begriffe: „Alle Wissenschaft", sagt Mach in der Mechanik, hat Erfahrungen zu ersetzen oder zu ersparen, durch Nachbildung und Vorbildung von Tatsachen in Gedanken." Die ökonomische Funktion, welche die ganze Wissenschaft durchdringt, erkennt man schon an den allgemeinen Beweisen, aber sie wird immer deutlicher, wenn man die wissenschaftlichen Entwicklungen näher betrachtet.

Diese einfachen Ansichten sind höchst suggestiv. Jeder, der wirklich versucht, die Fortschritte der Wissenschaft mit denen der Industrie zu vergleichen, wird ermessen können, wie weit die Analogie geht; er wird auf diese Weise die verschiedenen Formen erkennen, die das Gesetz der Ökonomie annehmen kann, um nicht nur die Bildung allgemeinerer Begriffe und so auch die Entstehung sehr umspannender Zweige der Wissenschaft zu rechtfertigen, sondern auch in jedem einzelnen Zweige die auf die Reinheit der Methoden gerichteten Kräfte: vielfache Analogien zu jenen ökonomischen Haltungen der Industrie, die schon vorhandene Einrichtungen ausnutzen und sich aus solchen Gründen mit einem geringeren technischen Aufwand für eine nicht zu große Erzeugung begnügt.

38. DIE PHÄNOMENOLOGIE UND DIE DEFINITION DER WIRKLICHKEIT

Die biologische Auffassung der Erkenntnis hat ihren Einfluß auf einen Philosophen ausgeübt, dessen Namen gewöhnlich mit dem von Mach bei Erwähnung des kritischen Empirismus zusammen genannt wird: Richard Avenarius, der die weite Bewegung hervorgerufen hat, die in der „Vierteljahrsschrift für wissenschaftliche Philosophie" ihr Organ hat. Er hat seine Erkenntnistheorie insbesondere in seinem zweibändigem Werk: „Kritik der reinen Erfahrung", Leipzig 1888/89 niedergelegt, in dessen Einleitung er die Aufmerksamkeit auf die Schriften von Mach lenkt, die einen großen Einfluß auf Avenarius ausgeübt haben. Mach hat seinerseits seine Schuld der Dankbarkeit gegen Avenarius zum Ausdruck gebracht, dessen Veröffentlichungen einen wohltätigen Einfluß auf das öffentliche Urteil über Machs Werk hatten. Immerhin können wir nicht verschweigen, daß die Form der Darstellung, die Avenarius seinen Gedanken gab, recht wenig glücklich scheint, da sie durch die Terminologie schwierig und schwerfällig wirkt.

Die „Kritik der reinen Erfahrung" und die „Analyse der Sinnesempfindungen" Machs wollten eine radikale Phänomenologie zum Ausdruck bringen. Wenn man das Gebäude des Wissens in seine Elemente zerlegt, welche die unmittelbaren Gegebenheiten der Wirklichkeit sind, so gelangt man nicht zu den Dingen an sich, die für uns in der Tat sinnlos sind[1]), sondern

---
1) In Kap. I der „Probleme der Wissenschaft" zeigt Enriques, wie

38. Die Phänomenologie und die Definition der Wirklichkeit

nur zu den Empfindungen und zu den Beziehungen, nach denen sie assoziiert werden. Die Definition der Wirklichkeit ist so auf Berkeleys Formel gebracht. Immerhin muß man sagen, daß die Behauptung von der wirklichen Existenz irgendeines Dings nicht allein die Möglichkeit gewisser Empfindungen erfordert, sondern auch deren Hervorbringung oder Wiederhervorbringung unter willkürlichen Bedingungen. Zu dieser Auffassung, welche die klassische Untersuchung von Berkeley vervollständigt, ist J. Pickler in seiner Studie „The Psychology of the Belief in objective Existence" (London 1890, Williams and Norgate) gelangt, und zwar besonders durch die Kritik unserer Urteile über die Existenz von Raum und Zeit. In der Tat erfordern diese Urteile nach Pickler, daß wir zugleich mit dem in einem gegebenen Moment unserer Erfahrung bekannten Teil des Raumes, auch andere Teile uns vergegenwärtigen können, zur rechten, zur linken, oben und unten, infolge willkürlicher Bewegungen unserer Augen usw.

Zur gleichen Ansicht, allerdings in dem weiteren Sinne, als „Definition der Wirklichkeit" ist unabhängig[2]) F. Enriques in Kap. II der „Probleme der Wissenschaft" (1908) gelangt, und zwar auf der Suche nach einem Kriterium, das geeignet ist, das Wirkliche vom Traum oder der Illusion der Sinne zu unterscheiden. Für Enriques sind also die unmittelbaren Gegebenheiten der Wirklichkeit nicht die reinen Empfindungen, sondern vielmehr die Beziehungen zwischen Empfinden und Wollen, die unsere Erwartungen bedingen und die deren elementare Invarianten ausdrücken; die Behauptung der Existenz eines Gegenstandes erfordert stets die Anerkennung einer solchen Invariante, hinsichtlich eines Systems von gewissen aufeinander folgenden Willensakten oder willkürlichen Bewegungen und den dadurch hervorgebrachten Empfindungen.

---

das „Ding an sich" neben dem „Absoluten" Begriffe sind, die durch einen transzendenten Prozeß fehlerhaft definiert sind, weil dieser Prozeß unendlich viele Stufen des Wissens oder unendlich viel Denkakte verlangen würde.

2) Der Name Pickler ist erst in der zweiten Aufl. (1908) erwähnt.

IV. Anhang

Diese Auffassung (welche in positivem Sinn die von der Berkeleyschen Kritik aufgedeckte Schwierigkeit behebt) kommt, wie wir sehen werden, dazu, die Begriffe der „rohen Tatsache" und der „wissenschaftlichen Tatsache" in einer höheren Auffassung dieses Begriffes zu vereinigen. Demgegenüber gelangt die Entwicklung des radikalen Empirismus bei William James und Henri Bergson zu einer reinlichen Scheidung der unmittelbaren Wirklichkeit und jener Wirklichkeit, die sie als abstrakt und künstlich von der Wissenschaft konstruiert ansehen. In der Tat lehrt eine tiefere Untersuchung der Erfahrung, daß die Empfindungen weit davon entfernt sind, „an sich" als erste Gegebenheit unserer wirklichen Welt bestimmt zu sein. Sie sind vielmehr nur bestimmt in bezug auf einen bestimmten Bewußtseinszustand als Variationen oder Differentiale desselben. Sie sind in diesem nur als bedingte Erwartungen von Willensakten enthalten, sozusagen in der Weise, wie im Gleichgewicht eines mechanischen Systems sein charakteristisches Verhalten gegenüber virtuellen Verrückungen enthalten ist.[3]) Demgegenüber kann der Bewußtseinszustand nicht synthetisch „an sich" erfaßt werden, als ein augenblicklicher Überblick des Geistes über sich selbst. Denn dieser entflieht sich selbst im Akt der Reflexion, so daß die Idee eines solchen Zustandes selbst nichts anderes ist als die Grenze einer Reihe von Konstruktionen des Verstandes. Wir wir die Sache auch betrachten mögen, es ist nicht möglich, irgend etwas für wahrhaft primär zu halten, das nicht schon virtuell eine Änderungsmöglichkeit und daher eine Beziehung der Empfindungen und der damit verbundenen Wollungen verlangte. Daher ist diese Änderung auch die letzte Grenze der unmittelbaren Wirklichkeit, die unser Denken erkennen kann.

---

[3]) Nur im Falle flüchtiger Eindrücke kann man von reinen Empfindungen sprechen; in jeder Empfindung ist stets eine aktive Reaktion des Empfindenden enthalten, eine willkürliche Kraft der Aufmerksamkeit, die sich in seinem Bewußtsein unlöslich mit dem „Empfinden" verknüpft, und als „Erkennen" bezeichnet wird.

39. BEDEUTUNG DER WISSENSCHAFTLICHEN HYPOTHESEN

Wir kehren zu Mach und den Philosophen seiner Schule zurück, um zu sehen, welche Bedeutung und welche Geltung in ihrem Denken die wissenschaftliche Erklärung besitzt. Die Antwort, die sie auf diese Frage geben, ist wesentlich am positivistischen Geist von Auguste Comte orientiert. Der einzige Inhalt der Erkenntnis sind die Tatsachen der Erfahrung; in ihrem fortgeschritteneren Zustand kann die Wissenschaft viele Tatsachen aufnehmen und ihnen die Voraussicht in einer ökonomischen Form zufügen, aber sie kann nicht die Grenzen möglicher Erfahrung überschreiten. ,,Aus der Ökonomie der Selbsterhaltung'', sagt Mach in den oben erwähnten ,,populärwissenschaftlichen Vorlesungen''[1]), ,,wachsen also die ersten Erkenntnisse hervor.'' ,,Hiermit ist aber auch die ganze rätselhafte Macht der Wissenschaft erschöpft.''

Was Mach mit der ,,mechanischen Mythologie'' verurteilen will, ist einfach der Gebrauch der Hypothesen, die die Bewegungsgesetze über den Bereich der sichtbaren Bewegungen hinaus ausdehnen und dazu führen, die Physik als Erweiterung der Mechanik aufzufassen. Niemand hat auf die Verwirklichung des Programms der positivistischen Philosophie einen größeren Einfluß gehabt als Mach; es genügt, darauf hinzuweisen, daß von ihm der Kampf Ostwalds für die Energetik gegen den Atomismus inspiriert wurde, obwohl Ostwald selbst sich rasch von seiner Position zurückziehen mußte infolge der bewundernswerten Entdeckungen von Perrin. Überdies zeigen die langen Studien, die Mach einer Behandlung der Optik ohne Äther[2]) gewidmet hat, welches Interesse er derartigen Spekulationen entgegenbrachte. Nichtsdestoweniger hat er doch an einigen Stellen seine Werke in gewisser Weise den Wert der Hypothesen als Hilfsmittel der Forschung

---

[1]) 1. Aufl., S. 214.
[2]) Vgl. sein posthumes Werk ,,Die Prinzipien der physikalischen Optik'', das mit einem aus 1913 stammenden Vorwort des Verf. 1921 in Leipzig erschien.

IV. Anhang

anerkannt, z. B. in „Erkenntnis und Irrtum" (Kap. VI): Er sagt, daß die animistische und dämonologische Mythologie der Natur sich bei den Joniern und den Pythagoreern allmählich in die Mythologie der Substanzen und Kräfte verwandelt, dann in eine mechanische und automatische Mythologie übergeht und in einer dynamischen Mythologie enden. Er führt als Beispiel die Atome Demokrits und Daltons an, die leuchtenden Partikeln Newtons und die Elektronen unserer Tage. Dann fügt er hinzu: „Zahllose dieser Phantasiesprossen und -blüten müssen angesichts der Tatsachen von der unerbittlichen Kritik vernichtet werden, bevor eine sich weiter entwickeln kann und längeren Bestand hat. Dem Begreifen der Natur muß aber die Erfassung durch die Phantasie vorausgehen, um den Begriffen lebendigen anschaulichen Inhalt zu schaffen." Daher ist die Phantasie um so lebendiger, je weiter das zu lösende Problem vom biologischen Interesse entfernt ist.

Er kehrt später in dem den Hypothesen gewidmeten Kapitel desselben Buches hierzu zurück, kritisiert die Anforderungen, die Stuart Mill an die wissenschaftliche Forschung stellt und erläutert seinen Gedanken so: „Eine rein begriffliche Darstellung kann in abgeschlossenen Partien der Wissenschaft angewendet werden, in welchen die Hypothese, die nur in der werdenden Wissenschaft eine fördernde Funktion hat, keinen Raum findet. Der Gebrauch von Bildern .... ist sehr zweckmäßig."

Die ausgebildete Wissenschaft erschöpft sich in der ökonomischen Beschreibung der Phänomene, wie Kirchhoff sagte, als er das Ziel der Mechanik dahin bezeichnete, daß sie die natürlichen Bewegungen der Körper mit möglichst einfachen Ausdrücken und möglichst wenig Hypothesen beschreibe. Noch besser kann nach Mach (vgl. das den Naturgesetzen gewidmete Kapitel von „Erkenntnis und Irrtum") das Ergebnis der Wissenschaft mit dem Ausdruck „Einschränkung der Erwartung" bezeichnet werden, womit zugleich der biologische Wert angedeutet ist: „Ihrem Ursprung nach sind die Naturgesetze Einschränkungen, die wir unter Leitung der Erfahrung unserer Er-

39. Bedeutung der wissenschaftlichen Hypothesen 207

wartung vorschreiben." „Die Naturwissenschaft kann aufgefaßt werden als eine Art Instrumentensammlung zur gedanklichen Ergänzung irgendwelcher teilweise vorliegender Tatsachen oder zur möglichen Einschränkung unserer Erwartung in künftig sich darbietenden Fällen."

Neben Mach und bekanntlich unter seiner Anregung bekämpfen andere Denker die metaphysischen Hypothesen, die keiner möglichen Erfahrung entsprechen, in Sonderheit die Metaphysik des Mechanismus. So zeigt Stallo in seinem schon erwähnten Werk mit großer Kraft die Widersprüche, in die sich die Hypothese von absolut festen und unelastischen Atomen, sowie die von ihrer absoluten Trägheit usw. verwickelt; im Kap. VII schließt er seine Kritik mit der Feststellung der Geltungsbedingungen wissenschaftlicher Hypothesen, welche das zu erklärende Phänomen auf andere bekanntere und vertrautere zurückführen müssen, mit denen es in Beziehung gesetzt wird.

Auch Pearson vertritt ähnliche Auffassungen: „Materie und Kraft sind Fetische und" — so fügt er in der neuen Auflage der „Grammatik der Wissenschaften" von 1911 zu — „besteht vielleicht nicht die Gefahr, daß der Naturwissenschaftler von heute die Elektronen wie das alte unveränderliche Atom ansieht, indem er vergißt, daß es nur eine Konstruktion seiner eigenen Phantasie ist, die einem allgemeineren Begriff weichen wird, wenn man ihren Glanz erlöschen sieht?" „Die Naturwissenschaft — wiederholt er in Kap. VI — nimmt die Gesamtheit der Wahrnehmungen auf, wie sie sie vorfindet und strengt sich an, sie kurz zu beschreiben. Sie behauptet nicht die wahrnehmbare Wirklichkeit ihrer eigenen Stenographie."

Parallel zur oben dargelegten Kritik, verläuft die Entwicklung des Denkens bei den mechanistischen Physikern selbst. Wenn auch Stallo den Mechanismus von Clerk Maxwell ebenso sehr verurteilt wie den von Descartes, Huyghens und Leibniz, so muß man doch anerkennen, daß die Auffassungen von Maxwell die Tendenz haben, sich von der alten materialistischen Metaphysik frei zu machen: „sobald ein physisches Phänomen vollständig beschrieben werden kann, als ein Wechsel in der Konfiguration und in der Bewegung eines materiellen Systems — sagt Maxwell in einem Aufsatz in der „Nature"[3]) — so sagt man, daß die dynamische Erklärung des Phänomens vollständig sei. Wir können nicht begreifen, daß eine weitere Erklärung nötig oder möglich sei", weil die Ideen der Konfiguration, Masse und Kraft so elementar sind, daß sie nicht durch etwas anderes erklärt werden können.

In Übereinstimmung mit dieser Auffassung hat Maxwell zahlreiche Versuche unternommen, um verschiedene Sorten von Phänomenen mechanisch zu begreifen, inbesondere im Gebiet der Elektrizität; aber er bietet seine Erklärungen nicht als definitive Lösung des Problems an, welche die positivistische Betrachtungsweise verläßt, sondern nur als provisorische Theorien, welche einen Wert für die Vorausbestimmung bewahren, auch wenn sie nicht untereinander übereinstimmen sollten. Auf solchem Wege gelangt Maxwell ähnlich wie Lord Kelvin zu der Vorstellung, in den physikalischen Theorien mechanische Modelle der Wirklichkeit zu suchen.

Diese Auffassung der Maxwellschen Konstruktionen wird von Poincaré[4]) in viel klareres Licht gesetzt. Er erklärt erst, daß der englische Physiker im allgemeinen bestrebt ist, die „Möglichkeit einer mechanischen Erklärung" zu zeigen, ohne zu behaupten, daß er die wirkliche Erklärung besitzt. Dann beweist er: Wenn es für eine Reihe von Erscheinungen möglich ist, eine mechanische Erklärung anzugeben, so kann man deren unendlich viele aufweisen.

Von der allgemeinen Auffassung der naturwissenschaftlichen Theorien und Modelle wird man naturgemäß zur kritisch-positivistischen Auffassung geführt, die wir oben auseinandergesetzt haben. Die Wellenoptik Fresnels und die elektromagnetische

---

3) „On the Dynamical Evidence of the Molecular Constitution of Bodies", 4. u. 11. März 1875.
4) „Electricité et optique" 1901; „Wissenschaft und Hypothese" 1900, Kap. XII. Deutsche Übersetzung, B. G. Teubner, Leipzig 1904.

39. Bedeutung der wissenschaftlichen Hypothesen

Theorie von Maxwell — sagt Poincaré Kap. X — sind gleich wahr, da sie zu den gleichen Differentialgleichungen führen. „Sie lehren uns vorher wie nachher, daß eine gewisse Beziehung zwischen irgendeinem etwas und irgendeinem anderem etwas besteht; nur daß dieses Etwas früher **Bewegung** genannt wurde und jetzt elektrischer Strom heißt. Aber diese Benennungen waren nichts als Bilder, die wir an die Stelle der wirklichen Objekte gesetzt haben, und diese wirklichen Objekte wird die Natur uns ewig verbergen. Die wahren Beziehungen zwischen diesen wirklichen Objekten sind das einzig tatsächliche, welches wir erreichen können und die einzige Bedingung ist, daß dieselben Beziehungen, welche sich zwischen diesen Objekten befinden, sich auch zwischen den Bildern befinden, welche wir gezwungenermaßen an die Stelle der Objekte setzen. Wenn diese Beziehungen uns bekannt sind, so macht es nichts aus, ob wir es für bequem halten, ein Bild durch ein anderes zu ersetzen" (S. 162).

Diesen Auffassungen ist die Kritik der wissenschaftlichen Theorien recht nahe verwandt, die **Enriques** in den erwähnten „Problemen der Wissenschaft" aufstellt, obwohl ein klareres positivistisches Urteil den Verfasser am Gebrauch gewisser Ausdrücke hindert, wie es die oben erwähnten sind, in denen man auf eine unerkennbare Natur der Dinge anspielt, der man in Wahrheit keinen Sinn beizulegen wußte. Nachdem er streng den **positiven Gehalt** der Theorien definiert hat, welcher die Gesamtheit der nachweisbaren Tatsachen ist, die sie voraussehen lassen, definiert Enriques als **vorstellungsmäßige Hypothesen** diejenigen, welche das System der Bilder betreffen, aus denen die Theorie konstruiert ist, und die zum Teil **gleichgültig** sein können, hinsichtlich der vorausgesagten Tatsachen. Aber gegenüber der Tendenz, die mehr oder weniger deutlich von einigen älteren Denkern ausgesprochen wurde, verficht er ausführlich den Wert des vorstellungsmäßigen Elements der Erkenntnis: für ihn gibt es keine ausgebildete Wissenschaft, die sich nicht notwendig zu einer werdenden Wissenschaft erweitert. Die Hypothesen, welche in einem beschränkten Gebiet der Theorie gleichgültig sind, bekommen für eine **Erweiterung** derselben Theorie Bedeutung.

In jedem Fall drücken diese Hypothesen das Bedürfnis aus, die Vorstellung gewisser Phänomene bis über die Grenzen hinaus **auszudehnen**, die die **Kontinuität**, und die die **Einheit** der Natur zu durchbrechen scheinen: Wenn ein Körper sich auflöst und im Lösungsmittel verschwindet, so hält ihn doch unsere Phantasie fest, indem sie sich die Moleküle vorstellt, und wenn der Hammer auf dem Amboß anhält und sich allmählich seine Schwingungen beruhigen, so verfolgen wir doch noch die Bewegung, die sich in Wärme verbirgt. . . . So besteht die Bedeutung der vorstellungsmäßigen Hypothesen nicht allein in den **logischen Konsequenzen**, die sie nach sich ziehen, sondern auch in den Hilfshypothesen, die sie suggerieren können und die in gewisser Weise **psychologische Folgen** derselben ausdrücken. Andererseits wiederholt die ganze Auffassung der wissenschaftlichen Theorie als ,,System von Hypothesen einerseits und System von Erfahrungswahrheiten oder erfahrbaren Wahrheiten andererseits" . . . in einer höheren Sphäre die Vorstellung der rohen Tatsache, in der wir schon die beiden unabänderlich verbundenen Momente des Willensaktes und der davon abhängigen Empfindungen erkannten. In der Theorie wollen wir eine ,,wissenschaftliche Tatsache" vermittelst des Systems der Hypothesen begreifen, das die willkürliche Prämisse der Verifikation ist, und das in verschiedenen Formen vorgestellt werden kann: So wie unser Glaube an die Wirklichkeit eines einfachen Gegenstandes sich mit soviel Formen der Erwartung verknüpft, welche die Phantasie uns bunt ausmalt, ebenso ist das Verständnis der wissenschaftlichen Tatsache um so reicher, je verschiedener die Bilder sind, welche wir hinter der möglichen Erfahrung sehen können.

Der wahre Wert der theoretischen Naturwissenschaft besteht also nicht in der Tätigkeit, den positiven Inhalt jedes Bildes zu entkleiden, sondern in der Möglichkeit, denselben Inhalt in verschiedenen Bildern zu finden: Jedes derselben trägt, wenn es gut ausgewählt ist, zur Ökonomie des Wissens bei, indem es die neuen Voraussagen von alten Denkgewohnheiten abhängig macht.

40. DER PRAGMATISMUS

Diese Betrachtungen zeigen eine deutliche Analogie mit der Auffassung von der logischen Ordnung der Theorie, die im vorigen Kapitel auseinandergesetzt wurde und mit der pragmatischen Philosophie, der wir uns jetzt zuwenden.

Man erinnert sich, daß die Grundbegriffe einer deduktiven Theorie implizite in der logischen Ordnung ihrer Beziehungen definiert werden. Einige derselben werden im Prinzip als Postulate angenommen, während andere Schritt für Schritt aus jenen als Sätze abgeleitet werden. So bedeutet Deduktion die Entwicklung der Bedeutung der in den Prinzipien enthaltenen Begriffe. Unter den sich so ergebenden Folgerungen betrachtet man in Sonderheit diejenigen, welche Erfahrungstatsachen bezeichnen: Man findet so die positive Bedeutung der Theorie unabhängig von den Bildern, welche die vorstellungsmäßige Seite derselben ausmachen. Und wie bei der formalen Betrachtung des logischen Systems beim Übertragungsprinzip von Plücker-Hesse, so besteht auch hier der wahre Wert der abstrakten Auffassung der Theorie nicht in der leeren Abstraktion, sondern in der Vielfältigkeit der Anschauungen, die uns verschiedene Überblicke über die Tatsachen darbieten.

Gerade durch seine Studien über mathematische Logik ist Santiago Peirce zu der Aufstellung derjenigen Untersuchungsmethode gekommen, die gemäß den von Berkeley für die Erklärung der Begriffe „Materie", „Substanz" usw. angewandten Prinzipien ist geeignet, unsere Gedanken zu erläutern.[1]) Die Formel, durch die er seinen Gedanken ausdrückt, ist die, daß „die Bedeutung einer Theorie (eines Gedanken usw.) in den praktischen Folgerungen liegt, die sich daraus ergeben".

---

1) „How to make our ideas clear" (Popular Science Monthly, 1878).

Nach Peirces Absicht handelt es sich nur um das Kriterium der positiven Philosophie: die praktischen Folgerungen sind einfach die möglichen Erfahrungen, die der Erkenntnis objektiven Wert geben, wenn diese wegen ihres subjektiven Interesses als „rules for action" angesehen werden. Aber die Formel sollte berühmt werden durch die Interpretation, die ihr **William James**[2]) gab; er entnimmt der Erkenntnis, daß der Glaube an etwas Wahres einen Appell an unsere funktionale Fähigkeit mit sich bringt, daß „das Wahre — nur ein Mittel auf dem Weg des Denkens ist, sowie das Recht ein Mittel auf dem Weg des Besitzes ist".[3]) Bevor das Wahre objektiv (als Invariante in der Folge von Empfindungen und Wollungen) betrachtet wird, erscheint es subjektiv als eine Art von Nützlichkeit; es ist nicht mehr unabhängige Norm von Furcht und Wunsch, sondern Instrument des Erfolges und auf eine Stufe zu stellen mit dem Willen zu glauben.[4])

Endlich wird der Pragmatismus von James als erste Station für das Übergewicht des **radikalen Empirismus** aufgefaßt, der schließlich zur **pluralistischen Auffassung** des Universums führen muß. Die kluge Wertung der Kritiker der Wissenschaft, die utilitaristische Rechtfertigung derselben (geschweige denn die fragmentarische Betrachtung der Wissenschaft, über die der Empirismus nicht hinauskommen kann) mündet schließlich in einer Entwertung der Wissenschaft. Mit einer Hinterlist, die um so mehr zu fürchten ist, je größer die Geschicklichkeit des Verfassers ist, ist es so James gelungen, dem Denken die bequemen Wege des „pragmatischen Behagens" zu eröffnen, indem es uns im ganzen eine **Philosophie** bietet, in der wie bei

---

2) Die vollständige Darstellung seines Denkens findet sich in den Bänden „Pragmatism" (New York 1907), (Deutsche Übers. Leipzig 1908). „The Meaning of Truth", London 1909; „A pluralistic Universe", London 1909.
3) „Pragmatism", S. 222.
4) Vgl. James, The Will to Believe and other Essays in Popular Philosophy, New York 1899.

40. Der Pragmatismus

Schiffsschotten die einzelnen Felder gegeneinander dicht abgegrenzt sind.

Daß diese Bewegung verschiedenen Antrieben des Zeitgeistes entspricht, der von unheilbaren Zwistigkeiten geplagt ist, kann man wohl aus dem raschen Erfolg entnehmen, der ihr beschieden war und aus der Entstehung vieler ähnlicher Philosophien, wie der Intuitionismus von Bergson oder die anderen Arten des neueren romantisch-utilitaristischen Idealismus. Diese stimmen alle in der Ablehnung des theoretischen Wertes der Wissenschaft überein, die nur noch praktische Rezepte geben soll. Sie streben danach im Gegensatz zu ihr, andere Arten der Erkenntnis oder der Betrachtung der Wirklichkeit aufzustellen, wie das künstlerische oder religiöse Schauen.

Das Studium dieser Richtungen gehört nicht in diese Geschichte; übrigens habe ich schon Gelegenheit gehabt, meine Gedanken dem Pragmatismus gegenüberzustellen[5]), und auch meine Gedanken über die fundamentale Identität zu entwickeln, die wir zwischen Wissenschaft und Religion wahrnehmen, in dem ich der Konstruktion der Invarianten der Wirklichkeit eine Geisteshaltung religiöser Art zugrunde lege.[6]) Eine vertiefte Betrachtung der Entwicklung der Wissenschaft würde, wenn man eingehender wie Mach ihre Beziehungen zum Rationalismus betrachtet, in mancher Hinsicht diese Auffassungen bestätigen und beleuchten.

Diese beziehen sich nur auf eine Vervollständigung der ökonomischen und utilitaristischen Auffassung der Wissenschaft, berühren aber nicht ihre biologische Bedeutung; aber das biologische Interesse liegt nicht allein in der Ersparnis von Le-

---

5) Vgl. ,,Scienza e razionalismo" 1912, Kap. 1. Die Analogien und die Verschiedenheiten meines Denkens und des Pragmatismus, die sich schon in den ,,Problemen der Wissenschaft" zeigen, hat Josiah Royce scharf herausgearbeitet in dem Vorwort, das er zur englischen Übersetzung jenes Werkes geschrieben hat. Open Court 1914.

6) ,,Scienza e razionalismo", Kap. VI.

bensenergie, sondern allgemeiner in ihrer Erhaltung und daher in der Erhebung des Lebensgefühles, das wir als religiöse Haltung bezeichnet haben.

41. LOGIK DER SYSTEME

Aus allem Vorausgehenden wollen wir nun als Schlußfolgerung die allgemeinsten logischen Auffassungen entnehmen, die heute den Gelehrten bei der Forschung und beim Beweis leiten.

Wir haben schon gesagt, daß die Induktion nie imstande ist, mit Sicherheit zu Ergebnissen und allgemeinen Prinzipien zu führen, die so ohne ein Bedürfnis der weiteren Bestätigung bewiesen wären, und daß es andererseits nichtsdestoweniger unmöglich ist, die Folgerungen einer Hypothese oder eines Prinzips zu bestätigen, ohne die Hilfe anderer bekannter Hypothesen (§ 38). So weicht die induktive Logik einer Logik der Systeme oder Theorien, bei der es sich um Konstruktionen, Beweise oder Entwicklung von Begriffssystemen handelt, mit denen wir verschiedene Klassen von Erscheinungen darstellen wollen.

Das Schlußschema einer Theorie besteht, wie wir schon angaben, in folgenden vier Phasen oder Momenten:

1. Vorläufige Beobachtungen und Erfahrungen.
2. Begriffe oder Begriffssysteme, die sie hypothetisch darstellen.
3. Deduktion.
4. Verifikation.

Wenn die Verifikation bei einer gewissen Klasse von Erfahrungen erreicht ist, dann gilt das angewandte wissenschaftliche Verfahren für abgeschlossen und die in der Theorie ausgesprochenen Hypothesen gelten in ihrer Gesamtheit als bewiesen; es bleibt durch eine geeignete Kritik ihr wirklicher positiver Gehalt festzustellen, und von dem zu trennen, was an der Darstellung in dieser Hinsicht gleichgültig sein kann.

Aber der so zustande gekommene Beweis kann nur als vorläufig und approximativ gelten! Wenigstens dann, wenn die Theorie in einem konkreten Sinn interpretiert wird, der einen

41. Logik der Systeme

gewissen phänomenologischen Determinismus in sich schließt, welcher positive Voraussicht und nicht nur Einschränkungen der Erwartung liefern soll.

In der Tat, wenn man aus einer wissenschaftlichen Theorie immer neue Folgerungen ziehen könnte, die eine positive Verifikation mit höherer Approximation bis zu irgendwelchen angebbaren Grenzen zuließen, so müßte diese Theorie einen unendlichen Geltungsbereich haben, was offenbar die Möglichkeiten der Wissenschaft überschreitet. Die Hypothese einer unbegrenzten Übereinstimmung mit der Erfahrung kann nur für abstrakte Theorien gemacht werden, d. h. für Systeme von Grundsätzen, die bei jeder Anwendung noch der Vervollständigung durch zusätzliche Hypothesen bedürfen. Aber in diesem Falle kann man nicht sagen, ob die Verifikation irgendeines Ergebnisses sich auf die so aufgefaßte Theorie oder auf die zusätzlichen Hypothesen erstreckt.

Aber außer in diesem Sinn, der noch weiter eine vertiefte Aufmerksamkeit verlangen wird, ergibt sich die Unmöglichkeit einer beliebig ausdehnbaren Theorie a priori daraus, daß die Begriffe, aus denen sie besteht, abstrakte Bildungen sind, in denen sich die Wirklichkeit nicht erschöpft.

Wir können daher als allgemeines Prinzip das folgende aufstellen: Eine hinreichend weit verfolgte deduktive Theorie führt zu Unstimmigkeiten, welche eine Grenze des Gültigkeitsbereichs bedeuten. Wenn der negative und wohl kontrollierte Versuch sich nicht leicht durch einfache Korrektur sekundärer Hypothesen erklären läßt, Korrekturen, die mit den anderen erfahrungsmäßig gesicherten Folgerungen zusammenstimmen, so bedeutet dieses Experiment — auch wenn es nur ein einziges ist — den Tod der Theorie und wird von uns gewöhnlich mit jener schlechten Laune aufgenommen, die immer das Ende irgendeiner lebenskräftigen Sache begleitet.

Ist diese schlechte Laune berechtigt? „Der Physiker, welcher im Begriff ist, auf eine seiner Hypothesen zu verzichten — so sagt

Poincaré[1]) — sollte im Gegenteil froh sein, denn er findet eine unverhoffte Gelegenheit zu einer Entdeckung. ... Wenn die Verifikation nicht möglich ist, so liegt es daran, daß Unerwartetes, Außergewöhnliches vorliegt; man muß also Unbekanntes und Neues entdecken."

Aber er findet sich in der Lage, daß er nicht das Gebäude aufrecht erhalten kann, in dem die alten Beobachtungen und Erfahrungen Platz gefunden hatten, und daß er noch nicht weiß, wie er ein anderes bauen soll, das der neuen Erfahrung angemessen ist; anstatt also mit einer fertigen Arbeit rechnen zu können, muß er seine Arbeit von vorne beginnen; die schlechte Laune, die ihn unter solchen Umständen packt, ist in Wahrheit nur zu menschlich.

Gewöhnlich schließt sich das Leben einer Wissenschaft in dem angegebenen Zyklus, in dem es von Erfahrungen zu erweiterten Erfahrungen führte, die einen höheren Grad von Allgemeinheit und Genauigkeit haben.

Diese induktive Phase der Wissenschaft, die sich beim Übergang von System zu System immer erneuert, unterliegt keinem präzisen methodischen Rezept. Alles, was man darüber sagen kann, ist, daß die **Deduktion** sich hier als das **eigentliche Organ** der Verallgemeinerung zeigt: Die allgemeineren Prinzipien der neuen Theorie sind nichts als Theoreme der alten, die in einer nicht umkehrbaren Weise aus den Prämissen erschlossen wurden, und dazu gesellen sich oft einige mildernde Hypothesen. Z. B. bringt die mechanische Hypothese als Folgerung das Prinzip von der Erhaltung der Energie, das wegen seiner größeren Allgemeinheit sich zu Erklärung auch von Tatsachen als geeignet erzeigt, die sich mit der mechanischen Hypothese nicht vertragen.

Aber die wahre Verallgemeinerung der wissenschaftlichen Theorie besteht nicht nur in der logischen Tatsache einer Annahme eines neuen Systems allgemeiner Hypothesen, sondern in der **Ausdehnung der Theorie auf neue Klassen von Phä-**

---

[1] „Wissenschaft und Hypothese" S. 152.

41. Logik der Systeme   217

nomenen. Es ist nützlich zu bemerken, daß diese Ausdehnung bisweilen schon an sich eine Korrektur unserer Hypothesen hervorrufen kann, indem sie so den Ausfall des negativen Experimentes vorwegnimmt. Das sieht man gut an dem klassischen Beispiel der Newtonschen Gravitation. Aus den Keplerschen Gesetzen der Planetenbewegung ergibt sich die Berechnung der Anziehungskraft der Sonne auf die Planeten, und der Planeten auf die Satelliten, insbesondere der Erde auf den Mond; und der Vergleich dieser letzteren Kraft mit der, welche auf Körper an der Erdoberfläche ausgeübt wird, führt zu der großartigen Idee einer „wechselseitigen Anziehung zwischen irgendwelchen Massen". Aber die so erweiterte Newtonsche Theorie enthält notwendig eine Korrektur der Keplerschen Gesetze, die nur in erster Annäherung richtig bleiben (Korrektur des dritten Gesetzes, Störungen der Planetenbewegung). Auch von den Experimenten an Kathodenstrahlen, die dazu geführt haben, an dem Postulat von der Konstanz der Massen bei großen Geschwindigkeiten zu zweifeln, kann man sagen, daß die dadurch bewirkte Widerlegung schon infolge der größeren Ausdehnung zu erwarten war, die man der Mechanik selbst geben wollte, als man ihr die elektromagnetischen Erscheinungen unterordnen wollte: und in der Tat sind die Experimente von Kaufmann in voller Übereinstimmung mit den Rechnungen von Abraham.

Andererseits bedeutet der negative Ausfall eines Experimentes nicht immer etwas Neues, das nicht von der bekannten Wirklichkeit her zu erwarten gewesen wäre; aber er ist doch zur Verbesserung gewisser begrifflicher Konstruktionen geeignet, in dem er dazu einlädt, zu forschen, was eine geeignete Kritik schon vorher als sehr wahrscheinlich und zureichenden Gründen entsprechend hätte angeben können.

Man kann dies von dem Experiment von Michelson und Morley sagen, das gegen die Erwartung ausfiel, man könnte eine (absolute) Bewegung der Körper im Äther erkennen: das Experiment liefert hier kein neues Motiv, sondern nur die Gelegenheit einen Fetisch zu zerstören und die kritische Auffassung der

Relativität der Bewegung wiederzuerkennen, die der vernünftigen Forderung entspricht, die Bewegung der Körper ohne Einführung unsichtbarer Bezugsmassen zu erklären.

42. VERGLEICH MIT DER HEGELSCHEN DIALEKTIK

Welches nun auch der Anteil sein mag, den die Erfahrung direkt oder indirekt bei der Entwicklung eines wissenschaftlichen Systems hat, so bietet doch diese Entwicklung demjenigen, der auf die allmähliche Verschärfung der Begriffsbildung achtet, eine bemerkenswerte Analogie mit der idealistischen Lehre, und zwar insbesondere mit dem dialektischen Schema von Hegel: These, Antithese und Synthese.

Denn auch in der Logik der wissenschaftlichen Systeme kann man sagen, daß die induktive Entwicklung des Begriffes, d. h. die Überwindung einer gegebenen Position, auf die Negation und Ablehnung der These folgt.

Immerhin sind einige fundamentale Unterschiede zu beachten:

1. In der Hegelschen Dialektik erfolgt die Entwicklung des Begriffes, die von der Behauptung zur Verneinung führt, nur aus innerlogischen Motiven, und nicht durch den Impuls oder das Eingreifen einer äußeren Erfahrung.[1])

2. Ferner wird die Bekräftigung der These in der Synthese in formaler Symmetrie zu dem ersten Übergang von der These zur Anthitese als Negation der Negation aufgefaßt: Dagegen ist in der Entwicklung des wissenschaftlichen Systems das induktive Moment, das auf die Negation der Theorie folgt, von Grund aus verschieden vom deduktiven Moment, da jenes nicht wie dieses bestimmten logischen Regeln unterliegt.

---

[1]) Wenn aber der Hegelianer die Natur gemäß der poetischen Fiktion auffaßt, die daraus eine in der Vergangenheit vom Geiste vollendete Arbeit macht, die unserem Bewußtsein entschwunden ist, so muß er gerade anerkennen, daß diese Natur unserem Bewußtsein als etwas Gegebenes gegenübertritt; so müßte die Erfahrung für ihn etwas ebenso wesentliches werden, wie das Studium der historischen Wirklichkeit.

3. Endlich beschreibt die Hegelsche Dialektik weniger die Entwicklung der logisch bestimmten Begriffe der Wissenschaft, als die Bewegung der Ideen — auf der Basis des Gemütes —, die die Erfassung der moralischen und sozialen Wirklichkeit anstreben, oder die sentimentale oder religiöse Absichten verfolgen. Sie drückt im ganzen die historische Erfahrung der romantischen Epoche aus, indem sie das hineinträgt, was Josiah Royce[2]) gut als „die Logik der Leidenschaft" bezeichnet hat.

Man tut Hegel großes Unrecht — sagt andererseits James[3]) — wenn man in ihm in erster Linie einen Vernünftler sieht. Er ist vielmehr ein Mann, der frei heraus die Wirklichkeit beobachtet, wenn auch mit einer perversen Vorliebe für einen künstlichen und logischen Jargon. Er taucht in die natürliche Flut der Dinge ein, und gibt sich dem Eindruck des Geschehens hin. Er ist ein Impressionist".... Und später (S. 92) fügt er die boshafte Bemerkung zu: „das einzig Sichere ist das, daß auf jede Bemerkung über sein Verfahren der Einwand erfolgen kann, man habe ihn nicht verstanden".[4])

Aber wie kann je die Logik der Leidenschaften etwas mit der viel durchgearbeiteteren Logik der wissenschaftlichen Systeme gemein haben?

Diese Frage verlangt meiner Meinung nach eine nicht oberflächliche Antwort. Ich glaube, daß diese sich durch die Auffassung bietet, daß auch der Gang der Wissenschaft auf einer höheren Stufe die historische Entwicklungsform einer beliebigen geistigen Bewegung wiederholt, die wir besser in dem kurzen Leben der vom Gefühl ausgehenden Ideen beobachten. Auch hier bilden sich Begriffe durch Assoziation von Vorstellungen, aber dem intellektuellen Verbot gelingt es nicht, sie in volle Abstraktion einzuschließen.

---

2) „The Spirit of Modern Philosophy", Boston und New York 1893.
3) „A Plualristic Universe", a. a. O., S. 87.
4) Vgl. meine Arbeit über „La metafisica di Hegel" in „Scienza e razionalismo" III, 2.

IV. Anhang

Daher bezeugt gerade Hegel, der diese logischen Verbote energisch tadelt, seine Antipathie gegen den barbarischen Gebrauch, den die exakten Wissenschaften vom Worte „Begriff" machen, in der Bedeutung einer Kollektivdarstellung einer schlecht definierten Klasse von Objekten: er bekämpft die Abstraktion als eine Mißhandlung oder Zerreißung der Wirklichkeit, die den Fluß der Gedanken verbietet, in dem sie von den Assoziationen und den Relationen der Vorstellungen abtrennt, was sie naturgemäß bei sich behalten sollte.

Es ist hier nicht der Ort, bei einer näheren Betrachtung dieser Kritik[5]) länger zu verweilen, die im Geiste Hegels das „Gewöhnliche" von dem unterscheiden mußte, was wahrhaft allgemein oder „universell" ist. Wir wollen uns darauf beschränken, anzugeben, daß die Hegelsche Dialektik einfach die Antithese der intellektuellen Position ist, in der das Begriffssystem nur in einer unbeweglichen Abstraktheit betrachtet wird. Die Logik der wissenschaftlichen Systeme enthält die Synthese dieser beiden verschiedenen Auffassungen. Für sie reduziert sich die wahre und konkrete Universalität auf eine fortschrittliche Tendenz, die dazu führt, die gewöhnlichen, auf die wahrnehmbaren Objekte begrenzten, Vorstellungen unbegrenzt auszudehnen. An diesem Prozeß hat das Moment der Abstraktion notwendig Anteil.

So ist es richtig zu behaupten, obwohl das paradox klingen mag, daß die Absicht, das Konkrete außerhalb jeder Abstraktion zu erfassen, die einzige absolut abstrakte und daher leere und absurde Abstraktion ist: In dieses Phantasiegebilde projiziert der menschliche Geist die unerreichbare Grenze einer unendlichen Reihe von Denkakten. Jeder derselben schließt eine Abstraktionsstufe und die Erfassung einer untergeordneten Wirklichkeit ein.

In der Tat sind alle Stufen der Wirklichkeit — wie wir sahen — eine fortschreitende Konstruktion des Denkens, das immer ver-

---

5) Vgl. im allgemeinen „Wissenschaft der Logik" in den Werken Bd. III, Berlin 1833 und insbesondere das Kap. 5. „Die Lehre vom Begriff" Enzyklopädie I. T. Logik (in den Werken Bd. III, S. 320—21).

mittels der Begriffe erkennt. Und der Begriff ist zu gleicher Zeit eine abstrakte Bildung, die gewisse mögliche sinnliche Gegebenheiten von denjenigen trennt, die unsere Tätigkeit tatsächlich als ihr selbst zugehörig beansprucht, und ein **Akt der Einung** oder ein assoziatives Band, das dasselbe Denken zwischen den Gegebenheiten der beobachteten Wirklichkeit schlingt. Die klassische Logik hat nur die erste Seite beachtet, Hegel nur die zweite; für ihn besteht daher die wahre Natur, die wahre Funktion des Begriffes nicht darin, eine Klasse von Objekten zu **trennen**, sondern vielmehr darin, sie zu **verbinden**, und den dialektischen Prozeß einzuleiten. Aber dieser Prozeß bekommt nicht die höhere Bedeutung, die er in dem **Aufbau der Systeme** annimmt, wenn auch der innere Grund dafür nicht in jener intellektualistischen Deduktion liegt, die als Voraussetzung die gewollte Unbeweglichkeit des Abstrakten hat.

43. URTEILE A PRIORI UND KONVENTIONEN: DIE NICHTEUKLIDISCHE GEOMETRIE

Wir wollen nun jenen kritischen Moment in der Entwicklung einer Theorie etwas näher betrachten, in dem der Verstand von der Negation der Hypothesen zu einem System von Hypothesen und Begriffen aufsteigt, das einem weiteren Umfang der Wirklichkeit angepaßt ist.

Gibt es Regeln oder Prinzipien, die das Denken bei der Überwindung der Krise bestimmen oder irgendwie leiten?

Wenn die Frage in einem beschränkten Sinne aufgefaßt wird, und die Entwicklung beschränkter wissenschaftlicher Theorien betrachtet wird, so kann man antworten, daß die Theorie, die vom negativen Ausfall des Experimentes berührt wird, außerhalb in anderen allgemeineren Theorien ein Kriterium findet, mit denen sie sich verständigen muß, und denen sie neue Prinzipien entnehmen kann. Aber hier erhebt sich die Frage, ob es eine hierarchische Ordnung der Wissenschaften gibt, derart, daß einige allgemeinere oder abstraktere Wissenschaften eine regulative Bedeutung haben, unabhängig von der weiteren Entwicklung der

Erfahrung, und ob sie die Entwicklung der Begriffe und der Hypothesen zwar nicht bestimmen, so doch a priori einschränken.

Eine bejahende Antwort auf diese Frage wurde von der Kantschen Lehre gegeben, wonach das Wissen synthetischen Urteilen a priori unterliegt, von denen notwendig die Interpretation jeder möglichen Erfahrung abhängt.

Aber die Kantsche Lehre des a priori wurde von der Entwicklung der Wissenschaft überholt: vor allem durch die Konstruktion der nichteuklidischen Geometrie.

Die ersten Verkünder dieser Geometrie (Gauss und Lobatschefsky und unter den Vorläufern auch Taurinus) haben ohne weiteres angenommen, daß die wirkliche Beobachtung von geodätischen oder astronomischen Dreiecken eine Differenz zwischen der Winkelsumme eines Dreiecks und zwei Rechten feststellen könnte, um so zu beweisen, daß der physische Raum vom Raum der euklidischen Anschauung verschieden ist, indem er einem kleinen von Null verschiedenen Wert der Gaussischen Krümmung K entspricht. Indessen ist es nicht gelungen, eine wirkliche Abweichung zu finden, die die Beobachtungsfehler übertrifft.

Gegenüber diesem Versuch, der nichteuklidischen Geometrie unmittelbare physische Geltung zu verschaffen, können die Kantianer nichtsdestoweniger ihre Auffassung aufrecht erhalten, indem sie die eventuellen Beobachtungen und Experimente, aus denen $K \neq 0$ zu resultieren schiene, nicht schon als Widerlegung der euklidischen Hypothese interpretieren, sondern als Folgeerscheinung gewisser Eigenschaften der festen Körper, die uns als Meßinstrumente dienen. Aber wenn es so in gewisser Weise möglich ist, eine dem Kantschen Geist verwandte Auffassung aufrecht zu erhalten, so müssen wir doch die eigentliche These von Kant aufgeben, wonach die Möglichkeit der Erfahrung als notwendiges Fundament die synthetischen Urteile der Euklidischen Geometrie besitzt, ohne die die Erfahrung nicht interpretiert werden könnte. Denn man kann im Gegenteil einen so

43. Urteile a priori u. Konventionen: Nichteuklidische Geometrie 223

kleinen Wert von K bestimmen, das alle Erfahrung in den Grenzen der Beobachtungsfehler gleichermaßen zur Hypothese eines nichteuklidischen Raumes der Krümmung K paßt.

Die im obigen Sinn abgeänderte Kantsche These, die um so plausibler ist, je kleiner die in Betracht kommenden Werte von K sind, ist in unseren Tagen in einer neuen Form von Henri Poincaré wieder aufgenommen worden. Für ihn kann die Frage der euklidischen Geometrie keinen experimentellen Sinn haben, weil kein Experiment sich auf den Raum oder auf die Relationen zwischen den Körpern und dem Raume bezieht, sondern nur auf die Beziehungen der Körper untereinander. Folglich sind die Axiome der euklidischen Geometrie einfache Konventionen, oder verkappte Definitionen, die Prämissen der physischen Hypothesen sind.

„Was soll man dann aber — ruft er aus[1]) — von der folgenden Frage denken: Ist die Euklidische Geometrie richtig?

Die Frage hat keinen Sinn.

Ebenso könnte man fragen, ob das metrische System richtig ist und die älteren Maß-Systeme falsch sind, ob die Kartesischen Koordinaten richtig sind und die Polar-Koordinaten falsch. Eine Geometrie kann nicht richtiger sein wie eine andere; sie kann nur bequemer sein.

Und die Euklidische Geometrie ist die bequemste und wird es immer bleiben."

Diese These von den konventionellen Prinzipien, die der Verfasser breit dargelegt und vielleicht in späteren Werken ein wenig abgeändert hat, hindert ihn nicht, zu erkennen, daß die Erfahrung eine unabweisbare Rolle in der Genesis der Geometrie spielt, aber ohne daß sie, wenn auch nur teilweise eine experimentelle Wissenschaft ist:

„Wenn sie erfahrungsmäßig wäre, so würde sie nur annähernd richtig und provisorisch sein. Und von welch grober Annäherung?

---

1) „Wissenschaft und Hypothese" S. 51.

IV. Anhang

Die Geometrie würde nur das Studium der Bewegungen von festen Körpern sein; aber sie beschäftigt sich in Wirklichkeit nicht mit natürlichen Körpern; sie hat gewisse ideale, durchweg unveränderliche Körper zum Gegenstand, welche nur ein vereinfachtes und wenig genaues Bild der natürlichen Körper geben.

Der Begriff dieser idealen Körper ist aus allen Teilen unseres Verstandes hervorgegangen, und die Erfahrung ist nur eine Gelegenheit, welche uns antreibt, sie daraus hervorgehen zu lassen.

Das Objekt der Geometrie ist das Studium einer besonderen ‚Gruppe‘; aber der allgemeine Gruppen-Begriff präexistiert in unserem Verstande, zum mindesten die Möglichkeit zur Bildung desselben; er drängt sich uns auf, nicht als eine Form unseres Empfindungs-Vermögens, sondern als eine Form unserer Erkenntnis."

Die Erfahrung leitet uns nur an, unter diesen Gruppen sozusagen das bequemste Normalmaß zu finden.

Es ist daher klar, daß wir einer Erneuerung der Kantschen Ästhetik gegenüberstehen, wo das „Willkürliche" die Rolle des „a priori" übernimmt.

. Ich habe diese These in den „Problemen" der Wissenschaft in Kap. IV bereits erörtert und kritisiert. Es ist nicht der Raum oder die Beziehung der Körper zum Raum, was den Gegenstand der Geometrie ausmacht, sondern grade eine gewisse Klasse von (räumlichen) Beziehungen zwischen den Körpern. Aber diese Beziehungen sind eine einfache Abstraktion komplizierter physischer Relationen. Die konkrete Geometrie setzt sich in der Kinematik fort, in der Mechanik und in der Optik; denn die sog. geometrischen Experimente sind in Wahrheit nichts als Messungen, in die die Eigenschaften der Materie und des Lichtes eingehen, wobei man sich immerhin von einigen Elementen befreit, die aus statistischen Gründen vernachlässigenswert erscheinen.

Gibt man zu, daß die konkrete Geometrie nur ein Teil der Physik ist, so werden ihre Axiome im wissenschaftlichen System,

43. Urteile a priori u. Konventionen: Nichteuklidische Geometrie

das wir zur Darstellung der Wirklichkeit konstruieren, neben den anderen Hypothesen stehen. Was bedeutet es, wenn wir unter diesen Hypothesen einige herausgreifen und sie durch Konvention zu strengen Grundsätzen erheben?

Meiner Meinung nach ist das nur ein unglücklicher Ausdruck, um die Erkenntnis des willkürlichen in jeder Voraussetzung enthaltenen Willensaktes zu bezeichnen, dem, wie wir sagten, die Erfahrung untergeordnet wird. Wenn f, φ, ψ, ... Gleichungen sind, die zwischen einer Zahl von Unbekannten bestehen, so kann ich zuerst fordern, daß z. B. f erfüllt sei, indem ich so die Willkür in der Variation der Unbekannten einschränke und kann dann prüfen, ob φ, ψ ... damit verträglich sind. Aber im Falle einer negativen Antwort, wird man nicht vergessen können, daß die erwiesene Unverträglichkeit sich nicht auf das Teilsystem φ, ψ ... bezieht, sondern auf das ganze System f, φ, ψ ..., in dem f trotz der eingeführten Konvention mit den anderen Gleichungen gleichberechtigt ist.

Daher bleiben die Hypothesen, die Poincaré nach seiner Konvention zu Prinzipien erhebt, grade infolgedessen nichts als Hypothesen: Die erste Hypothese, die er einführt, um die Bedeutung der folgenden einzuschränken, ist daher der Erwartungsgehalt, den sie enthalten können. Und wir lassen uns nicht von der Erklärung täuschen, daß die zu Prinzipien erhobenen Hypothesen konventionell eine strenge Geltung bekommen: Diese Erklärung fügt dem einfachen Akt der Voraussetzung nichts hinzu! In der Tat wird jede Voraussetzung einer theoretischen Wissenschaft als logische und daher strenge Behauptung verstanden und behandelt, ihr approximativer Charakter zeigt sich nur bei der Verifikation.

Mit der Widerlegung des Poincaréschen Konventionalismus kehrt man also (vielleicht mit einer genaueren Ansicht vom physischen Wert der geometrischen Hypothesen) zu der konkreten Auffassung der Geometrie bei Riemann, Helmholtz, Clifford u. a. zurück. Aber diese Auffassung bekommt heute eine besondere Bedeutung wegen der Entstehung der neuen Theorie von Albert Einstein. Dies wird glänzend von Eddington in dem Dialog beleuchtet, der die Einleitung zu seinem bekannten Werke „Raum, Zeit und Gravitation" bildet.

44. DIE RELATIVISTISCHE PHYSIK DER ELEKTRIZITÄT UND DES MAGNETISMUS UND DIE RATIONALEN ERFORDERNISSE DES WISSENS

Die Entwicklung der Gedanken, welche durch die neue Krisis der Mechanik hindurch in der Einsteinschen Theorie mündete, erlaubt es schon, vor ihrer letzten und kühnsten Phase, die Ansicht von einer hierarchischen Ordnung der wissenschaftlichen Begriffe zu widerlegen und läßt so die Frage des a priori in einem neuen Licht erscheinen.

In der Tat hat die Krise, durch die wir hindurch gegangen sind, wesentlich diese Bedeutung. Zwei Vorstellungen von der Naturforschung spielen dabei eine Rolle.

1. Zum einen sollten die vertrautesten Anschauungen über die Bewegungsvorgänge in den Begriffen und den Prinzipien der Newtonschen Mechanik die Gesamtheit der physikalischen Erscheinungen erklären. Sie forderten daher einen absoluten Raum (oder eine absolute Bewegung) und eine absolute Zeit, die Galileische Trägheit und die Fernwirkung.

2. Zum anderen (eine Auffassung, die sich lange und angestrengt bemüht, mit der ersten sich zu vertragen) sind die elektromagnetischen Erscheinungen in das Schema einer Theorie gezwängt, der Faraday, Maxwell, Lorentz die Nahewirkung der Kausalbeziehungen zum Fundament gaben, d. h. die stetige Ausbreitung der Wirkung in Raum und Zeit.

Die beiden Theorien haben sich nun aber als unverträglich erwiesen und es zeigte sich, daß einerseits ein sehr weiter Kreis von Erscheinungen des Elektromagnetismus sich schlecht der mechanischen Erklärung fügte, daß aber andererseits eine passende elektromagnetische Erklärung der mechanischen Phänomene gewonnen werden konnte.

44. Die relativistische Physik der Elektrizität u. des Magnetismus

Die verschiedenen Etappen dieses Fortschrittes der Ideen sind nicht allein durch Experimente gegeben, unter deren Impuls die elektromagnetische Lehre sich weiter entwickelte, sondern auch von der Kritik des Begriffe, durch die die theoretischen Physiker ein klareres Bewußtsein von den rationalen Erfordernissen des Wissens bekommen haben.

Diese Behauptung könnte, sofern sie der gewöhnlich vertretenen Auffassung widerstreitet, paradox erscheinen. Wer in der Tat absoluten Raum und absolute Zeit als unbestreitbare Erfordernisse der Vernunft ansieht, und sich andererseits hinreichend an den Newtonschen Kompromiß der Fernwirkung gewöhnt hat, worin freilich Newton selbst nur eine vorläufige Arbeitshypothese sah[1]), kann die Newtonschen Begriffe nur unter dem Zwang der Erfahrung aufgeben. Die Geschichte der Experimente von Michelson und Morley, denen die erste Stelle in der Darstellung der Relativitätstheorie zukommt, scheint in der Tat die Ansicht zu bestätigen. Aber wie kann man bei der Behauptung verharren, daß die absolute Bewegung ein Erfordernis des Denkens ist?

Im Gegenteil hatte der älteste Vertreter des Rationalismus, Parmenides von Elea allein mit der Kraft der Kritik die Relativität der Bewegung entdeckt.[2]) Und Rationalisten wie Kepler und Descartes haben sich diese These zu eigen gemacht. Sie ist eine unausbleibliche Folge des Prinzips vom zureichenden Grund für jeden, der die Bewegung allein mit Bezug auf die Materie definieren und erklären will, die man sich bewegen sieht. Aber diese These des Parmenides wurde als Negation des Bewegungsbegriffes interpretiert, ohne den eine Wissenschaft der Mechanik unmöglich erscheint. In diesem Sinne hielten

---

1) In der Tat wollte Newton (wie schon die alten demokritischen Hypothesen, die nachher von Lesage und von Fatio de Dullers wieder ausgegraben wurden) die Anziehung auf Stoß und Druck zurückführen. Vgl. „Optica" Frage 313. a. a. O. S. 153.
2) Vgl. Enriques, La relativita del movimento nell antica Grecia, („Periodico di matematiche", 1921).

es Demokrit und später Galilei für notwendig, einen absoluten Bezugsraum zu postulieren. Newton hat dies Postulat aufgenommen, weil er sich vielleicht der Täuschung hingab, daß die Denkgewohnheit, die Bewegung der Körper als etwas an sich bestimmtes anzusehen, eine Denknotwendigkeit sei, und weil er andererseits eine experimentelle Bestätigung in der Erscheinung der Erhaltung der Rotationsachsen sah (Gyroskop). Daher war die moderne Kritik zur relativistischen Auffassung zurückgekehrt, auch wenn die Hypothese eines ruhenden Äthers eine notwendige Grundlage des Elektromagnetismus zu sein schien, und Michelson experimentierte in der aufrichtigen Hoffnung, er könne die Bewegung der Körper relativ zum Äther nachweisen; hier genügt es daran zu erinnern, daß Mach den Gedanken vertrat, daß die Erklärung der oben erwähnten Eigenschaft der permanenten Rotationsachsen in einem Einfluß der Sternmassen zu suchen sei.[3])

Hinsichtlich der Zeit muß man zugeben, daß die Kritik Einsteins, welche durch die Lorentzsche Hypothese der Ortszeit suggeriert wurde, auf den ersten Blick neu und paradox erscheint. Diese Kritik drängt sich uns als Folge des Relativitätsprinzips nur dann auf, wenn man die Erfahrungstatsache von der Konstanz der Lichtgeschwindigkeit heranzieht. Aber, alles in allem, wenn auch unter dem Zwang dieser Tatsachen die Relativität an dem absoluten Charakter der Zeit festhält, so ist es deshalb, weil die Negation derselben, wohl betrachtet, nichts enthält, was unserem Begriffsvermögen widerspricht: wenigstens so lange, als — wie

---

[3]) Wir erinnern auch an die Untersuchung von Enriques in den „Problemen der Wissenschaft" Kap. V, wo er die Statik und Dynamik der beginnenden Bewegung in einem beliebigen Bezugssystem begründete. Wir fügen hinzu, daß diese Konstruktion natürlich verallgemeinert werden kann, indem sie so zu dem vollständigen System der relativistischen Mechanik führt (ohne Hinzunahme des Elektromagetismus). Hier führt man an Stelle der Trägheitsgesetze das Postulat von Einstein ein, wonach die Gesetze der Dynamik kovarianten Charakter hinsichtlich der verschiedenen möglichen Bezugsysteme haben müssen (Bemerkung von Levi-Civita).

es tatsächlich ist — die Unentschiedenheit in der Zeitfolge nur für solche Erscheinungen vorliegt, die wegen der unüberschreitbaren Schranke, welche der Ausbreitung der Wirkungen durch die Lichtgeschwindigkeit gezogen ist, aufeinander physikalisch nicht einwirken können, so daß dadurch unsere Ansicht von der Ursache nicht berührt wird.

Die Einsteinsche Lehre ist gerade der Triumph einer befriedigenderen Auffassung der Kausalbeziehungen: das Prinzip der Nahewirkung überwindet die unerklärliche Hypothese der Fernwirkung, die nur die Erfahrung für einen Augenblick hatte annehmbar machen können, und die ungeachtet der Einladung der Positivisten[4]) zur Resignation, vielleicht mit Ausnahme einiger Eiferer unter den Kantianern, die menschliche Vernunft nie hat befriedigen können.

Die Lehre, die sich aus diesem bewundernswerten Fortschritt der Wissenschaft ergibt, widerspricht daher nicht einem wohlverstandenen Rationalismus, sondern nur jener Philosophie, die unter dem Vorwand von Erfordernissen der Vernunft nur eine Denkgewohnheit konserviert und Illusionen bewahrt, die diese mit sich bringt.

Kant rechtfertigt die Urteile a priori mit der Ansicht, daß die Tätigkeit des Geistes, die die Gegebenheiten der Wahrnehmung ordnet, nur in der ihm eigenen Form erfolgen kann, die sich notwendig jedem Wissen aufprägt. Und diese notwendige

---

[4]) Nachdem Stallo (a. a. O. Kap. V) daran erinnert hat, daß Newton selbst die Gravitation dadurch erklären wollte, daß er sie auf Druck und Stoß zurückführte, legt er dar, wie Huygens dessenungeachtet es für absurd hielt, das Prinzip der Attraktion anzunehmen, und wie Leibniz sagte, daß es an eine unkörperliche, unerklärliche Macht appelliere. Auch Johann Bernoulli nannte es vor der Pariser Akademie eine Voraussetzung, die umwälzend war für Geister, welche gewohnt waren in der Physik nur unbestreitbare und evidente Prinzipien anzuerkennen. Endlich stellt Stallo melancholisch fest, daß nicht einmal heute sich die Physiker, wie Stuart Mill wollte, an die Tatsache dieser Fernwirkung gewöhnt haben. Sie sind keineswegs von dem Gedanken losgekommen, die Kräfte auf Wirkungen zurückzuführen, die sich durch Berührung übertragen.

Form fand er nicht allein in den logischen Prinzipien, sondern auch in den Anschauungen der Geometrie Euklids und der Mechanik Newtons, aus denen er ein für allemal regulative Begriffe und Axiome der Wissenschaft entspringen ließ.

Aber diese Vorstellung der geistigen, das Wissen konstruierenden Tätigkeit, ist recht beschränkt und schlecht. Wie bei dem Werk eines Dichters ist es nicht angebracht, Form und Inhalt zu trennen. Dem neuen Inhalt entsprechen neue Formen, die der Künstler durch seine Phantasie schafft. Ebenso und noch mehr konstruiert in der Entwicklung der Wissenschaft die unerschöpfliche geistige Aktivität neue Normen, um eine weitere Klasse von Gegebenheiten zu erfassen und um ein reicheres Bewußtsein von den eigenen Gesetzen auszudrücken.

So sind schließlich die Erfordernisse der Vernunft nicht ein für allemal in bezug auf eine leere Form bestätigt und bestimmt, sondern sie sind in Funktion der Erfahrung entwicklungsfähige Mittel zur Interpretation derselben. Und wenn dabei irgend etwas konstantes sich zeigen kann, so sind es nur gewisse Absichten oder Bestrebungen, keine starren Prinzipien.

45. DIE HIERARCHISCHE ORDNUNG DER WISSENSCHAFTEN UND DIE EINHEIT DES WISSENS

Unter den tiefen Absichten, die der menschliche Geist im Fortschritt der Wissenschaft zu verwirklichen sucht, sind die folgenden besonders wichtig:

1. Man wünscht alles Wirkliche als eine Einheit zu begreifen.
2. Man wünscht dem Prinzip vom zureichenden Grund zu genügen.

Die Beschreibung, die wir oben von der neusten wissenschaftlichen Entwicklung gaben, reicht dazu aus, nicht nur die spezifisch Kantsche Lehre von den synthetischen Urteilen a priori, sondern auch die Ansicht von einer hierarchischen Ordnung der Wissenschaften zu widerlegen, die sich in einer anderen erkenntnistheoretischen Auffassung im System der Wissenschaften

45. Die hierarchische Ordnung der Wissenschaften

von Auguste Comte zeigt. Schon bei einer anderen Gelegenheit haben wir die Bedeutung dieser Klassifikation untersucht, die in die Wirklichkeit eine gewisse historische oder psychologische Ordnung der menschlichen Abstraktionen projiziert, und wiesen darauf hin, daß sie aus der Metaphysik des Materialismus stammt und einen partikularistischen Begriff der Wissenschaft sanktioniert.[1])

Daraus ergibt sich der Gedanke, daß die Wirklichkeit nur die Verflechtung verschiedener unabhängiger Kausalreihen sei, so daß der Zufall neben einem verringerten Determinismus in der Philosophie eines Stuart Mill oder eines Karl Pearson seinen Platz findet. Und schließlich mündet die Entwicklung dieses Partikularismus im Pluralismus von William James.[2])

Während sich aber die Empiristen und die Pragmatisten abmühen, die wissenschaftlichen Theorien hinter die Gitter der praktischen Wirkung zu sperren, und im Namen des Nützlichen alle zugleich erniedrigen und entwerten, indem sie sie von der wechselseitigen Unverträglichkeit befreien, entbrennt der für unnütz erklärte Streit unter den Begriffen um so stärker in der Arbeit der gelehrten Denker, und es ist der Kampf um die Vereinheitlichung des Wissens.

Die hierarchische Ordnung der Wissenschaften wollte in ihrer Weise auch schon eine einigende Absicht ausdrücken; aber die Solidarität der Erkenntnis bleibt doch auf diese Weise unvollständig betont, denn die allgemeinen Erkenntnisse werden vor die besonderen und unabhängig von diesen gesetzt. Und da die Phänomene sozusagen in verschiedene Sphären verteilt sind,

---

1) „Il particolarismo e la classificazione delle scienza" in „Scienza e razionalismo", Kap. V.

2) Die weitere Entwicklung der idealistischen Philosophien zeugt meiner Meinung nach nur vom Erfordernis der Einheit, ohne es zu erfüllen; denn es kann keine einheitliche Philosophie des Denkens diejenige sein, welche willkürlich die Felder ihrer Tätigkeit voneinander trennt und es mit bequemen Vorwänden ablehnt, von den Fortschritten der Wissenschaft Kenntnis zu nehmen,

zwischen denen a priori gewisse Beziehungen bestehen, so folgt daraus ein einseitiger Druck auf die wissenschaftliche Arbeit, der zwar eventuell in Übereinstimmung mit der Spezialisierung der Instrumente und der Methoden zu bleiben sucht, aber nicht weniger danach strebt, gewisse Richtungen der Untersuchung zum Schaden anderer zu begünstigen.

Die wahre Einheit des Wissens verkennt gewiß nicht die Grenzen der praktischen Möglichkeit, die eine Arbeitsteilung verlangen, fordert aber, daß vor der Freiheit der Forschung nicht irgendeine theoretische Schranke errichtet wird, wie es jene ist, die darin besteht, daß man beiläufigen und provisorischen Unterscheidungen zwischen den Zweigen des Wißbaren eine philosophische Bedeutung zuweist. In dieser Weise dürfen dann nicht schon die technischen Hilfsmittel die Richtlinien der Probleme bestimmen, sondern es muß im Gegenteil jedes wichtige wissenschaftliche Problem von Fall zu Fall spezielle Zusammenstellungen der technischen Hilfsmittel und entsprechende Gruppierungen der wissenschaftlichen Arbeiter bestimmen.

Diese Gedanken habe ich schon — nicht ohne Widerstand — auf dem sozialen Gebiet der wissenschaftlichen Institutionen und der Organisation der wissenschaftlichen Arbeit vertreten. Ich habe nicht die Hoffnung verloren, daß darin mancher fruchtbare Keim steckt: in diesem Falle ertrage ich freudig die Bitternisse, die naturgemäß jeden Kampf für ein Ideal begleiten.

Aber kehren wir zur philosophischen Frage zurück! Jede Auffassung der Wirklichkeit, jeder Denkakt, mit dem wir eine gewisse Klasse von Erscheinungen zu erfassen suchen, strebt danach, sich zu einem System zu erweitern, das virtuell das ganze Universum zu begreifen strebt; von diesem unbegrenzten Ausdehnungsstreben nimmt gerade der Kampf der Systeme seinen Ursprung, sowie auch ihre fortschreitende Vereinheitlichung.

Die wahre Bedeutung der Erfordernisse der Vernunft, die in solchem Fortschritt zu Geltung kommen, besteht für uns nicht in der Betonung einer besonderen Darstellung und daher auch nicht in einer natürlichen Ordnung des Wissens; im Gegenteil halten wir die verschiedenen Auffassungen des Wirklichen für legitim, welche in verschiedenen Darstellungen denselben positiven Inhalt wiedergeben. Alles in allem verlangt die Einheit des Wissens die Möglichkeit, die Reihe der Invarianten der Wirklichkeit über alle Grenzen hinaus zu verfolgen. Diese Möglichkeit ist eine vom menschlichen Geist gestellte Bedingung für die Einheit, bei freier Entwicklung der Gedanken.

Das ist das höchste Postulat der Wissenschaft und des Lebens, das weit ab von romantischen Schwärmereien eine vernünftige Ordnung der Natur setzt, nicht als bloße äußere Gegebenheit oder als festes Bindemittel, sondern als unendliches Fortschreiten, dessen Stufen unsere Vernunft durchläuft.

46. DAS PRINZIP DES ZUREICHENDEN GRUNDES

Im Kampf der wissenschaftlichen Systeme, und zwar in derjenigen kritischen Phase ihrer Entwicklung, wo eine gewisse Klasse von Begriffen einer ausgedehnten Erfahrung nicht mehr entspricht, und wo der Geist danach strebt, die neuen und die alten Gegebenheiten in weitere begriffliche Gebäude zusammenzufassen, da kommt jene höchste Notwendigkeit für unser Begreifen zur Geltung, die durch das Leibnizsche Prinzip des zureichenden Grundes ausgedrückt wird.

Ich habe bei anderer Gelegenheit[1]) dieses Prinzip näher betrachtet. Obwohl ich heute die Darstellung seiner historischen Entwicklung breiter gestalten könnte, so habe ich doch an der Schlußfolgerung über seine Bedeutung nichts zu ändern: Der zureichende Grund liefert keine Axiome, aus denen a priori irgendeine wissenschaftliche Erkenntnis hergeleitet werden könnte, wie das von so vielen beabsichtigt wurde, z. B. beim Gesetz der Trägheit, bis zu dem — ich weiß nicht, ob berühmteren oder unglücklicheren — Versuch Schopenhauers. Das Prinzip ist vielmehr nur eine Bedingung dafür, daß eine gewisse begriffliche

---

1) „Scienza e razionalismo" II, 3.

Darstellung für eine gewisse Klasse von Gegebenheiten geeignet ist.

In diesem Sinne kann man sagen, daß es ein logisches Kriterium für die Entwicklung der wissenschaftlichen Theorien liefert. Eine neue Erfahrungstatsache fügt sich nicht mehr in das System, mit dem wir sie interpretieren wollten: Die neuen Begriffe, die es nun auszuarbeiten gilt, um die erweiterte Wirklichkeit zu begreifen, müssen zurückgewiesen werden, wenn das, was in der Natur für ,,gleichwertig" gelten soll, nicht für ,,gleich" gelten kann, in bezug auf die darstellenden Begriffe, oder wenn die Symmetrie der ,,Ursachen" nicht einer analogen Symmetrie der Wirkungen entspricht usw.

Aber zwei Punkte müssen festgehalten werden:

1. Das Kriterium des zureichenden Grundes hat vielmehr den Wert eines negativen Kriteriums, das die Auswahl der wissenschaftlichen Erklärungen beschränkt, als den eines positiven Kriteriums.[2]

2. In keinem Fall läßt es sich in eine starre Form bringen, sondern es zeigt sich wie oben gesagt wurde, in bestimmten Tendenzen des Geistes, die in weitem Umfang der Wirklichkeit angepaßt werden können.

---

[2] Ich führe ein einziges Beispiel an. Kant meint, daß das Prinzip der Erhaltung der Substanz bei den chemischen Reaktionen ein Urteil a priori sei; die Chemiker hingegen sind einig in der Annahme, daß dies Prinzip auf dem Experiment von Lavoisier beruht. Es unterliegt keinem Zweifel, daß die Wahrheit auf seiten der Chemiker ist, und daß die Versuche von Landolt und von Heydweiler zu einer genauen Bestätigung des Prinzips nichts weniger als sinnlos sind. Denn die Vernunft kann uns nur dazu veranlassen, in den chemischen Umwandlungen etwas konstantes zu suchen, aber sie kann uns nicht sagen, daß dies ,,Etwas" sich gerade in bestimmten Maßen, z. B. des Gewichtes, zeigt. Es ist bemerkenswert, daß nach der neueren Atomtheorie (Rutherford, Bohr) das Gewicht der Verbindung nicht mehr genau gleich der Summe der Gewichte der Bestandteile sein würde, speziell nicht bei den Umwandlungen der Atome: trotzdem würde sich in diesen wieder etwas Konstantes finden, nämlich die Zahl der Elektronen oder die richtig bestimmte Energie.

46. Das Prinzip des zureichenden Grundes

Daraus, daß diesen Tendenzen auf verschiedene Weise und in verschiedenem Maße genügt werden kann, hat die positivistische Kritik bisher einen Grund entnommen, die Anschauungen zu verarmen, die in unserer Vorstellung, d. h. in der rationalen Interpretation die Kausalbeziehung begleiten. Diese Verarmung bemerkt man schon in der Analyse David Humes, wenn man vom „Treatise of human nature" zum Essay „An Enquiry concerning Human Understanding"[3]) übergeht; denn hier läßt er ja die Annahme der Stetigkeit der Kausalwirkung fallen. Freilich hatte Hume zwei Auffassungen der Kausalität unterschieden (nämlich als natürliche und als philosophische Beziehung) indem er das Band hervorhob, daß die Idee der Ursache mit der Idee der Wirkung verbindet. Aber seine Interpreten (z. B. Stallo, den wir § 37 erwähnten) erwähnen die Auffassung, daß die Folgebeziehungen in der Reihe der Begriffe Folgebeziehungen der Dinge sind, nur, um ihre Nichtigkeit zu verkünden. Wenn nun die antike realistische Ansicht abgelehnt ist, derzufolge die rationalen Beziehungen als Wesenheiten außer uns objektiviert sind, so verliert darum das Postulat der Erfaßbarkeit nicht seinen Wert, durch das wir so viel als möglich die Eigenschaften der wirklichen Aufeinanderfolge durch die Beziehungen der Begriffe wiederzugebn suchen. Auch wenn dies Postulat nicht die absolute Bedeutung hat, die ihm Kant zuwies, so kann seine Bedeutung doch in der subjektiven Befriedigung des wissenschaftlichen Denkens und in dem weiter tragenden Erfolg zum Vorschein kommen, den die Wissenschaft als Mittel zur Voraussage erzielen kann: auf dieselbe Weise, wie ein Handwerkszeug um so nützlicher ist, je mehr es nicht allein den zu bearbeitenden Dingen, sondern auch der Hand des Arbeiters angepaßt ist.

Diese Ansichten habe ich schon in Kap. III der „Probleme der Wissenschaft" auseinandergesetzt. Unsere Untersuchung der

---

3) Ausgabe von Green und Grose, London 1894. Vgl. insbesondere „Treatise" Bd. I, S. 463/64. „Essays" Bd. II, S. 63.

Ursache beleuchtet besonders die verschiedene psychologische Bedeutung der Erklärungen, in denen wir nur sagen, „wie" eine Erscheinung abläuft gegenüber derjenigen, in denen wir das „warum" erklären wollen. Es ist leicht zu erkennen, wo sie mit anderen Untersuchungen übereinkommt, die ausschließlich von logisch-mathematischen, in Wahrheit ein wenig dürren, Kriterien beherrscht werden, wie z. B. die moderne Kritik von Bertrand Russell[4]) und wo sie von diesen Untersuchungen abweicht.

Ohne daß ich in die Ansicht Machs von der inneren Abhängigkeit der Erscheinungen verfallen möchte, verliert für mich die Idee der Ursache sicher nichts von ihrem Wert, wenn man in ihr nur eine Grenzidee erkennen muß oder, wenn man will, eine Forderung für die Begreiflichkeit, die unsere Vernunft erhebt. Wir haben schon gesagt, warum die rationalen Forderungen, die zwar nur eine relative Bedeutung haben, doch nicht für bloße Götzen gehalten werden dürfen, die man absetzen muß. Auch so weit sie sich an Denkgewohnheiten anschließen, die das Bekanntere durch weniger Bekanntes erklären wollen und die die vertrautesten Erscheinungen an die Spitze stellen wollen, drücken sie immer eine legitime Absicht aus. Aber man kann nicht ohne weiteres annehmen, daß alle Forderungen der Vernunft nur auf Gewohnheiten hinauslaufen, die ebenso überwunden werden können. Denn welches auch der Anteil der Entwicklung der Denkorgane sein mag, der sich epigenetisch als Einfluß der Umgebung erklären läßt, so bleibt doch eine Schranke übrig, die in der Struktur dieser Organe und in den physischen Gesetzen ihrer Funktion bedingt ist.

Ohne aber in die Erörterung dieser umstrittenen biologischen Probleme eingehen zu wollen, können wir doch jedenfalls schließen, daß unsere wissenschaftlichen Darstellungen den Stempel der geistigen Tätigkeit tragen müssen. Wir wiederholen, daß der Fortschritt der Wissenschaft gerade in einer besseren Überein-

---

[4]) „On the Notion of Cause" („Scientia" 1913). Vgl. G. Scorza, „Periodico di Matematiche", Januar 1921.

46. Das Prinzip des zureichenden Grundes

stimmung des Denkens mit der Wirklichkeit besteht, und zwar in doppelter Beziehung: nämlich des Denkens mit dem erfahrungsmäßig Gegebenen und des erfahrungsmäßig Gegebenen mit der Form des Denkens.

Die Aufsuchung von immer besser faßlichen Invarianten, der Wunsch Rechenschaft von jeder auch rein zahlenmäßigen[5]) Übereinstimmung zu geben, die eindeutige geschlossenere und vollständigere Bestimmtheit (von der die bekannten Prinzipe der Symmetrie und die des Maximums und Minimums in der mathematischen Physik abhängen), der kritische Realismus[6]), der die Unabhängigkeit der Naturgesetze vom Bezugssystem und daher den kovarianten Charakter der Gesetze hinsichtlich Koordinatentransformation behauptet, alle diese und andere Erscheinungen der wissenschaftlichen Entwicklung bekommen für den eine prägnantere Bedeutung, der kritisch die neueren Fortschritte der Wissenschaft betrachtet. Aber während die Logiker mit ihrer Analyse den alten Begriff der Ursache verarmen, entdeckt das Genie Einsteins darin einen, zwar plastischeren, aber im ganzen reicheren Inhalt.

---

5) Man denke an die Rolle, die in der Lehre Einsteins die Gleichheit der trägen und der schweren Masse spielt.

6) Es ist gut, das gewissen Vertretern des Idealismus zu sagen: gerade hierin und nicht im Idealismus liegt die philosophische Bedeutung der Einsteinschen Theorie.

NAMENVERZEICHNIS

Abel 107
Abälard 42
Abraham 217
Adam 55
Aenesidemus 35
Aetius 31
Agricola 43
Agrippa 35
Anaxagoras 27, 45
Anassarcus 35
Anselm 57
Antiphon 6
Antistenes 66
Apelt 9
Apollonius 20, 21, 39, 69
Arkesilaus 35
Archimedes 22, 50
Ariston 1, 39
Aristoteles 2, 4, 6, 12, 15, 16, 17, 19, 21, 22, 25, 29, 31, 38, 39, 40, 44, 46, 48, 49, 52, 65, 79, 156
Arnauld 60
Arnim 4, 32, 33
Augustin 32, 194, 202
Avenarius 194, 202

Bacon 25, 44, 45, 56, 179, 191
Bain 199
Baliani 54
Beltrami 79, 105, 114
Bergson 204
Berkeley 36, 89, 95, 198, 203, 211
Bernard 192, 198
Bernouilli 73, 229
Betti 133

Boethius 40
Bohr 234
Bolyai 79, 104
Bolzano 107, 124, 125, 126, 154
Bonola 104
Boole 106, 116, 117, 142, 145, 146
Borelli 79
Brianchon 111
Brioschi 133
Bruno 46
Bruzio 46
Brunschvicg 129
Buchenau 55, 57, 59
Burali-Forti 121, 123, 129, 150
Buridan 41, 42
Burnet 28

Calcidius 40
Candalla 66, 67
Cantor 107, 122, 126, 129, 154
Capella 40
Cauchy 107, 124, 125, 127
Chasles 103
Chrysippus 32
Cicero 33
Clairaut 5, 6
Clifford 195, 225
Comte 94, 175, 177, 179, 180, 190, 205, 231
Condillac 92, 145
Condorcet 106
Cournot 192, 196
Cousin 25
Couturat 71, 75, 76, 153, 155

Dalgarnus 75
Daniele 88
Dedekind 149
De Dullers 227
Dehn 136
Democrit 4, 7, 9, 14, 18, 25, 26, 28, 29, 31, 33, 36, 46, 52, 58, 60, 70, 82, 228
De Morgan 106, 117, 120, 142, 145, 147, 154
Desargues 105
Descartes 35, 36, 38, 55, 56, 57, 63, 67, 71, 72, 81, 179, 207, 227
Didot 30
Diels 4, 6, 8, 16, 18, 29, 30, 31
Diogenes Laertius 4, 6, 8, 32, 33
Diotimus 32
Du Bois Reymond 127
Duhamel 131, 132, 134
Duhem 54
Dutens 76, 125

Eddington 226
Einstein 226, 228, 237
Enriques 7, 11, 13, 22, 29, 78, 104, 122, 123, 129, 131, 135, 141, 157, 166, 169, 170, 197, 198, 202, 205, 209, 227, 228, 233, 235
Erdmann 144
Epicur 4, 33, 34
Euclid 2, 5, 17, 19, 20, 21, 22, 32, 39, 69, 121, 132, 190, 230

Namenverzeichnis

Eudemus 29
Eudoxus 2, 9, 121
Euler 108
Eutokius 22

Faraday 226
Fernandez 141, 166
Filodemus 75
Fourier 176
Frege 122, 134, 148, 163
Fresnel 181, 190, 208
Fries 100

Galenus 30
Galilei 28, 36, 38, 46, 47, 49, 50, 52, 53, 59, 60, 82, 93, 118, 123, 191, 228
Gassendi 34, 63, 82
Gauß 104, 105, 222
Geminus 18, 79
Gergonne 103, 108, 110, 111, 160, 188
Grassmann, H. 104, 120, 134, 159
Grassmann, R. 120
Gregory 116
Guarducci 141

Halsted 136
Hamilton, W. 1, 96, 106, 170, 199
Hamilton, W. R. 106
Heath 22
Hegel 218, 219
Heiberg 17, 22
Heraklit 30, 58
Heydweiler 234
Helmholtz 20, 104, 107, 119, 131, 225
Herschel 175, 180, 181, 183, 187, 189, 191, 196

Hesse 105, 211
Hilbert 136, 165
Hippokrates 2
Hobbes 63, 64, 65, 67, 69, 70, 74, 81
Holland 91
Houel 5, 6, 62, 131, 134, 141
Huyghens 58, 207, 229
Hume 89, 90, 184, 194, 198, 235

Iamblichus 8, 16
Iasche 96
Itelson 108
Iungius 108

James 204, 212, 219, 231
Jevons 106, 142, 170, 192, 198
Jourdain 148, 150, 151

Kant 90, 93, 94, 95, 97, 98, 105, 119, 156, 185, 186, 222, 229, 235
Karneades 35, 37
Kaufmann 217
Kelvin 118, 208
Kepler 38, 45, 46, 47, 48, 55, 88, 191, 227
Kirchhoff 206
Klein 114, 131
Kliem 22
Kronecker 168

Lambert 91, 104, 105, 146, 162, 167, 168
Land 119
Landolt 234
Laplace 106, 178
Lavoisier 234
Leibniz 28, 70, 71, 72, 75, 81, 85, 86, 87, 90,
91, 93, 96, 100, 101, 105, 108, 125; 146, 156, 162, 163, 167, 170, 171, 207, 229
Legendre 132
Leonardo da Vinci 45
Lesage 227
Leukippus 28, 46
Levi, B. 172
Levi-Civita 228
Lewes 199
Lie 114, 141
Lobatschefsky 79, 104, 162, 222
Locke 36, 81, 82, 83, 84, 85, 86, 87, 92, 93
Lorentz 226, 228
Lullus 75, 92, 144, 162

Mac-Coll 142, 150
Mach 90, 107, 118, 119, 193, 194, 195, 197, 198, 200, 202, 205, 228, 236
Maimon 95, 97
Mansel 199
Manzoni 166
Maxwell 107, 117, 119, 207, 208, 209, 226
Medolaghi 117
Mersenne 56
Metrodorus 35
Michelson 217, 227, 228
Milhaud 11
Mill 25, 67, 80, 90, 170, 184, 187, 188, 189, 190, 192, 193, 196, 197, 198, 199, 206, 231
Möbius 103, 112
Moigno 124
Molière 43

Namenverzeichnis

Monge 103
Morley 217, 227
Nausifan 35
Newton 60, 70, 85, 87, 88, 89, 118, 177, 227, 228, 230
Nicole 60
Occam 42, 66
Olimpiodor 32
Ostwald 205
Padoa 135, 136, 149, 151, 174
Pareto 195
Parmenides 8, 59, 70, 227
Paulus der Venetier 41
Pascal 60, 67, 68, 72, 101
Pasch 134, 135, 137
Peacock 106, 115
Peano 91, 134, 135, 148, 150, 151, 152, 163
Pearson 195, 207, 231
Peirce 92, 117, 134, 142, 147, 154, 211
Perrin 205
Petrus der Spanier 41
Petzoldt 194
Pickler 205
Pieri 135, 136, 165
Platon 2, 9, 16, 22, 25, 36, 40, 45, 46, 58, 59, 101, 170
Ploucquet 91, 106
Plücker 103, 112, 113, 117, 211
Plutarch 32
Poncelet 103, 111
Poincaré 129, 136, 169, 196, 208, 209, 216, 223

Porphyrius 40, 41
Port Royal 60, 62, 67
Posidonius 79
Prantl 4, 5, 66
Proclus 7, 17, 18, 19, 21, 25
Protagoras 3, 6, 27, 29, 36
Pyrrhon 35
Ramus 45
Richeri 91
Richter 45
Riemann 104, 105, 131, 225
Roberval 72
Royce 213, 219
Roscellino 199
Ruge 157
Russell 71, 122, 123, 129, 150, 152, 155, 236
Rutherford 234
Saccheri 78, 79, 80, 104, 167
Schopenhauer 233
Schröder 142, 154
Schweikart 105
Scorza 236
Segner 90, 105, 146
Segre 114
Sextus Empiricus 6, 18, 28, 30, 32, 33, 35, 37, 59, 188
Siegel 155
Sigwart 67
Simplicius 6
Snellius 110
Socrates 30, 58
Spencer 170, 199
Stahl 93
Stallo 198, 199, 200, 207, 229, 235

Staudt 112
Stobaeus 28
Stolz 20
Tannery 6, 7, 17
Taurinus 222
Telesio 44, 191
Teodor von Cirene 5
Theätet 2, 9
Theofrast 27
Timon 35
Torricelli 54, 93
Trasillus 18, 28
Tycho Brahe 49
Vacca 41, 110, 136
Vailati 18, 54, 74, 78, 121, 135, 136, 150, 164, 168, 192, 197
Valla 43
Venn 91, 106, 108, 142, 143
Veronese 135
Vieta 69
Vitale da Bitonto 79
Vitali 22
Vives 43, 108
Wallis 68
Whately 199
Weierstraß 107, 168
Werner 95
Whewell 183, 184, 196
Wilkins 75
Windelband 28, 157
Whiteheade 153
Wolf 162
Zeno aus Kithion 4, 6, 32, 33
Zeno aus Elea 79
Zeuthen 6, 7, 9, 17, 19, 22
Ziehen 67

HANDBUCH DER LOGIK. Von Prof. Dr. N. O. Loßkij. Autorisierte Übersetzung nach der zweiten, verbesserten und vermehrten Auflage von Prof. Dr. W. Sesemann. Geh. $\mathcal{RM}$ 16.—, geb. $\mathcal{RM}$ 18.—

„.... Das Erscheinen der Logik Loßkijs bedeutet ein Ereignis nicht nur für die russische Philosophie, sondern auch für die philosophische Literatur der ganzen europäischen Welt. Es unterliegt keinem Zweifel, daß die Logik Loßkijs durch ihr tiefes Eindringen in die logische Problematik, ihre feine Architektonik, ihre lebendige Darstellung und die Frische der Gedanken alles, was in den letzten 10 bis 15 Jahren an logischer Literatur erschienen ist, bei weitem übertrifft."(Logos üb. die russ. Ausgabe.)

PROBLEME DER WISSENSCHAFT. Von Prof. Dr. F. Enriques. Übersetzt von Dr. K. Grelling. In 2 Teilen. I. Teil: Wirklichkeit und Logik. Geb. $\mathcal{RM}$ 7.— II. Teil: Die Grundbegriffe der Wissenschaft. Geb. $\mathcal{RM}$ 7.60. (Wiss. u. Hypoth. Bd. 11, I/II.)

„Ich erkenne es rückhaltlos an, daß es sich bei dem vorliegenden Buche um eine gedankliche Leistung in bedeutendem Stile handelt.... Wir enden damit, die wertvolle Gabe nochmals dringend zu empfehlen." (Kant-Studien.)

DIE LOGISCHEN GRUNDLAGEN DER EXAKTEN WISSENSCHAFTEN. Von Geh. Reg.-Rat Prof. Dr. P. Natorp. 3. Auflage. (Wiss. und Hypoth. Bd. 12.) Geb. $\mathcal{RM}$ 11.60

„Eine der besten Einführungen in die heiß umstrittenen neuesten Probleme des Grenzgebietes zwischen Mathematik und Philosophie." (Deutsche Literaturzeitung.)

MATHEMATIK UND LOGIK. Von Privatdozent Dr. H. Behmann. (Math.-Physik. Bibl. Bd. 71.) Kart. $\mathcal{RM}$ 1.20

Das Bändchen gibt eine knappe, aber dennoch nicht im Elementaren hängenbleibende Einführung in die neuere Entwicklung der Logik, die sich an die Namen Bools, Frege, Schröder, Peano, Russell knüpft und als „mathematische" oder „symbolische" Logik bezeichnet wird. Es werden für die grundlegenden Begriffe der Logik kurze Zeichen eingeführt, mit denen nach gewissen Regeln gerechnet wird — insbesondere erscheint die Aristotelische Syllogistik durch eine einfache symbolische Regel ersetzt — und die hinreichen, wie an dem Beispiel der Kardinalarithmetik deutlich gemacht wird, um sogar die gesamte Gesetzlichkeit der reinen Mathematik darzustellen.

LOGIK UND ERKENNTNISTHEORIE. Von Geh. Reg.-Rat Prof. Dr. A. Riehl. Enthalten in: Systematische Philosophie. (Die Kultur der Gegenwart, herausgeg. von Prof. Dr. P. Hinneberg. Teil I, Abt. VI.) 3. Aufl. 2. Abdr. Geb. $\mathcal{RM}$ 16.—, in Halbleder $\mathcal{RM}$ 21.—

„Alles in allem besitzen wir in der ‚Systematischen Philosophie' ein Sammelwerk von sehr hohem Wert, das in hervorragendem Maße geeignet ist, in die verwickelte Struktur und in die materielle Fülle der Philosophie einzuführen." (Kant-Studien.)

DIE GRUNDLAGEN DER DENKPSYCHOLOGIE. Studien und Analysen. Von Prof. Dr. R. Hönigswald. 2., umgearbeitete Aufl. Geh. $\mathcal{RM}$ 16.—, geb. $\mathcal{RM}$ 18.—

Inhalt: Über das sogenannte Verlieren des Fadens. — Ist Psychisches zählbar? — Über Begriff und Möglichkeit des Psychologismus. — Über das Begriffspaar „Inhalt — Gegenstand", „Gestalt und Bedeutung". — Zum Problem des geordneten Denkens. — Über die Stellung der Psychologie im System der Wissenschaften.

Die Probleme der Denkpsychologie als Prinzipienfragen der Psychologie überhaupt aufzuzeigen und die methodische Stellung der Psychologie im System der Wissenschaften festzulegen, ist das Ziel dieser Studien. Sie erscheinen jetzt in wesentlich veränderter Fassung, die durchweg zu einer Verschärfung der Grundbegriffe geführt hat.

Verlag von B. G. Teubner in Leipzig und Berlin

Wiss. u. Hyp. 26: Enriques-Bieberbach, Geschichte der Logik.

GRUNDLAGEN DER PSYCHOLOGIE. Von Geh. Medizinalrat Prof. Dr. Th. Ziehen. Band I: Erkenntnistheoretische Grundlegung der Psychologie. Geb. ℛℳ 6.—. Bd. II: Prinzipielle Grundlegung der Psychologie. Geb. ℛℳ 7.—. (Wissenschaft und Hypothese, Bd. 20/21.)
„Abschnitte wie die Kritik der Seelentheorien, über die Methoden, die allgemeine Charakteristik des Psychischen, ein besonders wertvolles Kapitel, dazu die steten geschichtlichen Überblicke, die Auseinandersetzung mit den neuesten Theorien, das alles macht die beiden Bücher so schätzenswert. In ihrem Rahmen hat die physiologische Psychologie durch Z. eine möglichst geschlossene, scharf und umsichtig entwickelte wie durchgeführte erkenntnistheoretische Grundlegung erhalten." (Zeitschr. f. Philos. u. philos. Kritik.)

DAS GRUNDPROBLEM KANTS. Eine krit. Untersuchung u. Einführung in d. Kant-Philosophie. Von Prof. Dr. A. Brunswig. ℛℳ 6.—, geb. ℛℳ 8.—

DAS VERGLEICHEN UND DIE RELATIONSERKENNTNIS. Von Prof. Dr. A. Brunswig. Geh. ℛℳ 7.—, geb. ℛℳ 9.—

WISSENSCHAFTLICHE GRUNDFRAGEN. Philosophische Abhandlungen in Gemeinschaft mit B. Bauch, Jena, J. Binder, Göttingen, O. Bumke, München, E. Cassirer, Hamburg, H. Holtzmann, Halle a. S., H. Junker, Leipzig, E. Kallius, Heidelberg, A. Kneser, Breslau, C. Schaefer, Breslau u. J. Stenzel, Kiel, herausgegeben von R. Hönigswald, Breslau.

Zunächst liegen vor:
1. Heft. Das Naturgesetz. Ein Beitrag zur Philosophie der exakten Wissenschaften. Von Prof. Dr. B. Bauch. Geh. ℛℳ 3.20
2. Heft. Über die Entwicklung der Begriffe des Raums und der Zeit und ihre Beziehungen zum Relativitätsprinzip. Von Prof. Dr. J. A. Schouten. Geh. ℛℳ 2.40
3. Heft. Vom Begriff der religiösen Gemeinschaft. Eine problemgeschichtliche Untersuchung über die Grundlagen des Urchristentums. Von Prof. D. Dr. E. Lohmeyer. Geh. ℛℳ 4.—
4. Heft. Kulturbegriff und Erziehungswissenschaft. Ein Beitrag zur Philosophie der Pädagogik. Von Privatdozent Dr. H. Johannsen. Geh. ℛℳ 3.—
5. Heft. Vom Problem des Rhythmus. Eine analytische Betrachtung über den Begriff der Psychologie. Von Prof. Dr. R. Hönigswald. Geh. ℛℳ 4.80
6. Heft. Atomismus und Kontinuitätstheorie in der neuzeitlichen Physik. Von Prof. Dr. E. Lohr. Geh. ℛℳ 4.—
7. Heft. Die logische Struktur der Rechtsordnung. Von Prof. Dr. W. Schönfeld. Geh. ℛℳ 4.—
8. Heft. Beiträge zur Lehre von Ding und Gesetz. Von Dr. P. Bommersheim. [U. d. Pr. 1927.]

Weitere Hefte in Vorbereitung.

DER WEG IN DIE PHILOSOPHIE. Eine philosophische Fibel. Von Prof. Dr. G. Misch. Geh. ℛℳ 14.—, in Leinwand geb. ℛℳ 16.—
Das Buch führt in die Philosophie ein, aber nicht wie üblich durch Aussagen über die Philosophie. Es läßt vielmehr die Philosophie selbst — und zwar nicht nur die europäische, sondern vor allem auch die des Orients — in ihren großen Vertretern zu Worte kommen. Dargeboten wird das Ganze der Philosophie, die „ewige Philosophie". Mit der pädagogischen Zielsetzung verbindet sich also die wissenschaftliche: Erkenntnis der Philosophie selbst. Die Auswahl der Lesestücke ist persönlicher Willkür entrückt dadurch, daß sie in die Gesamtentwicklung der Philosophie eingeordnet wird. Von der „natürlichen Einstellung" und dem Erwachen des philosophischen Fragens an macht der Leser den Gang der Philosophie selbst mit und wiederholt ihn in seinem eigenen Denken.

Verlag von B. G. Teubner in Leipzig und Berlin

MIX
Papier aus verantwortungsvollen Quellen
Paper from responsible sources
FSC® C105338

If you have any concerns about our products,
you can contact us on
ProductSafety@springernature.com

In case Publisher is established outside the EU,
the EU authorized representative is:
**Springer Nature Customer Service Center GmbH
Europaplatz 3, 69115 Heidelberg, Germany**

Printed by Libri Plureos GmbH
in Hamburg, Germany